全国普通高等院校工科化学规划精品教材

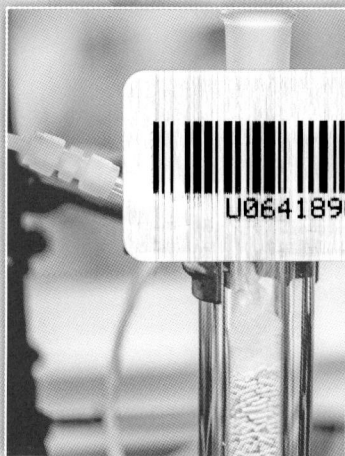

有机化学实验

实验

尚雪亚 程昊 主编

YOUJI HUAXUE
SHIYAN

华中科技大学出版社
http://www.hustp.com
中国·武汉

内 容 提 要

　　本书内容包括常用有机化学实验基本技能和各类常见有机化合物的制备、提取、分离提纯等方法的训练,具体包括有机化学实验的一般知识、有机化合物物理性质测定及纯化实验、色谱法、有机化合物的制备实验、有机化合物的提取实验、应用新实验技术的实验、有机化合物的性质实验等几部分。为了帮助参加研究生入学考试或参加应聘相关工作考试的同学复习有机化学实验的理论知识,本书还收集了一些有机化学实验的理论练习题,包括判断题、选择题、填空题、问答题等,并附有答案。

　　本书可以作为工科本科院校相关专业的教材,也可作为与有机化学实验相关的一些竞赛的培训教材,还可供从事相关工作的技术工作者、研究工作者参考使用。

图书在版编目(CIP)数据

有机化学实验/尚雪亚,程昊主编. —武汉:华中科技大学出版社,2020.10(2022.7 重印)
ISBN 978-7-5680-6638-9

Ⅰ.①有…　Ⅱ.①尚…　②程…　Ⅲ.①有机化学-化学实验-高等学校-教材　Ⅳ.①O62-33

中国版本图书馆 CIP 数据核字(2020)第 179884 号

有机化学实验
Youji Huaxue Shiyan

尚雪亚　程　昊　主编

策划编辑:陈培斌
责任编辑:余　涛
封面设计:秦　茹
责任监印:周治超

出版发行:华中科技大学出版社(中国·武汉)　　电话:(027)81321913
　　　　　武汉市东湖新技术开发区华工科技园　　邮编:430223
录　　排:华中科技大学惠友文印中心
印　　刷:武汉科源印刷设计有限公司
开　　本:787mm×1092mm　1/16
印　　张:15.75　插页:1
字　　数:395 千字
版　　次:2022 年 7 月第 1 版第 2 次印刷
定　　价:48.00 元

前　言

　　众所周知,开设"有机化学实验"课程的主要目的是培养学生的动手能力,具体地说,就是训练学生对有机化学实验基本操作技能的掌握,但在教学实践中,其效果往往不尽如人意。许多学生经常不注重对操作技能的把握,只会"照方抓药"或"看谱做菜",结果是"只见树木,不见森林",以至于本课程学习到最后,还是不能系统掌握有机化学实验的基本操作技能。我们觉得造成这种现象的原因之一,可能是我们常用的《有机化学实验》教材对有机化学实验的基本操作的编排不够突出,也不够系统。因此,本书尝试把大学本科阶段常用的有机化学实验的基本操作从相关实验中分离出来,附在某个相关实验的后面(单列为实验的基本操作除外),并在各个实验的实验目的中提出对相关操作技能训练的要求。为了便于学生系统学习和查阅,所有的有机化学实验基本操作最后被编成索引,列在本书的"附录1"中。同学可通过查阅"附录1　基本操作索引"找到该操作所在页面进行预习。

　　根据国家现阶段发展的需要,我们在培养目标中又增加了学生"创新创业"能力培养的内容。为此,本书也选编了一些既有实用性,又有趣味性的实验,如"驱蚊剂 N,N-二乙基间甲基苯甲酰胺的制备""糖精钠的制备""玫瑰香精的制备""从果皮中提取果胶""从毛发中提取胱氨酸"等,供同学们课余时间进行"创新创业"练手。

　　科技发展日新月异,一些新的实验技术不断地被引入有机化学实验中,为了让学生在这方面得到训练,我们选编了一些"应用新实验技术的实验"供大家选用。

　　近些年有多所高校发生了大的安全事故,给我们的安全教育也敲响了警钟。为此,我们除了在本书第一部分编写了实验室常见安全事故的预防和处理的内容外,还在附录中选列了"常用危险化学品的使用与保存"内容,供学生使用本书时参考,以培养学生的安全意识。

　　化学试剂的物理性质对实验方案的设计起着重要的作用。实验的温度控制、分离、洗涤的方法等,往往需要根据原料或产物的物理性质来设定。随着互联网的普及,查询化合物的性质参数变得非常容易,我们在每个制备实验的"预习及操作过程指导"中,都给出了实验所用的主要试剂或产物的表格,要求同学们应用互联网查出表格中所列物质的相关物理性质参数并填入表格,以培养学生的专业素养。

　　本书在编写过程中,参阅了许多兄弟院校的教材,在此,我们一并表示诚挚的感谢。

　　本书由郑州轻工业大学材料与化学工程学院尚雪亚教授和广西科技大学生物与化学工程学院程昊副研究员编写。尚雪亚主要编写了第一部分至第四部分及第六部分的内容,程昊主要编写了第五部分、第七部分、第八部分及附录的内容。广西科技大学生物与化学工程学院的黄文艺副院长参与了编写内容的讨论。

　　由于编者的水平有限,尽管我们对本书内容进行了认真的核验,书中难免还存在着错误和不足的地方。若大家在使用过程中发现问题,请通过出版社告诉我们,我们会在后续印刷或再版时修改。

编　者

2020 年 8 月

目　　录

第一部分

有机化学实验的一般知识

1.1　实验室规则

为了保证有机化学实验课正常、有效、安全地进行，培养良好的实验习惯，并保证实验课的教学质量，学生必须遵守有机化学实验室的规则。实验室规则一般包括以下内容：

（1）必须遵守实验室的各项规章制度，听从老师的指导。

（2）每次做实验前，认真预习有关实验的内容及相关的参考资料。了解每一步操作的目的、意义，实验中的关键步骤及难点，以及所用药品的性质和应注意的安全问题，并写好实验预习报告。没有达到预习要求者，不得进行实验。

（3）实验中严格按操作规程操作。如要改变，必须经指导老师同意。实验中要认真、仔细观察实验现象，如实做好记录，积极思考。实验完成后，由指导老师登记实验结果，并将产品回收统一保管。按时写出符合要求的实验报告。

（4）在实验过程中，不得大声喧哗、打闹，不得擅自离开实验室。不能穿拖鞋、背心等暴露过多的服装进入实验室，要穿实验工作服以保护身体，必要时应佩戴防护眼镜。

（5）实验室内不能吸烟和吃东西。

（6）发生意外事故时，要镇静，及时采取应急措施，并立即报告指导老师。实验中出现错误，必须报告老师，做出恰当处理。

（7）应经常保持实验室的整洁，做到仪器、桌面、地面和水槽四净。实验装置要规范、美观。固体废弃物及废液应倒入指定地方，不能随意扔掉或倒入水槽里。

（8）要爱护公物。公用仪器和药品应在指定地点使用，用完后及时放回原处，并保持其整洁。节约药品，药品取完后，及时将盖子盖好，严格防止药品的相互污染。仪器如有损坏，要登记予以补发，并按制度赔偿。

（9）实验结束后，将个人实验台面打扫干净，清洗、整理仪器。学生轮流值日，值日生应负责整理公用仪器、药品和器材，打扫实验室卫生，离开实验室前应检查水、电、气是否关闭。

1.2　实验室的安全

掌握实验室安全知识对于每个实验工作者都是非常重要的，因为很多有机化合物具有易燃、易爆和毒性等特性。与其他化学实验相比，有机化学实验存在更多的潜在危险。只有提高安全意识，加强防护措施，才能避免危险，防止事故发生。

1.2.1　着火事故的预防及处理

实验室中使用的有机溶剂大多数是易燃的,着火是有机实验室常见的事故之一,应尽可能避免使用明火。

实验操作过程中应遵循以下防火基本原则:

(1)易燃有机溶剂(特别是低沸点易燃溶剂)在室温时即具有较大的蒸气压。当空气中易燃有机溶剂的蒸气达到某一极限时,遇有明火即发生燃烧爆炸。而且,有机溶剂蒸气都较空气的比重大,会沿着桌面或地面漂移至较远处,或沉积在低洼处。因此,切勿将易燃溶剂倒入废物缸中,更不能用开口容器盛放易燃溶剂。转移易燃溶剂应远离火源,最好在通风橱中进行。蒸馏易燃溶剂(特别是低沸点易燃溶剂),整套装置切勿漏气,接收器支管应与橡皮管相连,使余气通往水槽或室外。倾倒和存放有机溶剂时,务必远离火源。不要将大量易燃溶剂存放在实验室内,应当储存在危险品仓库中。

(2)废弃有机溶剂不可倒在水槽和下水道中,以免引起下水道起火。

(3)蒸馏易燃物质时,装置不能漏气。如发现漏气,应立即停止加热,检查原因。若因塞子被腐蚀,则待冷却后,才能换掉塞子。接收瓶不宜用敞口容器如广口瓶、烧杯等,而应用窄口容器如三角烧瓶等。从蒸馏装置接收瓶排出尾气的出口应远离火源,最好用橡皮管引入下水道或室外。

(4)切勿将易燃液体放在敞口容器(如烧杯)中直火加热。

(5)用油浴加热蒸馏或回流时,必须十分注意避免由于冷凝用水溅入热油浴中致使油外溅到热源上而引起火灾的危险。通常发生危险的原因,主要是橡皮管套进冷凝管上不紧密,开动水阀过快,水流过猛把橡皮管冲出来,或者由于套不紧漏水。所以,要求橡皮管套入冷凝管侧管时要紧密,开动水阀时也要慢动作,使水流慢慢通入冷凝管内。

(6)当处理大量的可燃性液体时,应在通风橱中或在指定地方进行,室内应无火源。

(7)不得把燃着或者带有火星的火柴梗或纸条等乱抛乱掷,也不得丢入废物缸中,否则会发生危险。

(8)使用金属钠时必须小心避免其接触到水,含有钠残渣的废物不得倾倒入水槽或废物缸中。

(9)万一发生失火,切勿惊慌失措,要冷静沉着应对,及时采取措施,防止事故扩大。若是烧瓶上的小火,通常只需用一块石棉网或表玻璃盖住瓶口,即可迅速熄灭。若是火势较大,首先应立即切断实验室电源,使用灭火器(二氧化碳灭火器、泡沫灭火器、四氯化碳灭火器)、黄沙等将火熄灭。油浴及有机溶剂着火,切忌用水灭火,这反而会引起火势蔓延。万一衣服着火,切勿在实验室内奔跑,加剧火焰燃烧,以致将火种引至他处;应该用防火毯包裹熄灭。如果火焰较大,应躺在地上(以防烧向头部),裹紧防火毯至其熄灭。也可在地上滚灭,或打开近处自来水冲淋熄灭。若有轻度烧伤或烫伤者,可涂抹"烫伤软膏"。伤势严重者,应立即送往医院急救。

1.2.2　爆炸事故的预防

有机化学实验使用药品试剂品种繁多,实验操作手段变化多样,实验中难免会遇到易燃易爆试剂药品和具有潜在爆炸危险的操作。所以防爆是另一重要安全防护措施。

实验操作过程中应遵循下列的防爆基本原则：

（１）蒸馏装置必须正确安置，不能造成密闭体系，应使装置与大气相连通；减压蒸馏时，不能用三角烧瓶、平底烧瓶、锥形瓶、薄壁试管等不耐压容器作为接收瓶或反应瓶，否则易发生爆炸，而应选用圆底烧瓶作为接收瓶或反应瓶。无论是常压蒸馏还是减压蒸馏，均不能将液体蒸干，以免局部过热或产生过氧化物而发生爆炸。

（２）切勿使易燃易爆的气体接近火源，有机溶剂如醚类和汽油一类物质的蒸气与空气相混时极为危险，可能会由一个热的表面或者一个火花、电花而引起爆炸。

（３）使用氢气、乙炔气等，要注意保持室内空气流通，严禁明火，并防止产生火星，如敲击、鞋钉摩擦、马达炭刷或电器开关等都可能产生火花。

（４）使用乙醚等醚类时，必须检查有无过氧化物存在。如果发现有过氧化物存在，应立即用硫酸亚铁除去过氧化物，才能使用（除去乙醚中过氧化物的方法详见附录６）。使用乙醚时应在通风较好的地方或在通风橱内进行。

（５）对于易爆炸的固体，如重金属乙炔化物、苦味酸金属盐、三硝基甲苯等，都不能重压或撞击，以免引起爆炸。对于这些危险固体的残渣，必须小心销毁。例如，重金属乙炔化物可用浓盐酸或浓硝酸使它分解，重氮化合物可加水煮沸使它分解，等等。

（６）卤代烷勿与金属钠接触，因反应剧烈易发生爆炸。钠屑必须放在指定的地方。

（７）使用易燃、易爆药品或进行潜在有爆炸危险的操作和反应时，务必注意防护，采取适当的防爆措施，如注意戴好防护眼镜、防护面罩，用防护屏遮挡，或在通风橱内安装仪器并进行操作。

1.2.3　割伤、烫伤、灼伤的预防及处理

（１）玻璃割伤。玻璃割伤是常见的事故，受伤后要仔细观察伤口有没有玻璃碎粒。如有，应先把伤口处的玻璃碎粒取出。若伤势不重，先进行简单的急救处理，如涂上碘伏、红汞或紫药水，小伤口用创可贴包裹；若伤口严重、流血不止，可在伤口上部约１０ｃｍ处用纱布扎紧，减慢流血，压迫止血，并随即到医院就诊。

（２）烫伤。轻伤者涂以玉树油或鞣酸油膏，重伤者涂以烫伤油膏后即送医务室诊治。

（３）药品的灼伤。皮肤接触了腐蚀性物质后可能被灼伤。为避免灼伤，在接触这些物质时，最好戴橡胶手套和防护眼镜。发生灼伤时应按下列要求处理：

①酸灼伤。

皮肤上——立即用大量水冲洗，然后用５％碳酸氢钠溶液洗涤后，涂上油膏，并将伤口扎好。

眼睛上——抹去溅在眼睛外面的酸，立即用水冲洗，用洗眼杯或将橡皮管套上水龙头用慢水对准眼睛冲洗后，即到医院就诊，或者再用稀碳酸氢钠溶液洗涤，最后滴入少许蓖麻油。

衣服上——依次用水、稀氨水和水冲洗。

地板上——撒上石灰粉，再用水冲洗。

②碱灼伤。

皮肤上——先用水冲洗，然后用饱和硼酸溶液或１％醋酸溶液洗涤，再涂上油膏，并包扎好。

眼睛上——抹去溅在眼睛外面的碱，用水冲洗，再用饱和硼酸溶液洗涤后，滴入蓖麻油。

衣服上——先用水洗,然后用10％醋酸溶液洗涤,再用氢氧化铵中和多余的醋酸,后用水冲洗。

③溴灼伤。

如溴弄到皮肤上时,应立即用水冲洗,涂上甘油,敷上烫伤油膏,将伤处包好。如眼睛受到溴的蒸气刺激,暂时不能睁开,可对着盛有酒精的瓶口努力睁开,注视片刻,症状会缓解。

上述各种急救法,仅为暂时减轻疼痛的措施。如伤势较重,在急救之后,应速送医院诊治。

1.2.4　中毒的预防及处理

大多数化学药品都具有一定的毒性。中毒主要是通过呼吸道和皮肤接触有毒物品而对人体造成危害。预防中毒应做到:

(1)称量药品时应使用工具,不得直接用手接触,尤其是毒品。做完实验后,应洗手后再吃东西。任何药品不能用嘴尝。

(2)剧毒药品应妥善保管,不许乱放。实验中所用的剧毒物质应有专人负责收发,并向使用毒物者提出必须遵守的操作规程。实验后的有毒残渣必须做妥善而有效的处理,不准乱丢。

(3)有些剧毒物质会渗入皮肤,因此,接触这些物质时必须戴橡皮手套,操作后应立即洗手,切勿让毒品沾及五官或伤口。例如,氰化钠沾及伤口后就会随血液循环至全身,严重的会造成中毒死伤事故。

(4)在反应过程中可能生成有毒或有腐蚀性气体的实验应在通风橱内进行,使用后的器皿应及时清洗。在使用通风橱时,实验开始后不要把头部伸入橱内。

(5)对沾染过有毒物质的仪器和用具,实验完毕应立即采取适当方法处理以破坏或消除其毒性。

一般药品溅到皮肤上,通常是用水和乙醇洗去。实验时若有中毒特征,应到空气新鲜的地方休息,最好平卧。当出现其他较严重的症状,如斑点、头昏、呕吐、瞳孔放大时,应及时送往医院。

有毒药品溅入口中尚未咽下者应立即吐出,并用大量水冲洗口腔。已经吞下,应根据毒物性质给以解毒剂,并立即送医院。

腐蚀性毒物:对于强酸,先饮大量水,然后服用氢氧化铝膏、鸡蛋白;对于强碱,也应先饮大量水,然后服用醋、酸果汁、鸡蛋白。无论酸或碱中毒,都要再给以牛奶灌注,不要吃呕吐剂。

刺激剂及神经性毒物:先用牛奶或鸡蛋白使之立即冲淡和缓和,再用一大匙硫酸镁(30 g)溶于一杯水中催吐。有时也可用手指伸入喉部催吐,然后立即送医院。

吸入气体中毒者,先将中毒者移至室外,解开衣领及纽扣。吸入少量氯气或溴时,可用碳酸氢钠漱口。

1.2.5　安全用电

现代实验室,电是必不可少的能源,各种仪器的加热、搅拌等基本实验操作都离不开电,因此,安全用电就成了有机化学实验必须重视的事情。

所谓安全用电,就是指防止人员触电和电气火灾事故,保障人身、财产安全和实验的顺利进行。

使用电器时,应防止人体与电器导电部分直接接触,不能用湿手或用手握湿的物体接触电插头。为了防止触电,装置和设备的金属外壳等都应连接地线,实验后应切断电源,再将连接电源的插头拔下。

实验时要注意电源是否发热发烫、是否有焦烟气味散发、是否有电器材料老化等现象。若发现异常现象,则应立即切断电源,请人抢修,不能拖延,以免发生意外。

1.3　有机化学实验室的常用仪器、装置和设备

1.3.1　普通玻璃仪器

玻璃仪器一般是由软质或硬质玻璃制作而成的。软质玻璃耐温、耐腐蚀性较差,但是价格便宜,因此,一般用它制作的仪器均不耐温,如普通漏斗、量筒、吸滤瓶、干燥器等。硬质玻璃具有较好的耐温和耐腐蚀性,制成的仪器可在温度变化较大的情况下使用,如烧瓶、烧杯、冷凝管等。

玻璃仪器一般分为普通和标准磨口两种。在实验室把非磨口的玻璃仪器称为普通玻璃仪器,如图 1-1 所示。普通玻璃仪器通常需要与橡皮塞匹配,使用时经常需要给橡皮塞打孔,操作比较麻烦。

1.3.2　标准磨口玻璃仪器

常用的磨口玻璃仪器都是标准口的,如图 1-2 所示。标准磨口玻璃仪器是具有标准磨口或磨塞的玻璃仪器。由于磨口、磨塞尺寸的标准化、系统化,磨砂密合,凡属于同类规格的接口,均可任意互换,各部件能组装成各种配套仪器。当不同类型规格的部件无法直接组装时,还可使用变接头使之连接起来。使用标准磨口玻璃仪器既可免去配塞子的麻烦,又能避免反应物或产物被塞子玷污的危险;磨口、磨塞磨砂性能良好,其密合性可达较高真空度,对蒸馏,尤其减压蒸馏有利,对于毒物或挥发性液体的实验较为安全。

标准磨口玻璃仪器,均按国际通用的技术标准制造。当某个部件损坏时,可以选购替换。

标准磨口仪器的每个部件在其口、塞的上或下显著部位均具有烤印的白色标志,表明规格。常用的有 10、12、14、16、19、24、29、34、40 等。

有的标准磨口玻璃仪器有两个数字,如 10/30,10 表示磨口大端的直径为 10 mm,30 表示磨口的高度为 30 mm。

平时实验使用的常量仪器一般是 19 号的磨口仪器,半微量实验中采用的是 14 号的磨口仪器。

使用标准磨口玻璃仪器时应注意以下几点:

(1) 使用时,应轻拿轻放。

(2) 不能用明火直接加热玻璃仪器(试管除外),加热时应垫以石棉网。

(3) 不能用高温加热不耐热的玻璃仪器,如抽滤瓶、普通漏斗、量筒。

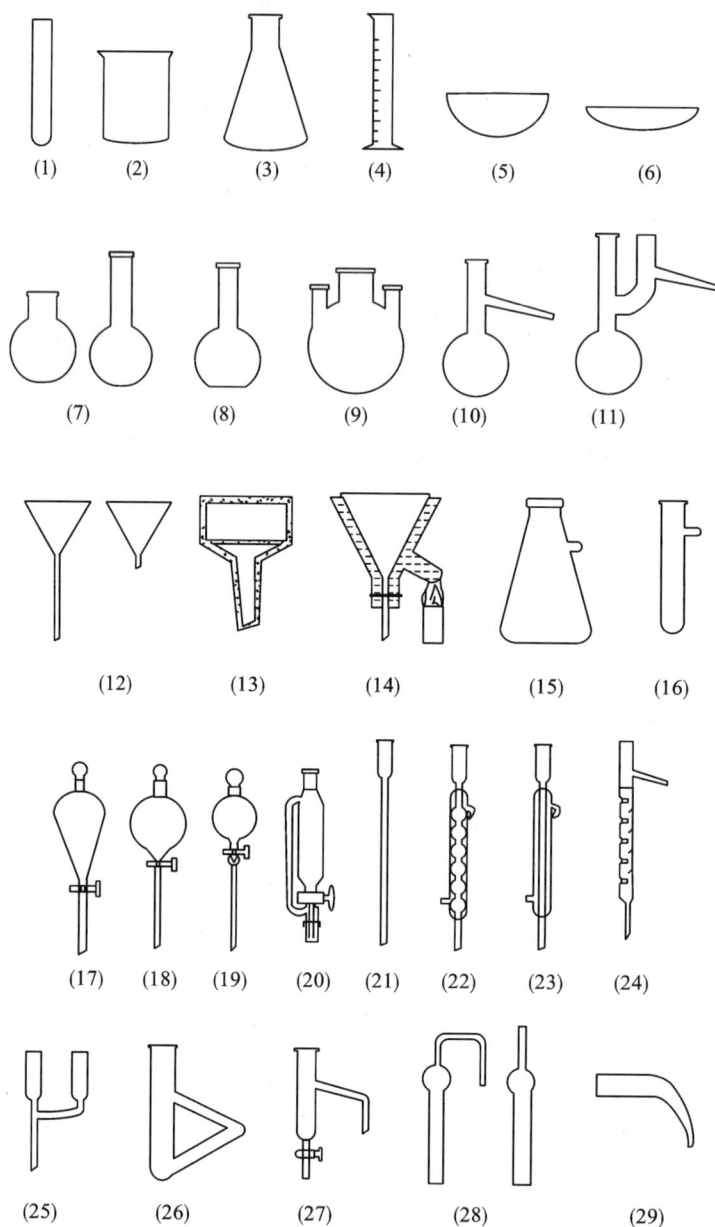

图 1-1　普通玻璃仪器

（1）试管；（2）烧杯；（3）锥形瓶；（4）量筒；（5）蒸发皿；（6）表面皿；（7）圆底烧瓶；（8）平底烧瓶；
（9）三口烧瓶；（10）蒸馏瓶；（11）克氏蒸馏瓶；（12）玻璃漏斗；（13）布氏漏斗；（14）热滤漏斗；
（15）抽滤瓶；（16）抽滤管；（17）梨形分液漏斗；（18）圆形分液漏斗；（19）滴液漏斗；（20）恒压漏斗；
（21）空气冷凝管；（22）球形冷凝管；（23）直形冷凝管；（24）刺形分馏柱；（25）Y形管；
（26）熔点测定管；（27）水分分离器；（28）干燥管；（29）接液管

（4）玻璃仪器使用完后应及时清洗,特别是标准磨口玻璃仪器放置时间太久,容易黏结在一起,很难拆开。如果发生此情况,可用热水煮黏结处或用电吹风吹母口处,使其膨胀而脱落,还可用木槌轻轻敲打黏结处。

（5）带旋塞或具塞的仪器清洗后，应在塞子和磨口的接触处夹放纸片，以防黏结。

（6）标准磨口玻璃仪器磨口处要干净，不得粘有固体物质。清洗时，应避免用去污粉擦洗磨口，否则，会使磨口连接不紧密，甚至会损坏磨口。

（7）安装仪器时，应做到横平竖直，磨口连接处不应受歪斜的应力，以免仪器破裂。

（8）一般使用时，磨口处无需涂润滑剂，以免黏附反应物或产物。但是反应中使用强碱时，则要涂润滑剂，以免磨口连接处因碱腐蚀而黏结在一起，无法拆开。当减压蒸馏时，应在磨口连接处涂真空脂，保证装置密封性好。

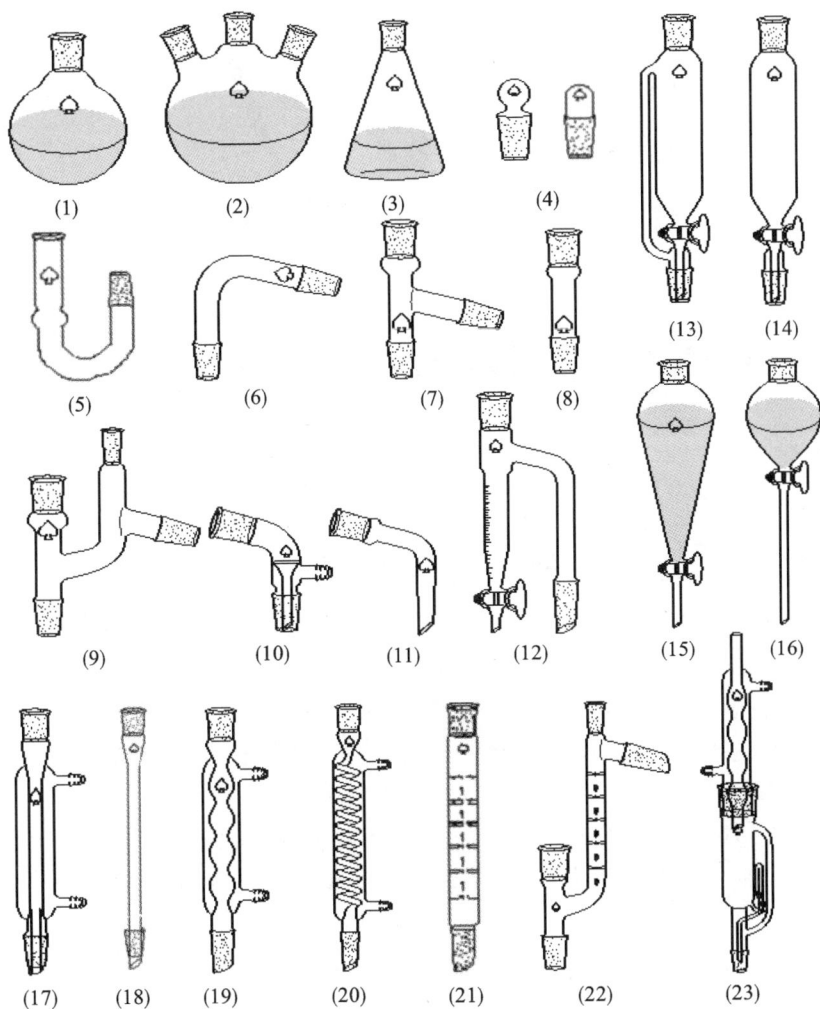

图 1-2　常用标准磨口玻璃仪器

（1）圆底烧瓶；（2）三口烧瓶；（3）磨口锥形瓶；（4）磨口玻璃塞；（5）U 形干燥管；

（6）弯头；（7）蒸馏头；（8）标准接头；（9）克氏蒸馏头；（10）真空接收管；

（11）弯形接收管；（12）分水器；（13）恒压漏斗；（14）滴液漏斗；

（15）梨形分液漏斗；（16）球形分液漏斗；（17）直形冷凝管；（18）空气冷凝管；

（19）球形冷凝管；（20）蛇形冷凝管；（21）分馏柱；（22）刺形分馏头；（23）Soxhlet 提取器

（9）使用温度计时，应注意不要用冷水冲洗热的温度计，以免炸裂，尤其是水银球部位，应冷却至室温后再冲洗。不能用温度计搅拌液体或固体物质，以免损坏后，因为有汞或其他有机液体而不好处理。

1.3.3　常用金属用具

有机实验常用的金属用具有铁架、铁夹、铁圈、三脚架、水浴锅、镊子、剪子、三角锉刀、圆锉刀、压塞机、打孔器、水蒸气发生器、热水漏斗、喷灯、不锈钢刮刀、升降台等，如图 1-3 所示。

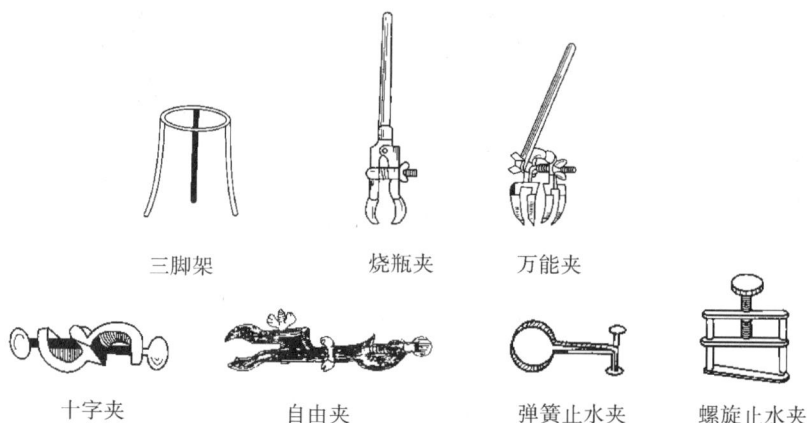

三脚架　　　　　　烧瓶夹　　　　　　万能夹

十字夹　　　　　　自由夹　　　　　弹簧止水夹　　　　螺旋止水夹

图 1-3　一些常用金属用具

1.3.4　仪器的选择、装配与拆卸

有机化学实验的各种反应装置都是由单件玻璃仪器组装而成的，实验中应根据实验要求选择合适的仪器。一般选择仪器的原则如下：

（1）烧瓶的选择　根据液体的体积而定，一般液体的体积应占容器体积的 1/3～1/2，也就是说烧瓶容积的大小应是液体体积的 1.5 倍。进行水蒸气蒸馏和减压蒸馏时，液体体积不应超过烧瓶容积的 1/3。

（2）冷凝管的选择　一般情况下回流用球形冷凝管，蒸馏用直形冷凝管。但是当蒸馏温度超过 140 ℃时应改用空气冷凝管，以防温差较大时，由于仪器受热不均匀而造成冷凝管断裂。

（3）温度计的选择　实验室一般备有 100～300 ℃多种温度计，根据所测温度可选用不同的温度计。一般选用的温度计量程至少要高于被测温度 10～20 ℃。

有机化学实验中仪器装配得正确与否，对于实验的成败有很大关系。

第一，在装配一套装置时，所选用的玻璃仪器和配件都要求是干净的，否则会影响产物的产量和质量。

第二，所选用的器材要恰当。例如，在需要加热的实验中，如需选用圆底烧瓶时，应选用质量好的，其容积大小应为所盛反应物占其容积的 1/2 左右为好，最多也应不超过 2/3。

第三，安装仪器时，应选好主要仪器的位置，要先下后上，先左后右，逐个将仪器边固定边组装。拆卸的顺序则与组装相反。拆卸前,应先停止加热,移走加热源,待稍微冷却后,先取下产物,然后再逐个拆掉。拆冷凝管时注意不要将水洒到电热套上。

总之,仪器装配要求做到严密、正确、整齐和稳妥。在常压下进行反应的装置,应与大气相通密闭。铁夹的双钳内侧贴有橡皮或绒布,或缠上石棉绳、布条等,否则容易将仪器损坏。

使用玻璃仪器时,最基本的原则是切忌对玻璃仪器的任何部分施加过度的压力或扭歪,实验装置的马虎安装不仅看上去使人感觉不舒服,而且也具有潜在的危险性。因为扭歪的玻璃仪器在加热时会破裂,有时甚至在放置时也会崩裂。

1.4　玻璃仪器的洗涤和干燥

1.4.1　玻璃仪器的洗涤

有机化学实验必须使用清洁的玻璃仪器。

实验用过的玻璃器皿必须立即洗涤,这应该养成习惯。由于污垢的性质在当时是清楚的,用适当的方法进行洗涤是容易办到的。若日子久了,会增加洗涤的困难。

洗涤的一般方法是用水、洗衣粉或去污粉刷洗。刷子是特制的,如瓶刷、烧杯刷、冷凝管刷等,但用腐蚀性洗液时则不用刷子。洗涤玻璃器皿时不应该用砂子,它会擦伤玻璃乃至龟裂。若玻璃器皿难于洗净,则可根据污垢的性质选用适当的洗液进行洗涤。如果是酸性(或碱性)的污垢用碱性(或酸性)洗液洗涤;有机污垢用碱液或有机溶剂洗涤。下面介绍几种常用洗液:

(1)铬酸洗液　这种洗液氧化性很强,对有机污垢破坏力很强。倾去器皿内的水,慢慢倒入洗液,转动器皿,使洗液充分浸润不干净的器壁,数分钟后把洗液倒回洗液瓶中,用自来水冲洗。若壁上粘有少量炭化残渣,可加入少量洗液,浸泡一段时间后在小火上加热,直至冒出气泡,炭化残渣可被除去。若洗液颜色变绿,则表示洗液已失效,应该弃去而不能倒回洗液瓶中。

(2)盐酸　用浓盐酸可以洗去附着在器壁上的二氧化锰或碳酸钙等残渣。

(3)碱液和合成洗涤剂　配成浓溶液即可,用以洗涤油脂和一些有机物(如有机酸)。

(4)有机溶剂洗涤液　当胶状或焦油状的有机污垢采用上述方法不能洗去时,可选用丙酮、乙醚、苯浸泡,要加盖以免溶剂挥发,或用 NaOH 的乙醇溶液亦可。用有机溶剂作洗涤剂,使用后可回收重复使用。

若清洗用于精制或有机分析用的器皿,除采用上述方法处理外,还必须用蒸馏水冲洗。

观察玻璃器皿是否清洁的标志是:加水倒置,水顺着器壁流下,内壁被水均匀润湿并有一层既薄又均的水膜,不挂水珠。

1.4.2　玻璃仪器的干燥

有机化学实验经常要求使用干燥的玻璃仪器,故要养成在每次实验后马上把玻璃仪器洗净和倒置使之干燥的习惯,以便下次实验时使用。干燥玻璃仪器的方法有以下几种:

(1)自然风干　自然风干是指把已洗净的仪器放在干燥架上自然风干,这是常用和简单的方法。但必须注意,若玻璃仪器洗得不够干净时,水珠便不易流下,干燥就会较为缓慢。

（2）烘干　把玻璃器皿按顺序从上层往下层放入烘箱烘干,放入烘箱中干燥的玻璃仪器,一般要求不带水珠。器皿口向上,带有磨砂口玻璃塞的仪器,必须取出活塞后(注意活塞不要搞乱),才能烘干。烘箱内的温度保持在 110 ℃左右,时间约 0.5 h,通常需要待烘箱内的温度降至室温时才能取出。切不可把很热的玻璃仪器取出,以免破裂。空气中的潮气也可能在热的玻璃表面凝结,降低烘干效果。

当烘箱已工作时,不能往上层放入湿的器皿,以免冷的水滴下落,使热的器皿骤冷而破裂。

（3）吹干　有时仪器洗涤后需立即使用,可将其吹干,即用气流干燥器或电吹风把仪器吹干。首先将水尽量沥干后,加入少量丙酮或乙醇摇洗并倾出,先通入冷风吹 1～2 min,待大部分溶剂挥发后,吹入热风至完全干燥为止,最后吹入冷风使仪器逐渐冷却。

1.5　玻璃仪器的保养

有机化学实验常用各种玻璃仪器的性能是不同的,必须掌握它们的性能,注意进行妥善的保养,才能保证这些仪器的正常使用。

（1）温度计　温度计水银球部位的玻璃很薄,容易破损,使用时要特别小心。一不能用温度计当搅拌棒使用;二不能测定超过温度计的最高刻度的温度;三不能把温度计长时间放在高温的溶剂中,否则会使水银球变形,读数不准。

温度计用后要让它慢慢冷却,特别在测量高温之后,切不可立即用水冲洗,否则温度计会破裂,或水银柱断裂。通常是将温度计悬挂在铁架台上,待冷却后把它洗净抹干,放回温度计盒内,盒底要垫上一小块棉花。如果是纸盒,放回温度计时要检查盒底是否完好。

（2）冷凝管　冷凝管通水后很重,所以安装冷凝管时应将夹子夹在冷凝管的重心上,以免翻倒。洗刷冷凝管时要用特制的长毛刷。当用洗涤液或有机溶液洗涤时,应用软木塞塞住一端。冷凝管不用时,应直立放置,使之易干。

（3）分液漏斗　分液漏斗的活塞和盖子都是磨砂口的,若非原配的,则可能不严密,所以,使用时要注意保护它。各个分液漏斗之间也不要相互调换,特别是在烘箱烘干时,不要把塞子搞错。分液漏斗使用后一定要在活塞和盖子的磨砂口间垫上纸片,以免日久后难以打开。

（4）砂芯漏斗　砂芯漏斗在使用后应立即用水冲洗,否则难以洗净。滤板不太稠密的漏斗可用强烈的水流冲洗;如果是较稠密的,则用抽滤的方法冲洗。必要时用有机溶剂洗涤。

（5）标准磨口仪器　磨口仪器使用或保存不当,会使磨口连接部位或磨口塞黏结在一起,因此,在使用标准磨口仪器组装的反应装置进行试验后,应及时拆卸仪器进行清洗,防止长时间放置,使磨口接头部位发生黏结。

当磨口部件发生黏结而不能拆开时,可尝试用下面的方法解决问题:

①用小木棒轻轻敲打磨口连接部位使之松动。

②用小火均匀地烘烤磨口部位,使磨口连接处的外部受热膨胀而松动。用高热电吹风吹磨口连接处也能起到同样效果。

③将黏结在一起的仪器放入热水中煮沸,也可能使磨口连接部位松动,但此法不适用于

密闭的容器,因气体受热膨胀可能导致仪器炸裂。

④用浸渗液进行浸渗。浸渗液可用有机溶剂,如苯、乙酸乙酯、石油醚、煤油等,也可用水或稀盐酸溶液。用浸渗的方法,有时几分钟就可以打开黏结部位,有时需要几天才行。

⑤将磨口竖立,在磨口缝隙间滴几滴甘油。若甘油能慢慢渗入磨口,则最终能使磨口松开。

⑥有些黏结的磨口接头,可能是因为手滑使不上劲才打不开,这时可将磨口塞的上段用软布包裹或衬垫上橡皮,小心地用台钳夹住,再用不太大的力量旋转另一端,就有可能打开。

1.6　简单玻璃加工

1.6.1　玻璃管(棒)的洁净和切割

1. 玻璃管(棒)的清洗和干燥

需要加工的玻璃管(棒)应首先洗净和干燥。玻璃管内的灰尘可用水冲洗。如果玻璃管较粗,可以用两端系有绳的布条通过玻璃管来回拉动,使管内的脏物除去。制备熔点管的毛细管和薄板层析点样的毛细管,在拉制前均应用铬酸洗液浸泡,再用水洗净,经烘干后才能加工。

2. 玻璃管(棒)的切割

对于直径为5～10 mm的玻璃管(棒与管相同,以下略),可用三棱锉或鱼尾锉进行切割玻璃管,也可用小砂轮切割。有时用碎瓷片的锐棱代替锉,也可收到同样效果。

当把要切割的位置确定后,把锉刀的边棱压在要切割的点上,一只手按住玻璃管,另一只手握锉,朝一个方向用力锉出一稍深的锉痕(若锉痕不够深或不够长时,可以如上法补锉),重复上述操作数次,但锉的方向应相同,切忌往复乱锉。锉痕应在同一条直线上,否则不仅损坏锉刀,还会导致玻璃断茬不整齐。两手拇指顶住锉痕的背面,轻轻向前推,同时向两头拉,玻璃管就会在锉痕处平整地断开,如图1-4所示。也可在锉痕处稍涂点水,这样会大大降低玻璃强度,折断时更容易。为了安全,折断玻璃管时,手上垫一块布,推拉时应离眼睛稍远些。以上为冷切法。

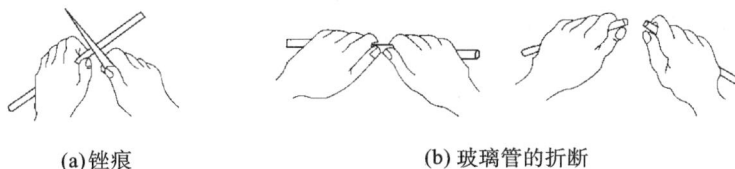

(a)锉痕　　　　　　　　　(b) 玻璃管的折断

图 1-4　玻璃管的切割

(a) 锉痕;(b) 玻璃管的折断

对较粗的玻璃管,或者需在玻璃管的近管端处进行截断的玻璃管,可利用玻璃管骤然受热或骤然遇冷易裂的性质,来使其断裂。

将一末端拉细的玻璃管,在喷灯上加热至白炽成珠状,立即压触到用水滴湿的粗玻璃管或玻璃管近管端的锉痕处,则立即裂开。

也可在粗玻璃管或玻璃管近管端的锉痕处,紧围一根电阻丝。电阻丝用导线与调压器和电源连接。通电后,升高电压使阻丝呈亮红色。稍等一会儿,切断电源,滴水于锉痕处,则骤冷后自行断裂开。

切割后的玻璃管(棒)断面非常锋利,必须在火中烧熔,使断口光滑。烧熔时,可以将玻璃管(棒)呈45°在喷灯或酒精灯氧化焰边缘一边烧一边来回转动,直至断面平滑。

1.6.2　拉玻璃管

1. 拉制滴管

取直径为5~6 mm、长15 cm的玻璃管,将其拉伸处先在小火中烘,以防玻璃管遇强热爆裂,然后将玻璃管中间在强火焰上加热,这时,一手托住玻璃管一端,另一手握住另一端向一个方向转动,当玻璃管开始变软时,托玻璃管的手也要随另一手以相同速度同方向转动,防止烧软的部分扭曲。玻璃管发黄变软时,从火焰中取出,两手边拉边作同方向来回旋转,直至拉成所需要的细度。待玻璃管变硬后停止旋转,放在石棉网上冷却,然后用小瓷片在拉细的合适部位截断,并在细管的边缘处将管口烧圆。玻璃管粗的一端在大火中加热至发黄变软,在石棉网上垂直按一下,使其边缘突出,冷却后套上乳胶头,这样就制成了两根滴管。

拉制滴管要注意:

(1) 玻璃管受热时应不断地转动,使其受热均匀。当玻璃管发黄变软时,注意两手的动作,避免玻璃管在受热时就拉细,或者扭曲。

(2) 掌握好玻璃管熔融的"火候","火候"不够,拉出的管太粗,不符合要求。

(3) 拉制时,不可用力过猛,开始稍慢些,然后再较快地拉长。拉制时两手一定要作同向来回旋转,使拉出的滴管中心对称,管口呈圆形。

2. 拉制毛细管

拉制毛细管用的玻璃管与一般玻璃管不同,其直径为1 cm,壁厚约1 mm。将洗净烘干的玻璃管于适当位置在强火中加热(为节约起见,应先从玻璃管的一端开始),并使玻璃管倾斜一定角度,以增大受热面积。两手的操作与拉制滴管基本相同。当玻璃管烧得很软时,从火焰中取出,边旋转边保持水平地向两边拉开,稍冷后平放在桌面上,并将两端粗管部分垫上石棉网。冷却后,将直径为1~1.5 mm的毛细管用小瓷片切割成所需的长度。

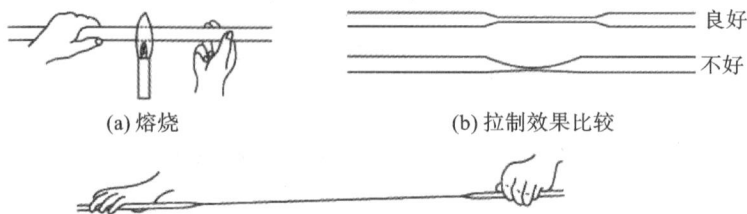

(a) 熔烧　　　　　　　　　　(b) 拉制效果比较

图 1-5　拉玻璃管方法

1.6.3　弯玻璃管

玻璃管(棒)受热变软后可以加工成实验所需的制品。但玻璃管受热弯曲时,管的一侧会收缩,另一侧会伸长,管壁变薄。弯玻璃管时,若操之过急或不得法,则弯曲处会出现瘪陷或纠结现象,还可能形成角度不对或角的两边不在同一平面上,以及管径不均匀等现象。正确操作方法如图 1-6 所示,其步骤如下。

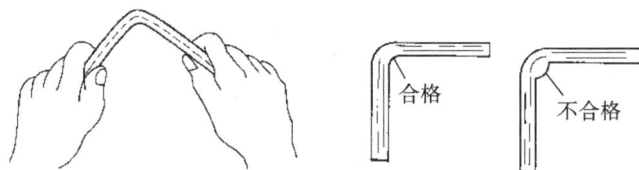

图 1-6　弯曲玻璃管的操作及弯曲好的玻璃管形状

（1）把玻璃管横（或呈一角度）在火焰上。先低温,后高温,边均匀加热,边不断转动玻璃管（管两端转动要同向同步）,受热长度约 5 cm。

（2）当玻璃管烧至可以弯动时,离开火焰,轻轻地顺势弯几度角。然后,改变加热点（在刚刚弯过角顶的附近）,再弯几度角。反复多次加热弯曲,每次的加热部位要稍有偏移,直到弯成所需要的角度。弯好的管,管径应是均匀的,角的两边在同一平面上尺度合乎要求。

加工完毕要及时退火。方法为将弯好的管在火焰的弱火上加热一会儿,慢慢离开火焰放在石棉网上冷却至室温,以防因骤冷在玻璃管内产生很大应力,导致玻璃断裂。

1.6.4　玻璃钉、搅拌棒的制备

根据需要切割好一定长度的玻璃棒,将其一端在火焰上逐渐加热。烧到呈黄红光,玻璃软化时,进行以下操作:

（1）垂直放在石棉网上,手拿玻璃棒中部,用力向下压,迅速使软化部分呈圆饼状,即得玻璃钉。

（2）靠重力将软化玻璃棒弯一角度,然后立刻放在耐热板上,用最大号打孔器的柄,沿玻璃轴向从两侧挤压,可得搅拌棒。还可根据需要制出各种各样的搅拌棒,以方便使用。

1.7　化学试剂的取用和转移

1.7.1　化学试剂的规格

常用化学试剂根据纯度的不同可分为不同的规格,目前常用的试剂一般分为四个级别,如表 1-1 所示。

表 1-1　化学试剂的规格

级别	名称	代号	瓶标颜色	使用范围
一级	优级纯	GR	绿色	痕量分析和科学研究
二级	分析纯	AR	红色	一般定性定量分析实验
三级	化学纯	CR	蓝色	一般的化学制备和教学实验
四级	实验试剂	LR	棕色或其他颜色	一般的化学实验辅助试剂

除上述一般试剂外,还有一些特殊要求的试剂,如指示剂、生化试剂和超纯试剂（如电子

纯、光谱纯、色谱纯)等,这些都会在瓶标上注明,使用时请注意。

表 1-1 列出了试剂的规格与适用范围供选用试剂时参考。因不同规格的试剂其价格相差很大,选用时注意节约,防止超级使用造成浪费。若能达到应有的实验效果,则应尽量采用级别较低的试剂。

1.7.2　化学试剂的称量

固体试剂装在广口瓶内。见光易分解的试剂,如 $AgNO_3$、$KMnO_4$ 等要装在棕色瓶中。试剂取用原则是既要质量准确,又必须保证试剂的纯度(不受污染)。

使用干净的药品匙取固体试剂,药品匙不能混用。实验后洗净、晾干,以备下次使用,避免沾污药品。要严格按量取用药品。一旦取多,则可放在指定容器内或给他人使用,一般不许倒回原试剂瓶中。

需要称量的固体试剂,可放在称量纸上称量;对于具有腐蚀性、强氧化性、易潮解的固体试剂,要用小烧杯、称量瓶、表面皿等装载后进行称量。根据称量精确度的要求,可分别选择台秤和天平称量固体试剂。用称量瓶称量时,可用减量法操作。

1.7.3　液体试剂的量取

使用少量液体试剂时,常使用胶头滴管吸取。若用量较多,则采用倾泻法。从细口瓶中将液体倾入容器时,把试剂瓶上贴有标签的一面握在手心,另一手将容器斜持并使瓶口与容器口相接触,逐渐倾斜试剂瓶,倒出试剂。试剂应该沿着容器壁流入容器,或沿着洁净的玻璃棒将液体试剂引流入细口或平底容器内。取出所需量后,逐渐竖起试剂瓶,把瓶口剩余的液滴碰入容器中去,以免液滴沿着试剂瓶外壁流下。

若实验中无规定剂量,则一般取用 $1\sim2$ mL。定量使用时,可根据要求选用量筒、滴定管或移液管。多取的试剂也不能倒回原瓶,更不能随意废弃,应倒入指定容器内供他人使用。

若取用挥发性强的有毒试剂,则必须在通风橱中进行,并严格遵照规则取用。

1.8　实验预习、实验报告的基本要求及示例

1.8.1　实验预习及实验记录

有机化学实验课是一门综合性较强的理论联系实际的课程,它是培养学生独立工作能力的重要环节。写好一份正确、完整的实验报告,是从事科学研究的一项重要训练。实验报告分三部分:实验预习、现场记录及课后实验总结。

一、实验预习

为了使实验能够达到预期的效果,在实验之前要做好充分的预习和准备。实验预习的内容包括:

(1) 写出本次实验要达到的主要目的。

(2) 用反应式写出主反应及副反应,简单叙述操作原理。

（3）按实验报告要求填写主要试剂及产物的物理和化学性质。

（4）画出主要反应装置图。

（5）写出操作步骤，可以用流程图简明扼要地表达。

预习时，应想清楚每一步操作的目的是什么，为什么这么做，要弄清楚本次实验的关键步骤和难点，实验中有哪些安全问题。预习是做好实验的关键，只有预习好了，实验时才能做到又快又好。

二、实验记录

实验记录是科学研究的第一手资料，实验记录的好坏直接影响对实验结果的分析。因此，学会做好实验记录也是培养学生科学作风及实事求是精神的一个重要环节。

作为一名科学工作者，必须对实验的全过程进行仔细观察。如反应液颜色的变化，有无沉淀及气体出现，固体的溶解情况，以及加热温度和加热后反应的变化等，都应认真记录。同时还应记录加入原料的颜色和加入的量、产品的颜色和产品的量、产品的熔点或沸点等物化数据。记录时，要与操作步骤一一对应，内容要简明扼要，条理清楚。记录直接写在实验报告上。不要随便记在一张纸上，课后抄在报告上。记录的数据必须是实际数据，不可以随便改动，更不可以胡编乱造。

1.8.2　实验报告

实验完成后应及时写出实验报告。实验报告是学生完成实验的一个重要步骤，通过实验报告，可以培养学生判断问题、分析问题和解决问题的能力。一份合格的实验报告应包括以下内容：

（1）对实验现象逐一做出正确的解释。能用反应式表示的尽量用反应式表示。

（2）计算产率。在计算理论产量时，应注意：①有多种原料参加反应时，以摩尔数最小的那种原料的量为准；②不能用催化剂或引发剂的量来计算；③有异构体存在时，以各种异构体理论产量之和进行计算，实际产量也是异构体实际产量之和。计算公式如下：

$$产率＝（实际产量/理论产量）×100\%$$

（3）填写物理常数的测试结果。分别填上产物的文献值和实测值，并注明测试条件，如温度、压力等。

（4）对实验进行讨论与总结：①对实验结果和产品进行分析；②写出做实验的体会；③分析实验中出现的问题和解决的办法；④对实验提出建设性的建议。通过讨论来总结、提高和巩固实验中所学到的理论知识和实验技术。此部分内容可写在思考题中另列标题。

实验报告要求条理清楚，文字简练，图表清晰、准确。一份完整的实验报告可以充分体现学生对实验理解的深度、综合解决问题的能力及文字表达的能力。

有机化学实验报告的格式如下所示。

实验名称＿＿＿＿＿＿＿＿＿＿＿

姓名＿＿＿＿＿＿＿　班级＿＿＿＿＿＿＿　学号＿＿＿＿＿＿＿　实验日期＿＿＿＿＿＿＿

实验目的

实验原理

实验药品用量及物理常数

药品名称	分子量 （mol wt）	用量 （mL、g、mol）	熔点 /（℃）	沸点 /（℃）	相对密度 （d_4^{20}）	水溶解度 /（g/100 mL）

实验装置图

实验流程图

实验步骤、现象、注释

实验步骤	实验现象	注　释

实验注意事项

实验结果及处理

结果讨论

实验成绩_____教师签名_____

1.9　有机化合物结构的波谱鉴定基础

有机化学是用分子结构来描述的一门学科，结构决定性质，性质决定用途。因此，有机化合物的结构鉴定是有机化学研究工作中一项最基础和最重要的工作。早期的有机化合物结构鉴定,主要是通过化学方法实现的,对于比较复杂的分子来说,需要通过多种化学反应,分析大量的样品,实验工作比较烦琐,往往需要较长的时间才能完成。测定有机化合物结构的波谱法,是20世纪五六十年代发展起来的现代物理实验方法,具有快速、准确、样品用量少等优点,目前已经成为化学研究工作中不可缺少的研究手段。

有机化合物结构鉴定常用的波谱主要有紫外光谱(ultraviolet spectrum,UV)、红外光谱(infrared spectrum,IR)、核磁共振谱(nuclear magnetic resonance,NMR)和质谱(mass spectrum,MS)。

1.9.1　紫外光谱

紫外光的波长为10~400 nm。分子吸收紫外光后,发生价电子能级跃迁,产生紫外吸收光谱,因此,紫外光谱又称电子光谱。远紫外光波谱测定比较困难(易被空气中氧气和二氧化碳吸收),通常所说的紫外光谱是指近紫外区(200~400 nm)的吸收光谱。有些有机分子特别是具有共轭体系的分子的价电子跃迁吸收往往出现在可见光区(400~800 nm)。从应用的角度考虑,通常将紫外和可见光谱连在一起,称为紫外-可见光谱。紫外光谱的产生机理可参阅相关教材。

一、紫外光谱图

现在紫外光谱图(见图1-7)一般都是由仪器检测终端相连的计算机自动生成的。紫外光谱图提供了两个重要的数据:吸收峰的位置和吸收光谱的吸收强度。在大多数的文献报道中,通常不绘制紫外光谱图,只是报道化合物的最大吸收峰的波长λ_{max}及与之相对应的摩尔消光系数ε_{max}。由于用于紫外光谱测定的试样的溶剂可能影响λ_{max}和ε_{max}值,文献报道化合物的紫外光谱图及λ_{max}、ε_{max}时,需标明所用的溶剂。

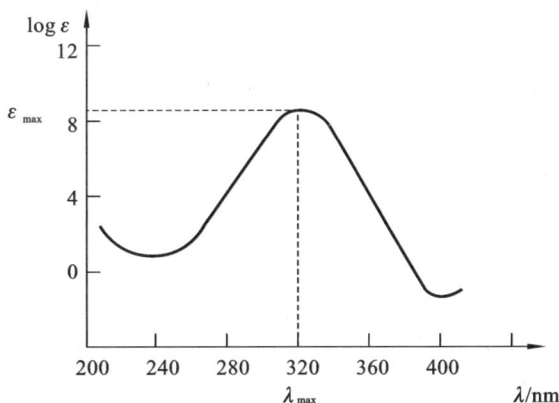

图1-7　紫外光谱图

紫外光谱可以提供分子中生色基团和助色基团的信息。不共轭的生色基团的紫外吸收波长大多在远紫外区,当分子中存在共轭(p-π共轭和π-π共轭)结构时,紫外吸收波长落在近紫外区。共轭双键越多,吸收波长越长,共轭双键增加到一定程度,吸收波长可进入可见区。因此,紫外光谱是判断分子内是否含有共轭结构的最有效的手段。

二、样品测量

1. 紫外-可见分光光度计

紫外光谱是用紫外-可见分光光度计测定的。紫外-可见分光光度计有单光束、双光束和双波长等几种类型。目前使用的大多为双光束型,其光路图如图 1-8 所示。

紫外-可见分光光度计由下列部件组成:

(1) 光源　在整个紫外光区或可见光谱区可以发射连续光谱,具有足够的辐射强度、较好的稳定性、较长的使用寿命。可见光区通常用钨灯作为光源,其辐射波长范围为 320～2500 nm。紫外光源通常用氘灯,能发射 185～400 nm 的连续光谱。

(2) 单色器　将光源发射的复合光分解成单色光,并可从中选出一任意波长单色光的光学系统。主件为棱镜或光栅。

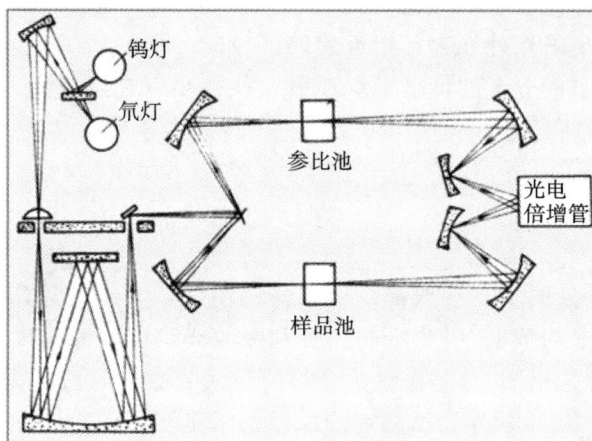

图 1-8　双光束紫外-可见分光光度计光路图

(3) 样品室　由各种类型的吸收池(比色皿)和相应的池架附件构成。吸收池主要有石英池和玻璃池两种。紫外区必须采用石英池,可见光区可用玻璃池。

(4) 检测器　利用光电效应将透过吸收池的光信号变成可测的电信号的装置,常用的有光电池、光电管或光电倍增管。

(5) 结果显示记录系统　目前一般都是用计算机进行仪器自动控制和结果处理。

2. 紫外光谱的样品测试

紫外光谱的样品测试一般按下列步骤进行:

(1) 选择溶剂　紫外光谱测定常用的溶剂有烷烃(己烷、庚烷、环己烷)、H_2O、甲醇、乙醇等。测定非极性化合物多用烷烃作溶剂,而测定极性化合物多用 H_2O、甲醇、乙醇作溶剂。

溶剂需要选用光谱纯的,若没有光谱纯的溶剂,可用普通溶剂除去相关杂质后使用。如烷烃溶剂中往往含有烯烃或芳烃杂质,可用硅胶吸附法除去,或加入适量浓硫酸振摇洗涤后放置 24 h,分去硫酸,再依次用 NaOH 和水洗涤,再用 $CaCl_2$ 干燥后蒸馏备用。乙醇中可能存在醛类杂质,可加入 10% 固体 NaOH 和少量 $AgNO_3$,放置 4 h,然后回流加热 1 h 后蒸馏除去。氯仿中的稳定剂(乙醇)或光气可用浓硫酸洗涤除去。水作溶剂时,要用新鲜的蒸馏水或去离子水,且不要贮存在塑料瓶中。

选择溶剂还要求溶剂必须在测量波段是透明的,否则会发生吸收造成干扰。表 1-2 列举了常用溶剂的使用波长极限,在极限以上溶剂是透明的,在极限以下则有吸收,会发生干扰。

表 1-2 常用溶剂的最低使用波长极限

溶 剂	最低波长极限/nm	溶 剂	最低波长极限/nm
氯仿	245	庚烷	210
环己烷	210	己烷	210
十氢萘	200	甲醇	215
1,1-二氯乙烷	235	异辛烷	210
二氯甲烷	235	异丙醇	215
1,4-二氯六环	225	乙腈	210
十二烷	200	水	210
乙醇	210	苯	280
乙醚	210	四氯化碳	265

(2)溶液的配制 一般溶液的浓度最好使透射比为 $20\% \sim 65\%$,以 $10^{-5} \sim 10^{-2}$ mol/L 为宜。有 $\pi \rightarrow \pi^*$ 跃迁的样品的摩尔吸收系数 ε 很大,因此样品的浓度必须很低,一般是 $10^{-5} \sim 10^{-4}$ mol/L。如果酸性或碱性物质用水作溶剂,由于其离解的阴离子或阳离子的光谱与母体不同,会出现混合光谱,因此酸性物质应在 0.1 mol/L HCl 水溶液中进行,碱性物质则在 0.1 mol/L NaOH 水溶液中进行。

(3)测定 操作时在样品池内装满样品溶液,将盖子沿池口边缘轻轻平推盖好,石英池表面的溢出物要用软的薄绢或擦镜纸揩拭,手指切不可触及石英池的光学表面。样品池放入样品室后,按仪器说明书提供的操作步骤进行测试。

三、紫外光谱的应用

1. 吸收带

分子吸收光能使电子发生能级的跃迁时,伴随着振动能级和转动能级的变化,因此,紫外光谱图由吸收带组成。紫外光谱图中常见的吸收带有 R 吸收带、K 吸收带、B 吸收带、E 吸收带等几种。

R 吸收带为 $n \rightarrow \pi^*$ 跃迁所引起的吸收带。如 $>C=O$、$-NO_2$、$-CHO$ 等,其特点为吸收强度弱。ε_{max} 不超过 200,一般在 100 以内,吸收峰波长一般在 270 nm 以上。

K 吸收带为 $\pi \rightarrow \pi^*$ 跃迁所引起的吸收带,由共轭双键产生。该带的特点为吸收峰很强,$\varepsilon_{max} > 10000$($\lg \varepsilon > 4$)。共轭双键增加,$\lambda_{max}$ 向长波方向移动,ε_{max} 随之增加。在同一化合物中 K 吸收带的吸收波长比 R 吸收带的短。

B 吸收带为芳环的 $\pi \rightarrow \pi^*$ 跃迁所引起的吸收带,为一宽峰,其波长为 $230 \sim 270$ nm,中心在 254 nm,ε_{max} 约为 204。该吸收带常因与芳环振动吸收的叠加而分裂为多重小峰的精细结构,该结构可用于识别芳香族化合物。

E 吸收带是芳香族化合物的另外一个特征吸收带,也为 $\pi \rightarrow \pi^*$ 跃迁。E 吸收带又分为

E_1 吸收带和 E_2 吸收带。E_1 吸收带波长约为 184 nm，ε_{max} 约为 60000；E_2 吸收带波长为 204 nm，ε_{max} 约为 7900。E_1 吸收带、E_2 吸收带都属于强吸收。

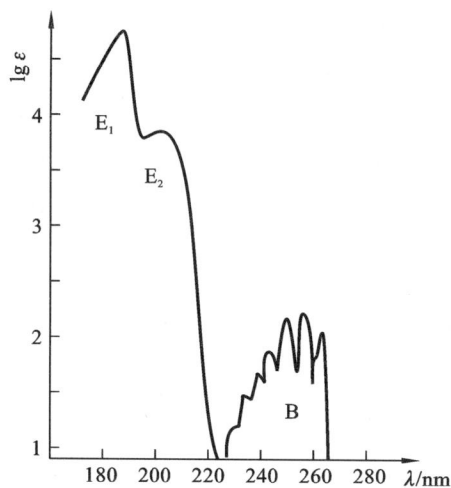

图 1-9　苯在异辛烷溶剂中的紫外吸收光谱

图 1-9 所示的为苯在异辛烷溶剂中的紫外吸收光谱。

2. 结构测定

通过测定样品化合物特性参数 λ_{max} 和 ε_{max}，然后与文献数据进行比较，可以作为结构测定依据之一。根据紫外光谱还可了解样品分子的共轭程度、空间效应、氢键等；也可对饱和与不饱和化合物、异构体及构象进行判别。

（1）若在 200～750 nm 波长范围内无吸收峰，则可能是直链烷烃、环烷烃、饱和脂肪族化合物或仅含一个双键的烯烃等。

（2）若在 270～350 nm 波长范围内有低强度吸收峰（$\varepsilon = 10 \sim 100$ L/mol·cm）（n→π 跃迁），则可能含有一个简单非共轭且含有 n 电子的生色基团，如羰基。

（3）若在 250～300 nm 波长范围内有中等强度的吸收峰，则可能含苯环。

（4）若在 210～250 nm 波长范围内有强吸收峰，则可能含有 2 个相互共轭的双键；若在 260～300 nm 波长范围内有强吸收峰，则说明该有机物可能含有 3 个或 3 个以上相互共轭的双键。

（5）若该有机物的吸收峰延伸至可见光区，则该有机物可能是长链共轭或稠环化合物。

（6）与标准物质的吸收光谱进行比较。目前《The sadtler standard spectra (Ultraviolet)》标准谱图库已收集了 46000 多种化合物紫外光谱的标准谱图，在相同的实验条件（仪器条件、溶剂）下，将未知物的紫外光谱与标准物质的紫外光谱进行比较。若两者谱图相同，则可认为含有相同的生色基团，但要注意不一定是相同的物质，紫外光谱只是确定结构的辅助工具。

3. 物质纯度的检查

用紫外光谱法测定物质纯度有其独特的优点。因为含共轭体系的化合物有很高的紫外检测灵敏度，而饱和或某些含孤立双键的化合物则没有紫外吸收，利用这种选择性，在下列两种情况下紫外光谱可方便地检查物质纯度：一是样品化合物在近紫外区一定波长范围内没有吸收，而杂质在该波长范围有特征吸收；二是样品化合物在近紫外或可见光区有吸收，而杂质没有吸收，这样就可通过比较等浓度的纯度待定样品和其纯物质样品的吸收强度来确定纯度待定样品的纯度。

1.9.2　红外光谱

红外光谱是由化合物分子吸收红外光时，振动能级和转动能级发生跃迁而产生的吸收光谱，属于分子光谱。研究有机化合物分子结构的红外光谱处于中红外和近红外区，波数位于 400～4000 cm^{-1}（波长为 2.5～25 μm）。

一、红外光谱

红外光谱的产生机理可参阅相关教材。一张红外光谱图,通常呈现多个吸收峰,各个峰的强弱不同,形状各异(宽峰、尖峰、肩峰、双峰等)。根据吸收峰的波长或波数的位置及峰的形状,可以获得有关有机化合物分子官能团或分子结构的信息。

二、样品测量

1. 红外分光光度计(红外光谱仪)

红外光谱是由红外分光光度计测定的。目前使用的红外分光光度计主要有两种类型:一种是色散型;另一种是干涉型(傅里叶变换)。

色散型红外分光光度计的结构和紫外-可见分光光度计大体一样,也由光源、吸收池、单色器、检测器以及记录显示装置组成。红外分光光度计的样品池是放在光源和单色器之间,而紫外-可见分光光度计的样品池则是放在单色器的后面。

(1) 光源　红外光谱仪中所用的光源通常是一种惰性固体,用电加热使之发射高强度的连续红外辐射。常用的是能斯特灯或硅碳棒。能斯特灯是用氧化锆、氧化钇和氧化钍烧结而成的中空棒和实心棒。工作温度约为 1700 ℃,在此高温下导电并发射红外线,但在室温下是非导体,因此,在工作之前要预热。它的特点是发射强度高,使用寿命长,稳定性较好。缺点是价格比硅碳棒贵,机械强度差,操作不如硅碳棒方便。硅碳棒是由碳化硅烧结而成,工作温度为 1200～1500 ℃,在低波数区发光强度大,坚固。

(2) 样品池　因玻璃、石英等材料不能透过红外光,红外光谱仪样品池要用可透过红外光的 NaCl、KBr、CsI、KRS-5(Tl 58%、TlBr42%)等材料制成窗片。最常用的是用 NaCl 单晶材料制成的窗片,因其容易吸水溶解,所以应注意防潮。

(3) 单色器　由色散元件、准直镜和狭缝构成。色散元件常用复制的闪耀光栅。由于闪耀光栅存在次级光谱的干扰,所以通常是将光栅和用来分离次光谱的滤光器或前置棱镜结合起来使用。

(4) 检测器　常用的红外检测器有高真空热电偶、热释电检测器和碲镉汞检测器。前二者运用热电效应的原理,后者运用光电效应的原理。

(5) 结果显示记录系统　目前一般都是用计算机进行仪器自动控制和结果处理。

傅里叶变换红外光谱仪(FTIR)没有色散元件,主要由光源(硅碳棒、高压汞灯)、迈克尔逊干涉仪、检测器、计算机和记录仪组成。核心部分为迈克尔逊干涉仪,它将光源来的信号以干涉图的形式送往计算机进行傅里叶变换,最后将干涉图还原成光谱图。它与色散型红外光度计的主要区别在于干涉仪和电子计算机两部分。

傅里叶变换红外光谱仪具有以下优点,正在被越来越广泛地使用。

(1) 扫描速度快(几十次/秒),信号累加,信噪比高。

(2) 光通量大,所有频率同时测量,检测灵敏度高,样品用量少。

(3) 扫描速度快,可跟踪反应历程,作反应动力学研究,并可与气相色谱、液相色谱联用。

(4) 测量频率范围宽,可达到 $4500 \sim 6 \ \mathrm{cm}^{-1}$,杂散光少,波数精度高,分辨率可达 $0.05 \ \mathrm{cm}^{-1}$。

（5）对温度、湿度要求不高。

（6）光学部件简单，只有一个动镜在实验中运动，不易磨损。

2. 红外光谱的样品测试

红外光谱的试样可以是液体、固体或气体，一般应符合下列要求：

（1）试样应该是单一组分的纯物质，纯度应大于 98％或符合商业规格，这样才便于与纯物质的标准光谱进行对照。多组分试样应在测定前尽量预先用分馏、萃取、重结晶或色谱法进行分离提纯，否则各组分光谱相互重叠，难于判断。

（2）试样中不应含有游离水。因为水本身有红外吸收，会严重干扰样品的图谱，同时还会侵蚀样品池的盐窗。

（3）试样的浓度和测试厚度应选择适当，以使光谱图中的大多数吸收峰的透射比处于 10％～80％。气态样品可在玻璃气槽内进行测定。玻璃气槽为一密封的容器，两端粘有红外透光的 NaCl 或 KBr 窗片。引入样品前，将气槽抽真空，再将试样注入。

液体样品可在液体样品池内测定。样品池的两侧是用 NaCl 或 KBr 等晶片做成的窗片。

沸点较高、不易清洗的液体样品可采用液膜法测定，该法是定性分析中常用的简便方法。具体操作是在可拆样品池的两片盐窗片之间，滴上 1～2 滴液体样品，形成一薄膜。液膜厚度可借助于样品池架上的固紧螺丝作微小调节。但是低沸点易挥发的样品不宜采用此法。

固体样品通常可采用下列方法制样：

（1）压片法　将 1～2 mg 试样与 200 mg 纯 KBr 研细均匀，置于模具中，用 $(5\sim10)\times10^7$ Pa 压力在压片机上压成透明薄片，即可用于测定。试样和 KBr 都应经干燥处理，研磨到粒度小于 2 μm，以免散射光影响。

（2）石蜡糊法　将干燥处理后的试样研细，与液状石蜡或全氟代烃混合，调成糊状，夹在盐窗片中测定。

（3）薄膜法　主要用于高分子化合物的测定。可将它们直接加热熔融后涂制或压制成膜；也可将试样溶解在低沸点的易挥发溶剂中，涂在盐窗片上，待溶剂挥发后成膜测定。

三、红外光谱的应用

红外光谱在结构测定方面的应用，可分为两种情况：一种是已知化合物的鉴定；另一种是未知化合物的鉴定。

已知化合物的鉴定比较容易，就是将所测得的样品的红外光谱（见图 1-10）与标准图谱库或文献报道的该化合物的图谱进行对比。若两张谱图完全相同，就可以确定该化合物与标准图谱或报道的化合物是同一种物质；若两张谱图不一样，或峰位不一致，则说明两者可能不为同一化合物，或样品有杂质。使用文献上的谱图应当注意试样的物态、结晶状态、溶剂、测定条件以及所用仪器类型均应与标准谱图或报道的图谱相同。

目前可检索的标准图谱库有萨德勒（Sadtler）标准红外光谱图、Aldrich 试剂公司的 Aldrich 红外谱图库、Sigma 试剂公司的 Sigma Fourier 红外光谱图库、分子光谱文献 "DMS"（documentation of molecular spectroscopy）穿孔卡片、美国石油研究所（API）编制的 "API"红外光谱资料等。

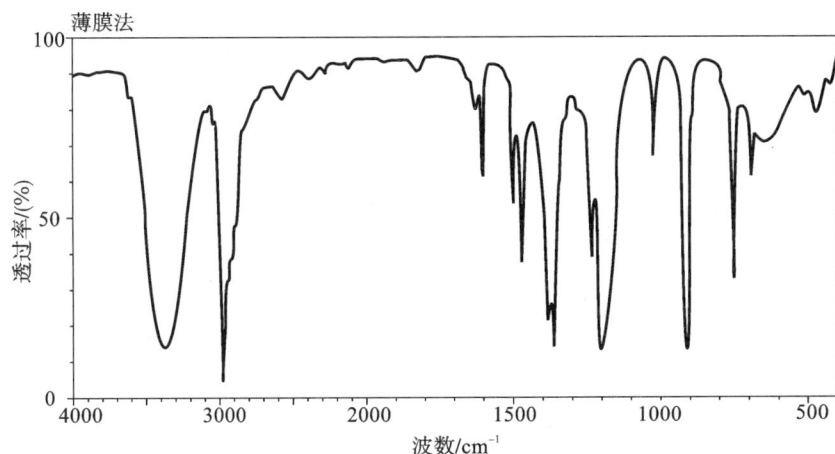

图 1-10　叔丁醇的红外光谱图

　　未知化合物的情况比较复杂,需要通过解析所测得的红外光谱图来判断所测试样品分子中有哪些基团(官能团)存在,判断基团是否存在主要是利用这些基团在红外光谱图中的特征吸收位置(见表 1-3)。有时也可从红外光谱图获得这些基团在分子中的相对位置的信息。实际上,单用红外光谱图很难确定一个未知化合物的结构,往往需要结合其他测试手段才能实现。

表 1-3　常见官能团的红外特征吸收

键的振动类型	化合物	吸收峰位置(cm^{-1})及特征
O—H 伸缩振动	醇、酚	单体 3650～3590(s)* ;缔和 3400～3200(s,b)
	酸	单体 3560～3500(m);缔和 3000～2500(s,b)
N—H 伸缩振动	伯胺	3500～3400(m,双峰);仲胺 3500～3300(m,单峰)
	亚胺	3400～3300(m)
	酰胺	3350～3180(m)
≡C—H 伸缩振动	炔烃	3300(s)
=C—H 伸缩振动	烯烃	3095～3010(m)
	芳烃	～3030(m)
饱和 C—H 伸缩振动		2962～2850(m～s)
C≡C 伸缩振动	炔	2260～2100(w)
C≡N 伸缩振动	腈	2260～2240(m)
C=O 伸缩振动	酰卤	1815～1770(s)
	酸酐	1850～1800(s),1790～1740(s)
	酯	1750～1730(s)
	醛	1740～1720(s)
	酮	1725～1705(s)
	酸	1725～1700(s)
	酰胺	1690～1630(s)

键的振动类型	化合物	吸收峰位置(cm^{-1})及特征
C＝C 伸缩振动	烯	1680～1620(v)
	芳烃	1600(v),1580(m),1500(v),1450(m)
C＝N 伸缩振动	亚胺、肟	1690～1640(v)
	偶氮	1630～1575(v)
C—O 伸缩振动	醇、醚	1275～1025(s)
C—X 伸缩振动	卤代烃	C-F:1350～1100(s) C-Cl:750～700(m) C-Br:700～500(m) C-I:610～485(m)
饱和 C—H 面内弯曲振动	烷烃	CH$_3$:1470～1430(m),1380～1370(s) CH$_2$:1485～1445(m) CH:1340(w) CH(CH$_3$)$_2$:1385(m),1375(m),两峰强度相等 C(CH$_3$)$_3$:1395(m),1365(m),后者强度为前者的两倍
不饱和 C—H 面外弯曲振动	烯	R—CH＝CH$_2$:995～985(s),920～905(s) R—CH＝CH—R(Z):730～650(m) R—CH＝CH—R(E):980～950(s) R$_2$C＝CH$_2$:895～885(s) R$_2$C＝CH—R:830～780(m)
	芳烃	一取代苯:770～730(vs),710～690(s) 邻二取代苯:770～735(s) 间二取代苯:950～860(s),810～750(vs),720～680(s) 对二取代苯:860～800(vs) 均三取代苯:860～810(s),735～675(s) 连三取代苯:780～760(s),725～680(m) 偏三取代苯:885～870(s),823～805(vs) 四取代苯:870～800(s) 五取代苯:900～850(s)
	炔	665～625(s)

＊强度符号:vs(很强),s(强),m(中),w(弱),v(可变),b(宽)。

1.9.3 核磁共振谱

核磁共振谱是利用磁矩不为零的原子核,在外磁场作用下自旋能级发生分裂,共振吸收某一定频率的电磁波射频辐射(处于无线电波的振动频率区间)所得到的图谱。核磁共振技术是有机化合物结构鉴定的重要手段,测定结果能为确定官能团和烃基在分子中的排列情况提供十分有用的信息。常用的核磁共振谱有氢谱和碳谱,氢谱常用英文缩写[1]HNMR 或 PNMR(质子核磁共振英文缩写)表示,碳谱常用[13]CNMR 表示。由于[1]HNMR 谱是最常用的,这里只讨论[1]HNMR 谱。

一、核磁共振谱图

核磁共振谱的产生机理可参阅相关教材。在核磁共振测量中,以吸收能量的强度为纵坐标,化学位移 δ 为横坐标绘出一系列吸收峰,由此得到的波谱图就是核磁共振谱图,如图 1-11 所示。

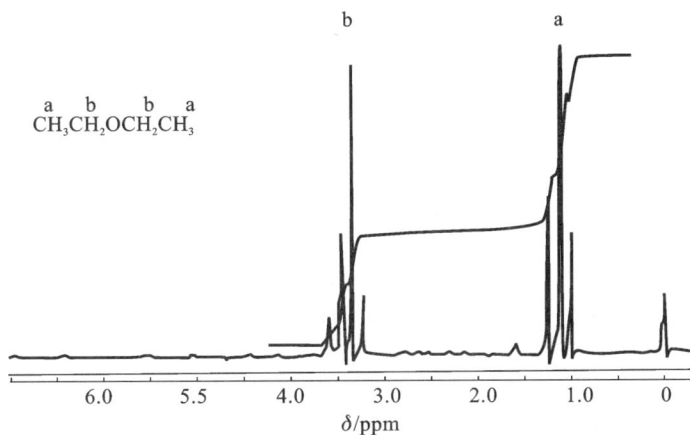

图 1-11　乙醚的高分辨率核磁共振谱图

二、样品测量

1. 核磁共振仪

核磁共振仪按扫描方式不同,可分为两大类:一类是连续波核磁共振仪,其射频的频率或外磁场的强度是连续变化的,即进行连续扫描一直到被观测的核依次被激发发生核磁共振;另一类是脉冲傅里叶变换核磁共振仪,这类仪器采用恒定的磁场,用一定频率宽度的射频强脉冲辐照试样,激发全部欲观测的核,得到全部共振信号。当脉冲发射时,试样中每种核都对脉冲单个频率产生吸收。

核磁共振仪主要由磁铁、射频发生器、射频接收器、记录仪等组成,如图 1-12 所示。

(1)磁铁　磁铁或磁体产生强的静磁场,以满足产生核磁共振的要求。100 MHz 以下的低频谱仪采用电磁铁或永久磁铁。200 MHz 以上高频谱仪采用超导磁体,它利用了含铌合金在液氦温度下的超导性质。由含铌合金丝缠绕的超导线圈完全浸泡在液氦中间。为了降低液氦的消耗,其外围是液氮层。液氦及液氮均由高真空的罐体贮存,以降低蒸发量。液氦需及时补充,视不同谱仪而定,为 3 至 10 个月。每 7 至 10 天需补加液氮。因此,超导核磁共振仪的价格及日常保养费用都很高。扫场时,磁场强度的变化通过调节扫场线圈中的电流来实现。

(2)射频振荡器(射频发生器)　用于产生射频电磁波照射样品。

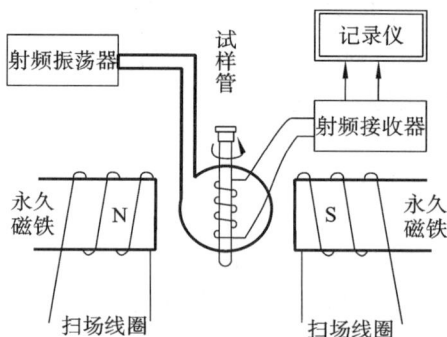

图 1-12　核磁共振仪原理示意图

（3）射频接收器　射频接收器线圈在试样管的周围，并与振荡器线圈和扫描线圈相垂直。当射频振荡器发生的频率 v_0 与磁场强度 H_0 达到前述特定组合 $v_0 = \gamma H_0 / (2\pi)$ 时，放置在磁场和射频线圈中间的试样就要发生共振而吸收能量。这个能量的吸收情况通过射频接收器检出，经过放大后记录下来。所以核磁共振波谱仪测量的是共振吸收。

（4）记录仪　目前核磁共振仪的记录装置都是用计算机进行仪器自动控制和结果处理的。计算机接收射频接收器发出的经过放大后的检测信号，经过数据处理得到核磁共振谱，还能自动画出积分线，给出各组共振吸收峰的相对面积。

2. 核磁共振的样品测试

核磁共振实验时样品管放在磁极中心，磁铁应该对样品提供强而均匀的磁场。但实际上磁铁的磁场不可能很均匀，因此需要使样品管以一定速度旋转，以克服磁场不均匀所引起的信号峰加宽。

做质子核磁共振谱（^{1}HNMR 谱）时，常用外径为 6 mm 的薄壁玻璃管。测定时样品常常被配成溶液，这是由于液态样品可以得到分辨率较好的图谱。要求选择不产生干扰信号、溶解性能好、稳定的氘代溶剂。溶液的浓度应为 2%～10%。样品的溶液应有较低的黏度，否则会降低谱峰的分辨率。如纯液体黏度大，应用适当溶剂稀释或升温测谱。常用的溶剂有 CCl_4、$CDCl_3$、$(CD_3)_2SO$、$(CD_3)_2CO$、C_6D_6、D_2O 等。

为测定化学位移值，需加入一定的基准物质。基准物质加在样品溶液中称为内标。若出于溶解度或化学反应性等的考虑，基准物质不能加在样品溶液中，可将液态基准物质（或固态基准物质的溶液）封入毛细管再插到样品管中，称为外标。

基准物质最常用的是四甲基硅烷（TMS）。TMS 的浓度一般为 0.2% 左右。

三、核磁共振谱的应用

根据有机化合物的核磁共振谱图，可以得到化合物结构的信息：

（1）由信号峰的组数可以推知有机化合物分子中有几类氢；

（2）由信号峰的强度（峰面积或积分曲线高度），可以知道化合物中各类氢的数目的相对比，再根据分子中氢的总个数判断各类氢原子的数目；

（3）从各信号峰的裂分数目可以推知其相邻氢的数目；

（4）由各峰的化学位移（见表 1-4）可以推知各类型氢的归属。

表 1-4　特征质子的化学位移

质子类型	化学位移 δ/ppm	质子类型	化学位移 δ/ppm
RCH_3	0.9	$ArSH$	3～5
R_2CH_2	1.3	$ArOH$	4.7～7.7
R_3CH	1.5	RCH_2—OH	3.4～4
$R_2C{=}CH_2$	4.5～5.9	RO—CH_3	3.5～4
$R_2C{=}CR$—CH_3	1.7	$RCHO$	9～10
$RC{\equiv}CH$	2.0～3.1	RCO—CH_2R	2.0～2.6
Ar—CH_3	2.2～3	R_3CCOOH	10～13
Ar—H	6.4～9.5	RCH_2COOR	2～2.2
RCH_2F	4～4.5	$RCOO$—CH_3	3.7～4
RCH_2Cl	3.6～4	RNH_2,R_2NH	0.5～3.5(峰不尖锐, 常呈馒头形)
RCH_2Br	3.4～3.8	$ArNH_2$,$ArNHR$	2.9～6.5
RCH_2I	3.1～3.5	$RCONH_2$	5～9
ROH	0.5～5.5(温度、溶剂、浓度改变时影响很大)	$R2N$—CH_3	2.1～3.2
R—SH	0.9～2.5	$R2CONH$—CH_3	2.7～3.8
$RSCH_2R$	2.4～3.2	R—SO_3H	11～12

（5）由裂分峰的外形或偶合常数(相邻两个小裂分峰之间的距离称为偶合常数,用 J 表示,单位为 Hz),可以判断哪种类型 H 所连的碳原子是相邻的,因为相互偶合的氢原子吸收裂分峰的偶合常数相等。

核磁共振谱在结构测定方面的应用,也分为两种情况:一种是已知化合物的鉴定;另一种是未知化合物的鉴定。

已知化合物的鉴定比较容易,就是将所测得样品的核磁共振谱与标准图谱库或文献报道的该化合物的图谱进行对比。若两张谱图完全相同,就可以确定该化合物与标准图谱或报道的化合物是同一种物质;若两张谱图不一样,或峰位不一致,则说明两者可能不为同一化合物,或样品有杂质。使用文献上的谱图应当注意测试时所用的溶剂、测定条件以及所用仪器类型均应与标准谱图或报道的图谱相同。目前可检索的标准图谱库有萨德勒(Sadtler)标准核磁共振谱图等。

未知化合物的情况比较复杂,需要通过解析所测得的核磁共振谱图来判断所测试样品分子中有哪类官能团的氢原子存在,也可根据吸收峰的裂分情况和偶合常数等获得这些基团在分子中的相对位置的信息。实践中,单用核磁共振谱图确定一个未知化合物的结构比较困难,往往需要结合其他测试手段才能实现。

1.9.4　质谱

质谱分析法是通过对被测样品离子的质荷比(m/Z)的测定来进行分析的一种分析方

法。被分析的样品通过仪器进行离子化后,利用不同离子在电场或磁场的运动行为的不同,把离子按质荷比分开而得到质谱。通过对样品的质谱进行分析,可以得到样品分子结构的有关信息。

质谱分析具有快速、简捷、精确,样品用量少等优点。通过色谱和质谱联用,还可以测定混合物的组成及各组分的相对分子量,并获得与推导结构有关的信息。

一、基本原理

质谱是样品的不同质量的分子碎片的质量分布图,其原理可以借助于质谱仪的工作原理图(见图 1-13)予以说明。

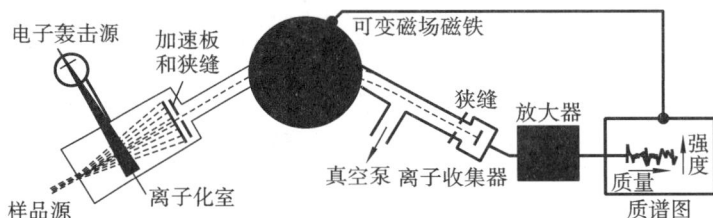

图 1-13　质谱仪的工作原理图

汽化的样品进入高真空的离子化室,用具有一定能量的电子束(电子轰击源、EI 源)轰击气态分子,分子失去电子成为带正电荷的分子离子 M^+,获得电子束能量的激发态分子离子会继续发生化学键的断裂,生成阳离子、阴离子或不带电的碎片。产生带正电荷的离子经电位差为几百到几千伏的电场加速,进入分析系统。分析系统的可变磁场对正离子产生洛伦茨力作用,使每一种离子按照一定的轨道继续前进,其行进轨道的曲率半径取决于各种离子的质荷比。这样,分子离子、碎片可按质荷比的大小得到分离。所有相同质荷比的离子结合在一起,形成离子流,各种离子流沿不同的曲率半径轨道通过狭缝进入离子收集、检定系统。各种离子流出现不同信号,其强度与离子流成正比,记录所产生的信号,即得到样品的质谱。通常正离子的电荷为 1,故所记录的信号即是不同质量的正离子。M^+ 的质量就是化合物的相对分子质量;将碎片的种类、质量和强度与化合物键合规律结合起来,就可以推断分子的结构。

分子被电子束轰击时的裂解规律可参阅相关教材。

二、样品测量

1. 质谱仪

目前用于质谱测量的质谱仪有多种类型,如磁质谱仪、四极质谱仪、离子阱质谱仪、飞行时间质谱仪和离子回旋共振傅里叶质谱仪等。各种质谱仪具有不同的特点和适用范围,一般都由下面几个系统组成。

(1)真空系统　质谱仪的离子源、质谱分析器及检测器必须处于高真空状态(离子源的真空度应达 $10^{-5}\sim10^{-3}$ Pa,质量分析器应达 10^{-6} Pa),通常用机械泵预抽真空,然后用扩散泵高效率并连续地抽气。

(2)进样系统　进样系统一般可分为下列三种情况。

①直接进样(静态法):对气体或挥发性液体的纯化合物,可用微量注射器注入直接进样到离子化室。

②探针进样:对于挥发性很小的固体样品,需将样品放在不锈钢杆或探针顶端的小杯内,将探针通过样品加入口放进离子化室中,然后加热离子化室直至固体挥发。

③色谱进样:对于一些组分较复杂的混合物,需将样品分离成一个个单一组分,再进入质谱仪。最典型的就是气相或液相色谱仪通过接口与质谱仪连接。

(3)离子化系统 就是离子化室,通常采用电子轰击电离(EI电离),使用具有一定能量的电子直接作用于样品分子,使其电离。轰击用电子由钨或铼制作的灯丝在高真空中发射,通过灯丝与电离盒之间所加的电压加速。对有机化合物通常选用 70 eV 的电压。

除了电子轰击的电离方法之外,还有场致电离、化学电离、激光电离等方法。

(4)质量分析系统 质量分析器的作用是将离子源中形成的离子按质荷比的大小不同分开,质量分析器可分为静态分析器和动态分析器两类。

静态分析系统采用稳定不变的电磁场(电磁场随时间改变,只是为了记录质谱而不是分离原理所要求的),并且按照空间位置把不同质荷比(m/Z)的离子分开。属于这一类的仪器有单聚焦磁场分析系统的仪器和双聚焦磁场分析系统的仪器。

动态分析系统采用变化的电磁场,按照时间或空间来区分质量不同的离子。属于这一类的仪器有飞行时间质谱仪、四极质谱仪等。

(5)离子检测系统 通常用电子倍增器检测离子流。电子倍增器中电子通过的时间很短,利用电子倍增器可以实现高灵敏、快速测定。

(6)记录系统 目前质谱仪大多使用计算机作为记录系统,计算机接收离子检测系统提供的信号,进行数据处理,给出质谱图。

2. 质谱图

质谱图由横坐标、纵坐标和棒线组成。横坐标标明离子质荷比(m/Z)的数值,纵坐标标明各峰的相对强度(也叫相对丰度),棒线代表质荷比的离子。图谱中最强的一个峰称为基峰,将它的强度定为100。

图 1-14 为甲基异丁基甲酮的质谱图,从图中可以找到甲基异丁基甲酮裂解所产生的具有不同质荷比(m/Z)的离子碎片的相对强度。

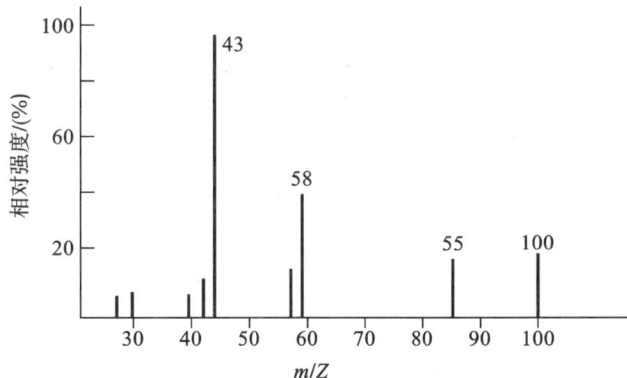

图 1-14 甲基异丁基甲酮的质谱图

　　3. 质谱的样品测试

　　质谱的样品测试比较简单,按照上述的三种进样方法进样即可。

三、质谱的应用

　　(1) 由分子离子峰测定相对分子质量　　这是质谱的重要用途之一,它比经典的相对分子质量测定方法快而准确,且所需试样量少(一般为 0.1 mg)。

　　(2) 用质谱图鉴定有机化合物　　这种情况适用于已知有机化合物。就是将所测得的样品的质谱图与标准图谱库或文献报道的该化合物的图谱进行对比。若两张图谱完全相同,就可以确定该化合物与标准图谱或报道的化合物是同一种物质;若两张谱图不一样,或峰位不一致,则说明两者可能不为同一化合物,或样品有杂质。使用文献上的谱图应当注意测试时裂解条件以及所用仪器类型均应与标准谱图或报道的图谱相同。

　　目前可检索的标准图谱库有萨德勒(Sadtler)标准 MS 谱图库、Wiley 出版公司的 MS 数据库、美国国家标准研究所的 NIST/EPA/NIH 质谱数据库等。

　　(3) 用质谱图推测有机化合物的分子结构　　这是一项比较复杂的工作,具体步骤可参阅相关教材。

第二部分

有机化合物物理性质测定及纯化实验

实验 1 折光率的测定

一、实验目的

（1）了解测定折光率对研究有机化合物的实际意义。

（2）掌握使用阿贝折光仪测定有机物折光率的方法。

二、实验原理

折光率（refractive index）是有机化合物的重要物理常数之一。它是液态有机化合物的纯度标志，也可作为定性鉴定的手段。固体、液体和气体都有折光率，尤其是液体有机物，文献记载更为普遍。通过测定折光率可以判断有机物的纯度、鉴定未知有机物以及在分馏时配合沸点，作为切割馏分的依据。

当光线从一种介质 m 射入另外一种介质 M 时，光的速度发生变化，光的传播方向（除光线与两介质的界面垂直外）也会改变，这种现象称为光的折射现象。光线方向的改变是用入射角 θ_i 和折射角 θ_r 来量度的。

根据光折射定律，有

$$\frac{\sin\theta_i}{\sin\theta_r} = \frac{\upsilon_m}{\upsilon_M}$$

我们把光的速度的比值 $\frac{\upsilon_m}{\upsilon_M}$ 称为介质 M 的折射率（对介质 m）n，即

$$n = \frac{\upsilon_m}{\upsilon_M} = \frac{\sin\theta_i}{\sin\theta_r}$$

若 m 是真空，则 $\upsilon_m = c$（真空中的光速），有

$$n = \frac{c}{\upsilon_M} = \frac{\sin\theta_i}{\sin\theta_r}$$

在测定折光率时，一般都是光从空气射入液体介质中，而

$$\frac{c}{\upsilon_{空气}} = 1.00027（即空气的折光率）$$

因此，我们通常用在空气中测得的折光率作为该介质的折光率，即

$$n = \frac{\upsilon_{空气}}{\upsilon_{液体}} = \frac{\sin\theta_i}{\sin\theta_r}$$

但是在精密的工作中，对两者应加以区别。折光率与入射波长及测定时介质的温度有

关,故表示为 n_D^t。例如 n_D^{20} 即表示以钠光的 D 线(波长 5893 Å)在 20 ℃时测定的折光率。对于一个化合物,当 λ、t 都固定时,它的折光率是一个常数。

一般温度升高 1 ℃,液体化合物的折光率降低 $3.5\times10^{-4}\sim5.5\times10^{-4}$。在实际工作中,往往把某一温度下测定的折光率通过下列公式换算成 20 ℃时的折光率。

$$n_D^{20}=n-4.5\times10^{-4}(t-20)$$

三、实验步骤

在有机化学实验里,一般都用阿贝(Abbe)折光仪(见图 2-1)来测定折光率。在折光仪上所刻的读数不是临界角度数,而是已计算好的折光率,故可直接读出。由于仪器上有消色散棱镜装置,所以可直接使用白光作光源,其测得的数值与钠光的 D 线所测得结果相同。

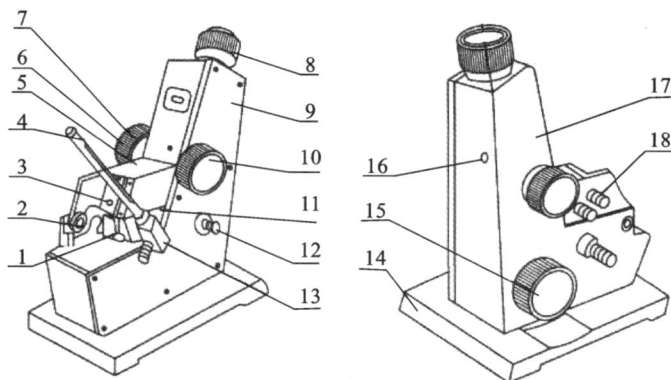

图 2-1　阿贝折光仪

1—反射镜;2—转轴;3—遮光板;4—温度计;5—进光棱镜座;6—色散调节手轮;7—色散值刻度圈;
8—目镜;9—盖板;10—手轮;11—折射棱镜座;12—照明刻度盘聚光镜;13—温度计座;14—底座;
15—刻度调节手轮;16—小孔;17—壳体;18—恒温器接头

具体操作步骤如下:

(1)将阿贝折光仪置于靠窗口的桌上或白炽灯前,要避免阳光直射,用超级恒温槽通入所需温度的恒温水于两棱镜夹套中,棱镜上的温度计应指示所需温度,否则应重新调节恒温槽的温度。

(2)松开锁钮,打开棱镜,滴 1～2 滴丙酮在玻璃面上,合上两棱镜,待镜面全部被丙酮湿润后再打开,用擦镜纸轻擦干净。

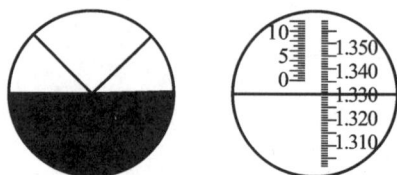

图 2-2　临界角时目镜视野图

(3)校正。打开棱镜,滴 1 滴溴化萘于下面镜面上,在保持下面镜面水平情况下关闭棱镜,转动刻度盘罩外手柄(棱镜被转动),使刻度盘上的读数等于溴化萘的折光率,调节反射镜使入射光进入棱镜组,并从测量望远镜中观察,使视场最明亮,调节测量镜(目镜),使视场十字线交点最清晰。转动消色调节器,消除色散,得到清晰的明暗界线,然后用仪器附带的小旋棒旋动位于镜筒外壁中部的调节螺丝,使明暗线对准十字线交点,如图 2-2 所示,校正即完毕。

（4）测定。用丙酮清洗镜面后，滴加 1～2 滴无水乙醇样品于毛玻璃面上，闭合两棱镜，旋紧锁钮。如样品易挥发，可用滴管从棱镜间小槽中滴入。转动刻度盘罩外手柄（棱镜被转动），使刻度盘上的读数为最小，调节反射镜使光进入棱镜组，并从测量望远镜中观察，使视场最明亮，再调节目镜使视场十字线交点最清晰。

再次转动罩外手柄，使刻度盘上的读数逐渐增大，直至观察到视场中出现的半明半暗现象，并在交界处有彩色光带，这时转动消色散手柄，使彩色光带消失，得到清晰的明暗界线，继续转动罩外手柄使明暗界线正好与目镜中的十字线交点重合。从刻度盘上直接读取折光率。

重复测定无水乙醇样品三次，取平均值，并与文献值比较。

四、预习及操作过程指导

（1）根据实验目的预习相关操作。

（2）请利用互联网查出下列主要药品的物理常数，并写到预习报告中。

名称	分子量 （mol wt）	熔点 /(℃)	沸点 /(℃)	折射率 （20 ℃）	相对密度 (d_4^{20})	溶解度 /(g/100 mL)
乙醇						
丙酮						
溴化萘						

（3）要特别注意保护棱镜镜面，滴加液体时防止滴管口划镜面。

（4）每次擦拭镜面时，只许用擦镜头纸轻擦，测试完毕，也要用丙酮洗净镜面，待干燥后才能合拢棱镜。

（5）不能测量带有酸性、碱性或腐蚀性的液体。

（6）测量完毕，拆下连接恒温槽的胶皮管，棱镜夹套内的水要排尽。

实验 2　熔点及沸点（微量法）测定

一、实验目的

（1）了解熔点、沸点测定的意义。

（2）掌握利用毛细管法测定熔点、沸点的操作方法。

二、实验原理

（1）熔点　固体物质在一定大气压力下受热达到固-液两相平衡共存状态时的温度称为该固体物质的熔点。对于纯净的有机化合物，一般都有固定熔点。在一定压力下，固-液两相之间的变化都是非常敏锐的，初熔至全熔的温度一般不超过 0.5～1 ℃（该温度范围通常称为熔距或熔程）。如果被测样品混有杂质，则其熔点一般会下降，熔程也会变长。通过熔点测定，可鉴定纯净的样品是什么有机化合物，具有很大的实用价值；根据熔距的长短还可定性地估计出该化合物的纯度。

（2）沸点　　当液体的蒸气压增大到与外界液面上的大气压力相等时，就有大量蒸汽气泡从液体内部逸出，液体达到沸腾。这时的温度称为液体的沸点。因此，不同的大气压力下，液体具有不同的沸点。一般情况下，文献中所说的沸点是指在一个标准大气压（101.325 kPa）下液体沸腾时的温度。通常把液体蒸馏时冷凝管开始滴下第一滴液体时的温度称为初馏温度，蒸馏接近完毕时的温度称为末馏温度，两个温度之差称为沸程（蒸馏是常量法测沸点的方法之一）。

纯液体有机化合物都有一定的沸点，而且沸点变化在 $1 \sim 3$ ℃。若含有杂质，则溶剂的蒸气压降低，一般情况下沸点会随之下降，沸程也扩大，沸点变化范围（沸程）将超过 $3 \sim 5$ ℃。

纯净的物质都有固定的熔点和沸点，就像人的指纹一样，所以，可以通过熔点或沸点的测定来鉴别某种物质；也可以通过测定某物质的熔点或沸点，与其文献标准值比较来判断该物质的纯度。

需要指出的是，某些液态化合物常可与另外的液态化合物形成二元或三元的共沸混合物，它们也有固定的沸点，但不属于纯净物。

三、实验步骤

本实验用微量法进行熔点和沸点的测定，所用的仪器叫提勒（Thiele）管（又叫 b 形管）。提勒管内的液体为导热液，导热液可根据所测物质的熔点选择，一般用液体石蜡、硫酸、硅油等。

本实验共测试四个样品：固体试样二苯胺、液状试样丙酮、一个未知固体试样和一个未知液体试样。

1. 熔点测定

将 $0.1 \sim 0.2$ g 二苯胺样品粉末（干燥、迅速研碎）放在干净的表面皿上聚成小堆，用一端开口的毛细管的开口端垂直插入此小堆内并将样品挤入毛细管中，在桌面上踮几下，再在玻璃管中自由落下十次左右，使样品填装结实、均匀、紧密，高度 $2 \sim 3$ mm 为宜。

将毛细管与温度计用橡皮圈捆在一起，样品位于温度计水银球的中部，放入装有导热液的 b 形管中。导热液液面在 b 形管的上侧管上 1 cm 处，不宜加多，以免受热后膨胀溢出引起危险。温度计通过开口软木塞固定在 b 形管中心位置，温度计水银球与毛细管内样品位于 b 形管上下侧管中间，此处对流循环好，温度均匀（见图 2-3）。固定样品毛细管的橡皮圈要在导热液面上。

小心加热 b 形管，密切注意熔点管中样品变化情况。当样品开始塌落，并有液相产生时（部分透明），表示开始熔化（初熔）（此时应随时停止加热），当固体刚好完全消失时（全部透明），则表示完全熔化（全熔）（见图 2-4）。注意观察，记录初熔温度 t_1、全熔温度 t_2，二者之差即为熔程。一般情况下，每个样品测试三次，最后取平均值。

对于未知物需粗测一次，再精测二次。精测时按上述方法操作。

2. 沸点测定

沸点测定的测定管外管为内径 6 mm、长 $6 \sim 8$ cm 的一端封闭的小玻璃管；内管为内径 1 mm、长 8 cm 的一端封闭的毛细管，如图 2-5 所示。

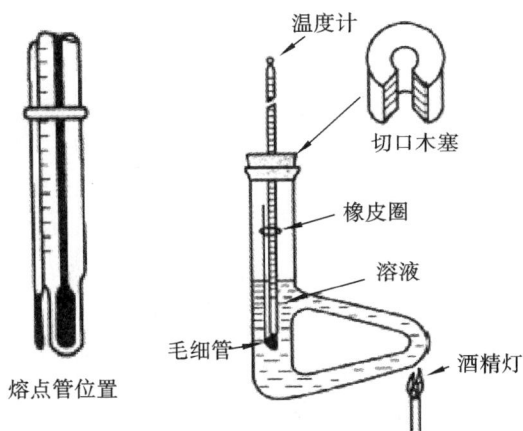

图 2-3 熔点测定装置图

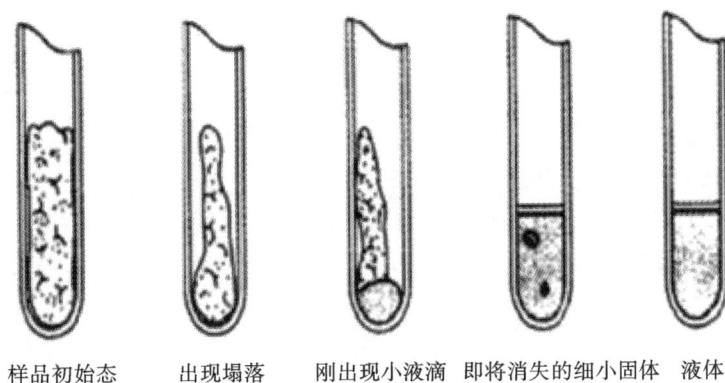

图 2-4 固体样品的溶解过程

用滴管将 0.5 mL 丙酮装入外管,将内管(毛细管)开口一端插入外管底部,将外管用橡皮圈固定在温度计上,样品的中心应位于温度计水银球的中部,然后一同放入装有导热液的 b 形管中,调整温度计的水银球的位置使其位于 b 形管上下两侧管中间,固定外管的橡皮圈要在导热液面上。

慢慢加热 b 形管,使温度均匀上升,如图 2-6 所示,由于气体膨胀,内管中会有小气泡缓缓逸出。当温度上升到比沸点稍高时,管内会有一连串的小气泡快速而连续逸出,表明毛细管内压力超过了大气压。这时停止加热,使样品液自行冷却,气泡逸出的速度随即渐渐减慢。在最后一个气泡不再冒出并要缩回内管的瞬间记录温度,此时的温度即为该液体的沸点。更换内管,再重复测定两次,取平均值。

未知物测试方法照上述步骤进行。

四、预习及操作过程指导

(1) 根据实验目的预习相关操作。

(2) 请利用互联网查出下列主要药品的物理常数,并写到预习报告中。

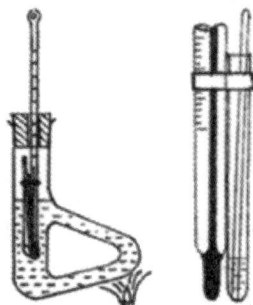

图 2-5　沸点测定装置

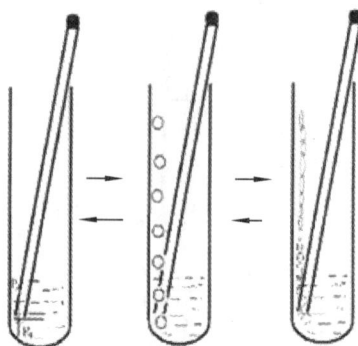

图 2-6　沸点测试过程中的气泡变化

药品名称	分子量 （mol wt）	熔点 /（℃）	沸点 /（℃）	相对密度 （d_4^{20}）	水溶解度 /（g/100 mL）
二苯胺					
丙酮					

（3）b 形管口塞上的塞子应有缺口，使熔点测定管内与大气相通，避免测定管内的热浴液和空气由于受热时膨胀而冲开塞子或将测定管炸裂。

（4）插在塞子上的温度计的刻度应面向塞子缺口，便于观察温度。

（5）温度计的水银球位于 b 形管的上下两侧管中间位置，在此处加热对流循环好，温度均匀。

（6）毛细管内的样品中心与温度计的水银球中心位于同一水平面，温度计所显示的温度与样品的温度最为接近。

（7）导热液应装至 b 形管上侧管上方约 1 cm 处，以免受热后膨胀溢出引起危险。另外，液面过高易引起毛细管熔点飘移，偏离温度计，影响测定的准确性。

（8）操作过程中应注意毛细管口不能被手上的汗渍、油渍污染。

（9）熔点测试用过的毛细管不能重复使用。

附基本操作 1：温度计的校正

温度计的校正分两种情况：第一种情况是温度计的读数校正；第二种情况是温度计的刻度校正。

1. 温度计的读数校正

普通温度计的刻度是在温度计的水银线全部均匀受热的情况下刻出来的，但我们在测定温度时常仅将温度计的一部分插入热液中，有一段水银线露在液面外，这样测定的温度当然会比温度计全部浸入液体中所得的结果稍为偏低。因此，要想准确测定温度，就必须对外露的水银线造成的误差进行校正，这就是所谓温度计的读数校正。

温度计的读数校正是按照下式求出水银线的校正值（℃）：

$$\Delta t = nK(t_1 - t_2)$$

式中：Δt 为外露段水银线的校正值；t_1 为由温度计测得的熔点；t_2 为高出液面的水银线的平

均温度(用另一支辅助温度计测定,将这支温度计的水银球紧贴于露出液面的一段水银线长度的二分之一处所测得的温度);n 为温度计的水银线外露段的度数;K 为水银和玻璃膨胀系数的差。

普通玻璃在不同温度下的 K 值为:

当温度为 $0\sim150$ ℃时,$K=0.000158$;

当温度为 $150\sim200$ ℃时,$K=0.000159$;

当温度为 $200\sim250$ ℃时,$K=0.000161$;

当温度为 $250\sim300$ ℃时,$K=0.000164$。

例如,导热液面在温度计的 30 ℃处测定的熔点 t_1 为 190 ℃,则温度计的水银线外露段的度数为 190 ℃$-$30 ℃$=$160 ℃,这样辅助温度计水银球应放在 160 ℃$\times$1/2$+$30 ℃$=$110 ℃处,测得 $t_2=65$ ℃。熔点为 190 ℃,则 $K=0.000159$,按照上式则可求出:

$$\Delta t=160\times0.000159\times(190\ ℃-65\ ℃)=3.18\ ℃\approx3.2\ ℃$$

所以,校正后的熔点为 190 ℃$+$3.2 ℃$=$193.2 ℃。

2. 温度计刻度的校正

普通温度计常因其毛细管的不均匀或刻度不准确,加上在使用过程中,反复地受冷和冷却,亦会导致温度计零点的变动而影响测定的结果,因此也要进行校正,这种校正称为温度计刻度校正。

关于温度计刻度校正的方法有两种:

第一,比较法,选用一支标准温度计与要进行校正的温度计比较。这种方法比较简便。

第二,定点法,选用若干纯有机物,测定其熔点作为校正的标准。用本法校正的温度计,不必再进行外露水银线的校正(即读数校正)。

(1) 用标准温度计校正普通温度计刻度。

把要校正的温度计和标准温度计并排放入石蜡油或浓硫酸的导热液中,两支温度计的水银球要处于同一水平位置,加热导热液,并用玻璃棒不断搅拌,使浴液温度均匀,控制温度上升速度为 $1\sim2$ ℃/min(不宜过快)。每隔 5 ℃便迅速而准确地记下两支温度计的读数,并计算出 Δt(见表 2-1):

$$\Delta t=被校正温度计的温度\ t_2-标准温度计的温度\ t_1$$

然后,用校正的温度计温度 t_2 对 Δt 作图,如图 2-7 所示,从图中便可得出被校正的温度计的正确温度误差值。例如,假设温度计测得的温度读数 t_2 为 81 ℃时,从图中可知校正值 Δt 为 0.8 ℃,便可求出校正后的正确读数 t_1 为

$$t_1=t_2-\Delta t=81\ ℃-0.8\ ℃=80.2\ ℃$$

即当从被校正的温度计上读得 81 ℃时,实际温度应为 80.2 ℃。

表 2-1　用标准温度计校正的数据

被校正温度计的温度 t_2/(℃)	50	55	60	65	70
标准温度计的温度 t_1/(℃)	50.6	55.5	60.3	64.7	69.8
Δt/(℃)	$-$0.6	$-$0.5	$-$0.3	$+$0.3	$+$0.2

(2) 用纯有机化合物的熔点作温度计刻度校正。

选择数种已知准确熔点的标准样品(见表 2-2)。测定它们的熔点,以观察到的熔点(t_2)

作纵坐标,以此熔点(t_2)与准确熔点(t_1)之差(Δt)作横坐标作图,如图 2-8 所示。如前法一样,从图中求得校正后的正确温度误差值,如测得的温度为 100 ℃,则校正后应为 101.3 ℃。

表 2-2　一些有机化合物的熔点

样 品 名 称	熔点/(℃)	样 品 名 称	熔点/(℃)
水-冰	0	D-甘露醇	168
对二氯苯	53.1	对苯二酚	173~174
对二硝基苯	174	马尿酸	188~189
邻苯二酚	105	对羟基苯甲酸	214.5~215.5
苯甲酸	122.4	蒽	216.2~216.4
水杨酸	159		

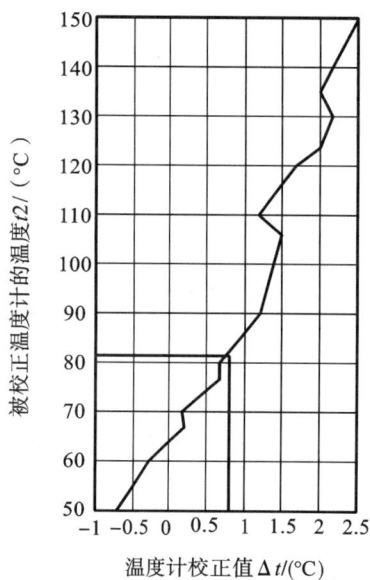

图 2-7　标准温度计刻度校正示意图

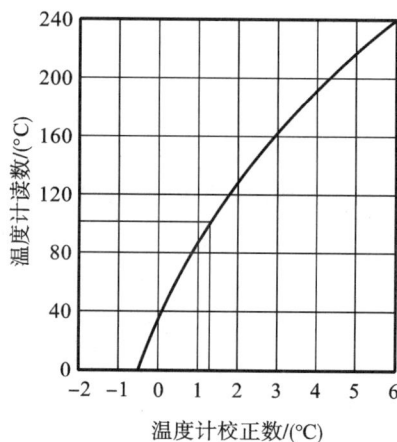

图 2-8　熔点法温度计刻度校正示意图

附基本操作 2:加热和冷却

一、加热方法

一些化学反应在室温下难以进行或进行得很慢。为了加快反应速度,要采用加热的方法。温度升高,反应速度加快,一般温度每升高 10 ℃,反应速度增加 2~4 倍。

有机实验常用的热源是电热套或煤气灯(酒精灯、酒精喷灯)。但直接用火焰加热玻璃器皿的方法通常很少被采用,因为玻璃对于剧烈的温度变化和这种不均匀的加热是不稳定的。还由于局部过热,可能引起有机化合物的部分分解。此外,从安全的角度来看,因为有许多有机化合物能燃烧甚至爆炸,所以应该避免用火焰直接接触被加热的物质。可根据物料及反应特性采用适当的间接加热方法。最简单的方法是煤气灯(酒精灯、酒精喷灯)通过石棉网进行加热,或用明火电炉加热(也要加石棉网),这样烧杯(瓶)受热面扩大,且受热较均匀。用灯焰加热时,灯焰要对准石棉块,以免铁丝网被烧断,或局部温度过高。

除了上面所说的加热方式外,实验室更多采用的加热方式是热浴。

1. 水浴

当加热温度在 100 ℃以下时,可将容器浸入水浴中,使用水浴加热。但是,必须强调的是,当用到金属钾或钠的操作时,决不能在水浴上进行。使用水浴时,热浴液面应略高于容器中的液面,勿使容器底触及水浴锅底。控制温度稳定在所需要范围内。若长时间加热,水浴中的水会汽化蒸发,适当时候要添加热水,或者在水面上加几片石蜡,石蜡受热熔化铺在水面上,可减少水的蒸发。

电热多孔恒温水浴,用起来较为方便。

如果加热温度稍高于 100 ℃,则可选用适当无机盐类的饱和溶液作为热浴液,它们的沸点如表 2-3 所示。

表 2-3　饱和无机盐水溶液作热浴液

盐　　类	饱和水溶液的沸点/(℃)
NaCl	109
$MgSO_4$	108
KNO_3	116
$CaCl_2$	180

2. 油浴

加热温度在 100～250 ℃可用油浴,也常用电热套加热。

油浴所能达到的最高温度取决于所用油的种类。

(1)甘油可以加热到 140～150 ℃,温度过高时则会分解。甘油吸水性强,放置过久的甘油,使用前应首先加热蒸去所吸的水分,之后再用于油浴。

(2)甘油和邻苯二甲酸二丁酯的混合液适用于加热到 140～180 ℃,温度过高则分解。

(3)植物油如菜油、蓖麻油和花生油等,可以加热到 220 ℃。若在植物油中加入 1%的对苯二酚,可增加油在受热时的稳定性。

(4)液状石蜡可加热到 220 ℃,温度稍高虽不易分解,但易燃烧。

(5)固体石蜡也可加热到 220 ℃以上,其优点是室温下为固体,便于保存。

(6)硅油在 250 ℃时仍较稳定,透明度好、安全,是目前实验室中较为常用的油浴之一。

用油浴加热时,要在油浴中装置温度计(温度计感温头如水银球等,不应放到油浴锅底),以便随时观察和调节温度。加热完毕取出反应容器时,仍用铁夹夹住反应容器离开液面悬置片刻,待容器壁上附着的油滴完后,用纸或干布拭干。

油浴所用的油中不能溅入水,否则加热时会产生泡珠或爆溅。使用油浴时,要特别注意油蒸气污染环境和引起火灾。为此,可用一块中间有圆孔的石棉板覆盖油锅。

3. 空气浴

空气浴就是让热源把局部空气加热,空气再把热能传导给反应容器。

电热套加热就是简便的空气浴加热,能从室温加热到 200 ℃左右。安装电热套时,要使反应瓶外壁与电热套内壁保持 2 cm 左右的距离,以便利用热空气传热和防止局部过热等。

4. 砂浴

加热温度达 200 ℃或 300 ℃以上时,往往使用砂浴。

将清洁而又干燥的细砂平铺在铁盘上,把盛有被加热物料的容器埋在砂中,加热铁盘。由于砂对热的传导能力较差而散热较快,所以容器底部与砂浴接触处的砂层要薄些,以便于受热。由于砂浴温度上升较慢,且不易控制,因而使用不广。

除了以上介绍的几种加热方法外,还可用熔盐浴、金属浴(合金浴)、电热法等更多的加热方法,以满足实验的需要。无论用何法加热,都要求加热均匀而稳定,尽量减少热损失。

二、冷却方法

有时在反应中产生大量的热,会使反应温度迅速升高,如果控制不当,可能引起副反应。反应产生的热还会使反应物蒸发,甚至会发生冲料和爆炸事故。要把温度控制在一定范围内,就要进行适当的冷却。有时为了降低溶质在溶剂中的溶解度或加速结晶析出,也要采用冷却的方法。此外,还有一些反应需要在低温条件下进行,这就需要创造低温条件。低温条件通常是采用冷浴。

1. 冰水冷浴

可用冷水在容器外壁流动,或把反应器浸在冷水中,交换走热量。

也可用水和碎冰的混合物作冷却剂,其冷却效果比单用冰块好,可冷却至 0～−5 ℃。如果水不影响反应进行时,也可把碎冰直接投入反应器中,以更有效地保持低温。

2. 冰盐冷浴

要在 0 ℃以下进行操作时,常用按不同比例混合的碎冰和无机盐作为冷却剂。可把盐研细,把冰砸碎(或用冰片花)成小块,使盐均匀包在冰块上。冰-食盐混合物(质量比 3∶1)可冷至−5～−18 ℃,其他盐类的冰-盐混合物冷却温度如表 2-4 所示。

表 2-4　冰盐混合物的质量分数及温度

盐　名　称	盐的质量分数	冰的质量分数	温度/(℃)
六水氯化钙	100	246	−9
	100	123	−21.5
	100	70	−55
	100	81	−40.3
硝酸铵	45	100	−16.8
硝酸钠	50	100	−17.8
溴化钠	66	100	−28

3. 干冰或干冰与有机溶剂混合冷浴

干冰(固体的二氧化碳)和乙醇、异丙醇、丙酮、乙醚或氯仿混合,可冷却到−50～−78 ℃,注意当加入时会猛烈起泡。

应将这种冷却剂放在杜瓦瓶(广口保温瓶)中或其他绝热效果好的容器中,以保持其冷却效果。

4. 液氮冷浴

液氮可冷至−196 ℃(77 K),用有机溶剂可以调节所需的低温浴浆。一些可用作低温恒温浴的化合物如表 2-5 所示。

表 2-5　可用作低温恒温浴的化合物

化　合　物	冷浆浴温度/(℃)
乙酸乙酯	−83.6
丙二酸乙酯	−51.5
异戊烷	−160.0
乙酸甲酯	−98.0
乙酸乙烯酯	−100.2
乙酸正丁酯	−77.0

液氮和干冰是两种方便而又廉价的冷冻剂,这种低温恒温冷浆浴的制法是:在一个清洁的杜瓦瓶中注入纯的液体化合物,其用量不超过容积的 3/4,在良好的通风橱中缓慢地加入新取的液氮,并用一支结实的搅拌棒迅速搅拌,最后制得的冷浆稠度应类似于黏稠的麦芽糖。

5. 低温浴槽

低温浴槽是一个小冰箱,冰室口向上,蒸发面用筒状不锈钢槽代替,内装酒精,外设压缩机,循环氟利昂制冷。压缩机产生的热量可用水冷或风冷散去。可装外循环泵,使冷酒精与冷凝器连接循环。还可装温度计等指示器。反应瓶浸在酒精液体中。适于−30～30 ℃范围的反应使用。

以上制冷方法可根据实验条件要求选用。要注意温度低于−38 ℃时,由于水银会凝固,因此不能用水银温度计。对于较低的温度,应采用添加少许颜料的有机溶剂(酒精、甲苯、正戊烷)温度计。

实验 3　旋光度的测定

一、实验目的

(1) 了解旋光仪的构造。
(2) 掌握使用旋光仪测定物质旋光度的方法。

二、实验原理

某些有机化合物因具有手性,能使偏振光振动平面旋转。使偏振光振动向左旋转的物质称为左旋性物质,使偏振光振动向右旋转的物质称为右旋性物质。一种化合物的旋光度和旋光方向可用它的比旋光度来表示。物质的旋光度与测定时所用物质的浓度、溶剂、温度、旋光管长度和所用光源的波长都有关系。

纯液体的比旋光度:$[\alpha]_{\lambda}^{t} = \alpha/(L \cdot d)$。

溶液的比旋光度：$[\alpha]_\lambda^t = \alpha/(L \cdot c)$。

溶液的摩尔比旋光度：$[\alpha_M]_\lambda^t = 0.01 M_r \times [\alpha]_\lambda^t$。

上式中：$[\alpha]_\lambda^t$ 为旋光性物质在温度为 t、光源的波长为 λ 时的旋光度，一般用钠光（λ 为 5893 Å），即 $[\alpha]_D^t$ 表示；t 为测定时的温度；d 为密度，g/cm^3；λ 为光源的光波长；α 为标尺盘转动角度的读数（即旋光度），°；L 为旋光管的长度，dm；c 为质量浓度（100 mL 溶液中所含样品的克数）；M_r 为相对分子质量。

例如，$[\alpha]_D^{20}$（水）表示某旋光化合物以水为溶剂，在 20 ℃时钠光的 D 线下所测得的比旋光度。

比旋光度是物质特性常数之一，测定旋光度，可以鉴定旋光性物质的纯度和含量。

旋光仪的工作原理如图 2-9 所示，从光源发出的光线，经过起偏镜变为偏振光，偏光通过样品管，如果其中盛放的液体为非旋光性物质，偏振面没有发生改变，偏光可以直接通过检偏镜，这时在目镜中看到明暗一致的视场，刻度盘上的读数为 0（或 0 附近），这就是零点。当样品管中盛放旋光性物质时，偏光通过样品管后，偏振面发生改变，向右或向左旋转了一定的角度 α，因此，偏光不能完全通过检偏镜，目视视场变为明暗不一致（有明有暗）。为了使偏光完全通过检偏镜，必须使检偏镜旋转相同的角度 α，这时，视场重新变为明暗一致的视场（和零点时一样）。从刻度盘上可以读出旋转的角度 α，就是该物质的旋光度。

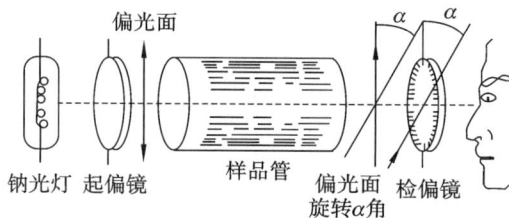

图 2-9　旋光仪的工作原理

三、实验步骤

1. 装待测溶液

测定管有 1 dm 和 2 dm 等规格，选取适当测定管，洗净后用少量待测液润洗 2～3 次，然后注入待测液，使液面在管口成一凸面，将玻璃盖沿管口边缘平推盖好，勿使管内留有气泡，装上橡皮圈，旋上螺帽至不漏水。螺帽不宜旋得过紧，以免产生应力，影响读数。测定管中若有气泡，应先让气泡浮在凸颈处。

2. 旋光仪零点的校正

将仪器电源接入 220 V 交流电源（要求使用交流电子稳压器），并将接地脚可靠接地。打开电源开关，这时钠光灯应启亮，需经 5 min 钠光灯预热，使之发光稳定。通光面两端的雾状水滴，应用软布揩干。将装有蒸馏水或其他空白溶剂的试管放入样品室，盖上箱盖。测定管安放时应注意标记的位置和方向。

旋光仪目镜中观察到的通常为三分视场（见图 2-10）。当检偏镜的偏振面与通过棱镜的光的偏振面平行时，通过目镜可看到图 2-10(c) 所示的情形（中间亮，两旁暗）；当检偏镜的偏振面与起偏镜的偏振面平行时，通过目镜可看到图 2-10(b) 所示的情形（中间暗，两旁亮）；只有当检偏镜的偏振面处于$1/2\varphi$(半暗角)的角度时,可看到图 2-10(a)所示的情形(全暗,看不到明显的界线,即虚线),这一位置作为零点。

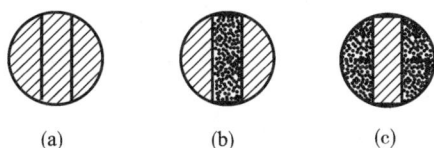

图 2-10　旋光仪目镜中的三分视场

旋转目镜上视度调节螺旋,直到三分视场界限变得清晰,达到聚焦为止。转动刻度盘手轮,使游标尺上的 0 度线对准刻度盘上 0 度,观察三分视场亮度是否一致。如不一致,说明零点有误差,转动刻度盘手轮(检偏镜随刻度盘一起转动),直到三分视场明暗程度一致(都很暗),记录刻度盘读数。重复 2~3 次,取平均值,该值为零点校正读数。

3. 旋光度的测定

取出调零测定管,将待测样品管按相同的位置和方向放入样品室内,盖好箱盖。转动刻度盘手轮,使三分视场的明暗程度一致,记录刻度盘上所示读数,准确至小数点后两位。此读数与零点校正读数之间的差值即为该化合物的旋光度。重复 2~3 次,取平均值。

四、预习及操作过程指导

(1) 根据实验目的预习相关操作。

(2) 请利用互联网查出下列主要药品的物理常数,并写到预习报告中。

药品名称	分子量 (mol wt)	熔点 /(℃)	沸点 /(℃)	比旋光度 $[\alpha]_D^{20}$(水)	水溶解度 (g/100 mL)
葡萄糖					
蔗糖					

(3) 设长旋光管读数为 α_1,短旋光管读数为 α_2:

若 $\alpha_1 > \alpha_2$,说明物质右旋,旋光度=读数;

若 $\alpha_1 < \alpha_2$,说明物质左旋,旋光度=读数-180°。

(4) 试管使用后,应及时用蒸馏水冲洗干净,揩干藏好。

(5) 镜片不能用不洁或硬质布、纸去擦拭,以免镜片表面产生划痕。

(6) 仪器不用时,应将仪器放入箱内或用塑料罩罩上,以防灰尘侵入。

(7) 仪器、钠光灯管、试管等装箱时,应按规定位置放置,以免压碎。

(8) 不懂装校方法,切勿随便拆动,以免由于不懂校正方法而无法装校好。

实验 4　石油醚的纯化

一、实验目的

(1) 了解有机溶剂纯化的原理和方法。

（2）掌握分液漏斗的使用、干燥剂的使用、蒸馏操作及不饱和烃的检验等方法。

二、实验原理

石油醚是常用的有机溶剂，为轻质石油产品，是低相对分子质量烃类（主要是戊烷、己烷和庚烷）的混合物。其沸程为 30～150 ℃，收集的温度区间一般为 30 ℃ 左右，通常将石油醚按沸程分为 30～60 ℃、60～90 ℃、90～120 ℃ 等不同规格。

粗石油醚中含有少量不饱和烃，沸点与烷烃相近，用简单蒸馏的方法难以将其分离。若要将石油醚用作惰性有机溶剂使用时，则必须将其除去，通常是用浓硫酸和高锰酸钾将其除去。不饱和烃能与浓硫酸生成硫酸氢酯而溶于硫酸；也可被高锰酸钾氧化成羧基而溶于水。然后利用石油醚不溶于水和硫酸的性质，通过分液漏斗就可将其分开。

三、实验步骤

量取沸程为 60～90 ℃ 的石油醚 20 mL，小心倒入 50 mL 分液漏斗中，慢慢加入 4 mL 浓硫酸，塞好顶塞，充分振摇分液漏斗后，静置分层，放出下层硫酸。上层石油醚再用 4 mL 浓硫酸洗涤一次。取少量石油醚，逐滴加入 1% 高锰酸钾溶液。若观察到紫红色褪去，则仍需用浓硫酸洗涤，直至滴加高锰酸钾溶液紫红色不褪去。然后分别用 15 mL 水洗涤石油醚两次。静置，彻底分尽水层，将石油醚倒入干燥的锥形瓶中，加入 1.0～1.5 g 颗粒状的无水氯化钙，塞紧塞子，不时地振摇锥形瓶，干燥 30 min 以上。

将干燥好的石油醚滤入 50 mL 干燥的圆底烧瓶（或梨形烧瓶）中，热水浴加热进行蒸馏，控制加热温度，使馏出速度为 1～2 滴/秒，观察并记录蒸馏过程中沸点的变化。量取全部馏出液的体积，计算收率。

四、预习及操作过程指导

（1）根据实验目的预习相关操作。

（2）请利用互联网查出下列主要药品的物理常数，并写到预习报告中。

药品名称	熔点 /(℃)	沸点 /(℃)	相对密度 (d_4^{20})	水溶解度 (g/100 mL)
石油醚（30～60 ℃）				
石油醚（60～90 ℃）				
石油醚（90～120 ℃）				

附基本操作 3：分液漏斗的使用和液体有机化合物的洗涤

有机化学实验中，液体有机化合物的处理常常要用到分液漏斗，分液漏斗的使用是有机化学实验中一项非常重要的基本操作。

分液漏斗分为球形、梨形和筒形等多种样式，如图 2-11 所示。但有机实验分液操作最常用的是梨形分液漏斗。分液漏斗的规格以容积大小表示，常用的有 60 mL、125 mL 两种。

分液漏斗上的塞子要用橡皮筋与漏斗连在一起，防止旋塞掉地上摔碎。在使用前要将漏斗颈上的旋塞芯取出,涂上凡士林,插入塞槽内转动使油膜均匀透明,且转动自如(涂凡士林的作用有两个:一个是润滑,另一个是密封)。然后关闭旋塞,往漏斗内注水,检查旋塞处是否漏水,不漏水的分液漏斗方可使用。漏斗内加入的液体量不能超过容积的3/4。为防止有机液体的挥发,应盖上漏斗口上的塞子。放液时,漏斗口磨口塞上的凹槽应与漏斗口颈上的小孔对准,这时漏斗内外的空气相通,压强相等,漏斗里的液体就能顺利流出。

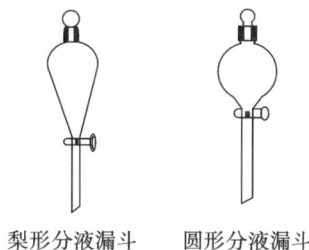

梨形分液漏斗   圆形分液漏斗

图 2-11 分液漏斗

分液漏斗不能加热。漏斗用后要洗涤干净。长时间不用的分液漏斗要把旋塞处擦拭干净,塞芯与塞槽之间放一纸条,以防磨砂处黏结。

分液漏斗使用的操作步骤:

(1)准备 选用比被分液体体积大一倍的分液漏斗,涂凡士林,检查分液漏斗的盖子和旋塞是否严密。

(2)加料 将被分液体由分液漏斗的上口倒入,塞好塞子。

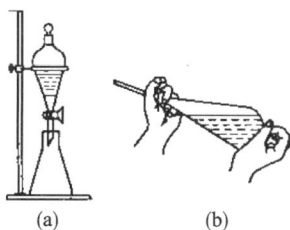

(a)   (b)

图 2-12 分液漏斗的使用

(3)振荡 振荡分液漏斗,使两相液层充分接触。振荡时,用右手掌压紧盖子,左手用拇指、食指和中指握住活塞。把漏斗倒转过来振荡,如图 2-12 所示。

(4)放气 振荡过程中,要不时旋开活塞,放出易挥发物质的蒸气。这样反复操作几次,当产生的气体很少时,再剧烈振荡几次。

(5)静置 将分液漏斗放在铁环中静置。静置的目的是使不稳定的乳浊液分层。一般情况需静置 10 min 左右,较难分层者静置时间需更长些。

在分液过程中,特别是当溶液呈碱性时,常常会产生乳化现象,影响分离。破坏乳化的方法有:①较长时间静置;②轻轻地旋摇漏斗,加速分层;③若因两种溶剂(水与有机溶剂)部分互溶而发生乳化,可以加入少量电解质(如氯化钠),利用盐析作用加以破坏,若因两相密度差小发生乳化,也可以加入电解质,以增大水相的密度;④若因溶液呈碱性而产生乳化,常可加入少量的稀盐酸或采用过滤等方法消除。根据不同情况,还可以加入乙醇、磺化蓖麻油等消除乳化。

(6)分离 液体分成清晰的两层后,就可进行分离。分离液层时,下层液体应经旋塞放出,上层液体应从上口倒出。如果上层液体也从旋塞放出,则漏斗旋塞下面颈部所附着的残液就会把上层液体沾污。

(7)注意 进行分液操作时,一定要搞清楚要的是哪一层,别把有用的一层给扔掉了。

液体有机化合物的洗涤,通常是把洗涤液体加入分液漏斗中被洗涤的液体有机化合物中充分振摇。具体方法通常有下列几种:

(1)清水洗涤 清水洗涤主要是洗涤有机化合物中的水溶性杂质,如水溶性的无机物或有机盐等。

(2)饱和食盐水洗涤 饱和食盐水洗涤主要是利用盐析作用降低被洗涤有机化合物的溶解度,从而降低其在分液过程中的损失。

（3）饱和氯化钙溶液洗涤　饱和氯化钙溶液洗涤主要是洗涤液体有机化合物中包含的醇类、胺类等能与氯化钙生成配合物的杂质。显然饱和氯化钙溶液不能用于醇类、胺类等化合物的洗涤。

（4）浓硫酸洗涤　浓硫酸洗涤主要是洗涤液体有机化合物中包含的烯烃、醇类、醚类杂质。烯烃化合物可以跟浓硫酸生成硫酸氢酯溶于浓硫酸,醇类、醚类化合物可以跟浓硫酸生成锌盐溶于硫酸。

（5）稀酸洗涤　稀酸(稀盐酸等)洗涤主要是洗涤液体有机化合物中包含的碱性杂质。

（6）稀碱洗涤　稀碱(稀碳酸钠等)洗涤主要是洗涤液体有机化合物中包含的酸性杂质。

附基本操作 4：干燥

有机化学实验中,为除去原料和粗产品中的少量水分,常需要干燥。干燥是指除去固体、液体或气体内少量水分的操作,是有机化学实验室中既普通又重要的一项操作。

干燥方法可分为物理方法和化学方法两种。物理方法有吸附、共沸蒸馏、分馏、冷冻干燥、加热和真空干燥等。化学方法按去水作用的方式又可分为两类：一类与水能可逆地结合生成水合物,如氯化钙、硫酸钠等；一类与水会发生剧烈的化学反应,如金属钠、五氧化二磷等。

一、固体的干燥

为了进行产率计算、结构表征、物理鉴定,固体产物中的水分和有机溶剂必须除尽。

（1）晾干　将待干燥的固体放在表面皿上或培养皿中,尽量平铺成一薄层,再用滤纸或培养皿覆盖上,以免灰尘沾污,然后在室温下放置直到干燥为止。这种方法适用于除去低沸点溶剂。

（2）红外灯干燥　热稳定性好又不易升华的固体中如含有不易挥发的溶剂时,为了加速干燥,可用红外灯加热干燥。

（3）烘箱烘干　烘箱用来干燥无腐蚀、无挥发性、加热不分解的物质。严禁将易燃、易爆物放在烘箱内烘烤,以免发生危险。采用红外灯和烘箱干燥有机化合物,要慎之又慎,必须清楚地了解化合物的性质,特别是热稳定性,否则会造成有机化合物分解、氧化、转化等严重问题。

（4）真空加热干燥　对高温下易分解、聚合和变质以及加热时对氧气敏感的有机化合物,可采用专门的真空加热干燥箱进行干燥。将干燥物料放在真空条件下加热干燥,并利用真空泵进行抽气、抽湿,加快干燥速度。如果没有特别要求,尽量采用循环水真空泵而不用油泵进行抽湿。

（5）真空冷冻干燥　对于受热时不稳定物质,可利用特殊的真空冷冻干燥设备,在水的三相点以下,即在低温低压条件下,使物质中的水分冻结后升华而脱去。但是该方法设备昂贵、运行成本高,普通实验室很少采用。

二、液体的干燥

从水溶液中分离出的液体有机物,常含有许多水分,如不干燥脱水,直接蒸馏将会增加前馏分造成损失,另外产品也可能与水形成共沸混合物而无法提纯,影响产品纯度。有机液体的干燥,一般是直接将干燥剂加入液体中,除去水分。干燥后的有机液体,需蒸馏纯化。

1. 液体干燥剂的类型

液体干燥剂按脱水方式,可以分为三类:

(1) 硅胶、分子筛等物理吸附干燥剂;

(2) 氯化钙、硫酸镁、碳酸钾等通过可逆地与水结合,形成水合物而达到干燥目的。

(3) 金属钠、P_2O_5、CaO 等通过与水发生化学反应,生成新化合物而起到干燥除水的作用。

前两类干燥剂干燥的有机液体,蒸馏前必须滤除干燥剂,否则吸附或结合的水加热又会放出而影响干燥效果;第三类干燥剂在蒸馏时不用滤除。

2. 常用干燥剂及选择原则

常用干燥剂的性能与应用范围如表 2-6 所示。

表 2-6　常用干燥剂的性能与应用范围

干燥剂	吸水作用	酸碱性	效能	干燥速度	应 用 范 围
氯化钙	$CaCl_2 \cdot nH_2O$ $n=1,2,4,6$	中性	中等	较快,但吸水后表面为薄层液体所覆盖,应放置较长时间	能与醇、酚、胺、酰胺及某些醛、酮、酯形成配合物,因而不能用于干燥这些化合物
硫酸镁	$MgSO_4 \cdot nH_2O$ $n=1,2,4,5,6,7$	中性	较弱	较快	应用范围广,可代替 $CaCl_2$,并可用于干燥酯、醛、酮、腈、酰胺等不能用 $CaCl_2$ 干燥的化合物
硫酸钠	$Na_2SO_4 \cdot 10H_2O$	中性	弱	缓慢	一般用于有机液体的初步干燥
硫酸钙	$CaSO_4 \cdot H_2O$	中性	强	快	中性,常与硫酸镁(钠)配合,作最后干燥之用
碳酸钾	$K_2CO_3 \cdot \frac{1}{2}H_2O$	弱碱性	较弱	慢	干燥醇、酮、醚、胺及杂环等碱性化合物;不适于酸、酚及其他酸性化合物的干燥
氢氧化钾（钠）	溶于水	强碱性	中等	快	用于干燥胺、杂环等碱性化合物;不能用于干燥醇、酯、醛、酮、酸、酚等
金属钠	$Na+H_2O \rightarrow$ $NaOH+\frac{1}{2}H_2$	碱性	强	快	限于干燥醚、烃类中的痕量水分。用时切成小块或压成钠丝
氧化钙	$CaO+H_2O \rightarrow$ $Ca(OH)_2$	碱性	强	较快	适于干燥低级醇类

续表

干燥剂	吸水作用	酸碱性	效能	干燥速度	应用范围
五氧化二磷	$P_2O_5 + 3H_2O$ $\rightarrow 2H_3PO_4$	酸性	强	快,但吸水后表面为黏浆液覆盖,操作不便	适于干燥醚、烃、卤代烃、腈等化合物中的痕量水分;不适用于干燥醇、酸、胺、酮等
分子筛	物理吸附	中性	强	快	适用于各类有机化合物干燥

选用干燥剂的原则如下:

(1) 干燥剂不能与待干燥的液体发生化学反应。例如,无水氯化钙与醇、胺类易形成配合物,因而不能用来干燥这两类化合物;碱性干燥剂不能干燥酸性有机化合物。

(2) 干燥剂不能溶解于所干燥的液体。

(3) 充分考虑干燥剂的干燥能力,即吸水容量、干燥效能和干燥速度。吸水容量是指单位质量干燥剂所吸收的水量,而干燥效能是指达到平衡时仍旧留在溶液中的水量。通常可先用吸水容量大的干燥剂除去大部分水分,然后再用干燥效能强的干燥剂。

3. 液体干燥操作

加入干燥剂前必须尽可能将待干燥液体中的水分分离干净,不应有任何可见的水层及悬浮的水珠,并置于锥形瓶中。干燥剂研细为大小合适的颗粒(氯化钙通常要用块状的比较好,粉末状的氯化钙通常已被空气中的水饱和了)。干燥剂用量不能太多,否则将吸附液体,引起更大的损失。采取干燥剂分批少量加入,每次加入后必须不断旋摇观察一段时间,如此操作直到液体由混浊变澄清,干燥剂也不再黏附于瓶壁,振摇时可自由移动,说明水分已基本除去,此时再加入过量10%~20%的干燥剂,盖上瓶盖静置即可。静置干燥时间应根据液体量及含水情况而定,一般约需0.5 h。

干燥时如出现下列情况,要进行相应处理:

(1) 干燥剂互相黏结,附于器壁上,说明干燥剂用量过少,干燥不充分,需补加干燥剂。

(2) 容器下面出现白色浑浊层,说明有机液体含水太多,干燥剂已大量溶于水,此时必须将水层分出后再加入新的干燥剂。

(3) 黏稠液体的干燥,应先用溶剂稀释后再加干燥剂。

(4) 未知物溶液的干燥,常用中性干燥剂干燥,如硫酸钠或硫酸镁。

第三部分

色谱

色谱法是分离、提纯和鉴定有机化合物的重要方法,有着极其广泛的用途。

色谱法的基本原理是利用混合物中各组分在某一物质中的吸附或溶解性能(即分配)的不同,或其他亲和作用性能的差异,使混合物的溶液流经该物质时进行反复的吸附或分配等作用,从而将各组分分开。流动的混合物溶液称为流动相;固定的物质称为固定相(可以是固体或液体)。根据组分在固定相中的作用原理,色谱可分为吸附色谱、分配色谱等。吸附色谱常用氧化铝和硅胶作固定相;分配色谱中以硅胶、硅藻土和纤维素作为支持剂,以吸收较大量的液体作固定相,而支持剂本身不起分离作用。根据操作条件,色谱又可分为柱色谱、纸色谱、薄层色谱、气相色谱及高效液相色谱等类型。

实验 5　薄 层 色 谱

薄层色谱(thin layer chromatography,TLC)也叫薄层层析,属于固-液吸附色谱,是一种微量的分离分析方法,具有设备简单、速度快、分离效果好、灵敏度高以及能使用腐蚀性显色剂等优点,适用于小量样品(几微克到几十微克,甚至 0.01 μg)的分离。同时薄层色谱是一种非常有用的跟踪反应的手段,在进行化学反应时,常利用薄层色谱观察原料斑点的逐步消失来判断反应是否完成。薄层色谱也常用作柱色谱的先导,可用于柱色谱分离中展开剂的选择,也可监视柱色谱分离状况和效果。

一、实验原理

薄层色谱主要是利用吸附剂对样品中各组分吸附能力的不同,以及展开剂对各组分的溶解能力的差异,使各组分被分离。被分离的样品制成溶液并用毛细管点在靠近层析薄板的一端处,作为流动相的溶剂(称为展开剂),靠毛细作用从点有样品的层析薄板的一端向另一端运动并带着样品中的各组分一起移动,各组分既被吸附剂不断地吸附,又被流动相不断地溶解——解吸。由于吸附剂对各组分的吸附能力不同,在吸附竞争中那些极性较小的、吸附力较弱的分子易被其他分子从吸附剂表面"顶替"下来而进入流动相,进入流动相的分子随流动相一起移动,并在前进途中经历新的吸附和解吸及溶解竞争。在溶解竞争中,溶解度大的分子易进入流动相;反之,溶解度小的、极性较强的分子则易被吸附,较难进入流动相。这样经过反复多次的吸附和溶解竞争后,受吸附力较弱而溶解度较大的组分将行进较长的路程;反之,吸附较强或溶解度较小的组分则行程较短,从而使各组分间拉开距离,形成互相分离的斑点。

二、薄层色谱实验的一般步骤

1. 薄层色谱常用的吸附剂及辅助材料的选择

薄层吸附色谱最常用的吸附剂为硅胶和氧化铝,薄层分配色谱的支持剂为硅藻土和纤维素。

硅胶是无定形多孔性物质,略显酸性,适用于酸性物质的分离分析。薄层色谱用的硅胶分为"硅胶 H"(不含黏合剂和其他添加剂的色谱用硅胶)、"硅胶 G"(包含煅石膏黏合剂,G 代表石膏(gypsum))、"硅胶 HF254"(含荧光物质,可于波长 254 nm 紫外灯下观察荧光)、"硅胶 GF254"(既含煅石膏又含荧光剂)等类型。

与硅胶相似,氧化铝也因含黏合剂或荧光剂而分为氧化铝 G、氧化铝 GF254 及氧化铝 HF254 等。

黏合剂除了上述的石膏外,还可以用淀粉、羧甲基纤维素钠。薄层色谱板通常按加黏合剂和不加黏合剂分为两种,加黏合剂的称为硬板,不加黏合剂的称为软板。

吸附剂颗粒大小一般为 260 目左右。颗粒太大,展开剂移动速度快,分离效果不好;反之,颗粒太小,溶剂移动太慢,斑点不集中,效果也不理想。

化合物的吸附能力与它们的极性成正比,具有较大极性的化合物吸附较强。一般地,化合物极性大小顺序为:酸和碱＞醇、胺、硫醇＞酯、醛、酮＞芳香族化合物＞卤代物、醚＞烯＞饱和烃。

2. 薄层板制备

薄层板制备的好坏直接影响色谱的结果。薄层应尽量均匀且厚度固定,否则在展开时溶剂前沿不齐,色谱结果不易重复。薄层板分为干板和湿板,大多为湿板。

(1) 湿板的一般制备方法。

载片准备:薄层载片一般为玻璃板或者硬质塑料板,以玻璃板常见。如果是新的玻璃板或载玻片,水洗,干燥即可;如果是重新使用的载片,要用洗衣粉和水洗涤,用水淋洗,再用 50％甲醇溶液淋洗,让载玻片完全干燥。取用时应注意手指只能接触载玻片的边缘,如果指印污染载玻片,吸附剂将难以铺在载玻片上。

浆料制备:浆料要求均匀,不带团块,黏稠适当。一般先将吸附剂与浆料混合均匀,调成糊状;如果混合时出现团块,混完后,需剧烈搅拌或者碾磨,保证充分混合。一般 1 g 硅胶 G 需要 0.5％CMC(羧甲基纤维素钠)清液 3～4 mL 或约 3 mL 氯仿,1 g 氧化铝 G 需要 0.5％ CMC 清液约 2 mL。不同吸附剂可酌情使用溶剂量。

薄层板的铺制:薄层板铺制有平铺法、倾斜法和浸涂法,薄层厚度一般为 0.25～1 mm。

平铺法:可用涂布器(见图 3-1)涂布,将洗净的玻璃板在涂布器中间摆好,上下两边各夹一块比前者厚 0.25 mm 的玻璃板,将浆料倒入涂布器槽中,推动浆料可将其平铺板上。若无涂布器,可用浆料倒在玻璃板上,用玻片或者不锈钢尺子刮平,也可制得。

倾斜法:若没有涂布器,则可将调好的糊状物倒在载玻片上,用药匙摊开后,用手摇晃并轻轻敲击玻板背面,使其糊状物均匀铺开且表面均匀光滑。

浸涂法:把两块干净的、大小一致的载玻片背靠背贴紧,浸入调好的吸附剂中,取出后分开,晾干,即可。

薄层板的活化:把涂好的薄层板置于室温晾干,放在烘箱内加热活化,活化条件根据需

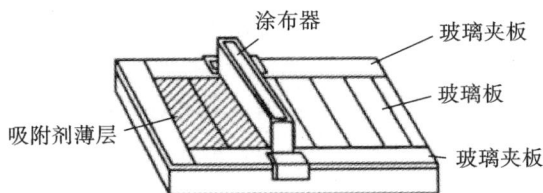

图 3-1　薄层板涂布器

要而定。硅胶板一般在烘箱中渐渐升温,维持 105～110 ℃活化 30 min。氧化铝板在 200 ℃烘 4 h 可得活性 Ⅱ级的薄层板,150～160 ℃烘 4 h 可得Ⅲ～Ⅳ级薄层板。薄层板活性与含水量有关,活性随含水量增加而下降。

(2) 干板的制备方法。

干板就是不加黏合剂或其他物质,将固体吸附剂干粉直接铺在载片上制得的薄层色谱板(层析板)。干板的制作方法不止一种,下面是一种比较简单的方法。

干板载片采用 3 cm×20 cm 的玻璃片,用前按湿板载片的清洗方法清洗干净,干燥。将载片放在一个干净的搪瓷盘子或不锈钢盘子里,将吸附剂干粉(如氧化铝等)铺展在载片上,使其有一定厚度,然后用一块相同大小的载片盖到上面,用两只手捏住两端,轻轻捻动,使两载片间所夹的干粉下落,直到两载片之间所夹干粉的厚度约为 1 mm 时停止捻动,将载片平放在台面上,轻轻拿去上面的载片,注意保持所铺干粉的上表面光滑,没有皱纹,一块干板就制成了。干板制作过程还要注意干粉的厚度要均匀,不能一边薄另一边厚,这样会导致样品跑偏。

3. 点样

先用米尺测量距薄层板一端 1 cm 处作为起始线,然后用毛细管吸取样品,在起始线上小心点样,斑点直径一般不超过 2 mm。若样品溶液太稀,则可重复点样,但应待前次点样的溶剂挥发后方可重新点样,以防样点过大,造成拖尾、扩散等现象,从而影响分离效果。若在同一起始线上点几个样,样点间距离应为 1 cm。点样要轻,不可刺破薄层。

4. 展开

在薄层色谱中用作流动相的溶剂称为展开剂(柱色谱中称为淋洗剂或洗脱剂),其选择原则是由被分离物质的极性决定的。被分离物极性小,选用极性较小的展开剂;被分离物极性大,选用极性较大的展开剂。环己烷和石油醚是最常使用的非极性展开剂,适合于非极性或弱极性试样;乙酸乙酯、丙酮或甲醇适合于分离极性较强的试样,氯仿和苯是中等极性的展开剂,可用作多官能团化合物的分离和鉴定。

选择展开剂的一条快捷的途径是在同一块薄层板上点上被分离样品的几个样点,各样点间至少相距 1 cm,再用滴管分别汲取不同的溶剂,各自点在一个样点上,溶剂将从样点向外扩展,形成一些同心的圆环。若样点基本上不随溶剂移动(见图3-2(a)),或一直随溶剂移动到前沿(见图3-2(d)),

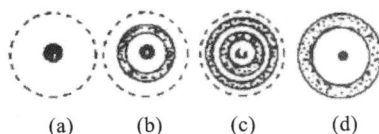

图 3-2　展开剂的选择

则这样的溶剂不适用。若样点随溶剂移动适当距离,形成较宽的环带(见图3-2(b)),或形成几个不同的环带(见图3-2(c)),则该溶剂一般可作为展开剂使用。

若单一展开剂不能很好分离,也可采用不同比例的混合溶剂展开。先用一种极性较小的溶剂为基础溶剂展开混合物。若展开不好,则用极性较大的溶剂与前一溶剂混合,调整极性,再次试验,直到选出合适的展开剂组合。合适的混合展开剂常需多次细心选择才能确定。

一些常见溶剂和它们的相对极性:

甲醇＞乙醇＞异丙醇＞乙氰＞乙酸乙酯＞氯仿＞二氯甲烷＞乙醚＞甲苯＞正己烷、石油醚

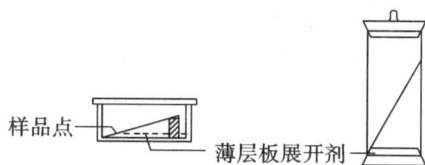

图 3-3　薄层色谱展开装置

薄层色谱的展开,需要在密闭容器中进行。可使用特制的展开槽或层析缸(见图3-3,左边为展开槽,右边为层析缸,层析缸也可用广口瓶代替)。将配好的展开剂倒入展开槽或层析缸(液层厚度约0.5 cm)。将点好样品的薄层板放入展开槽或层析缸内,点样一端在下(注意样品点必须在展开剂液面之上)。盖好盖子,此时展开剂即沿薄层上升。当展开剂前沿上升到距薄层板顶端约1 cm时,取出薄层板平放,尽快标出前沿位置,然后置于通风处晾干,或用电吹风吹干。

5. 显色

薄层展开后,如果样品本身带颜色,则可直接看到斑点的位置。如果样品是无色的,则可采用紫外灯照射、碘薰或喷显色剂等方法显色。

(1) 碘蒸气显色法。由于碘能与很多有机化合物(烷烃和氯代烃除外)可逆地结合形成有颜色的络合物,所以先将几粒碘的晶体置于广口的密闭容器中,碘蒸气很快地充满容器,再将展开后的薄板(溶剂已挥发干净)放入其中并密闭起来,有机化合物即与碘作用而呈现出棕色的斑点。取出薄层板后立即标记斑点的位置和形状(因碘易挥发,斑点的棕色在空气中很快就会消失)。

(2) 紫外光显色法。如果被分离(或分析)的样品本身是荧光物质,则样品板可在暗处的紫外灯下观察到它的光亮的斑点;用加过荧光剂的薄层板展开非荧光有机化合物样品,在暗处紫外灯下可观察到其在光亮背景上呈现的深色斑点。

(3) 试剂显色法。除了上述显色法之外,还可以根据被分离(分析)化合物的性质,采用不同的试剂进行显色。例如,浓硫酸能使大多数有机物在加热后显黑色斑点(以CMC为黏合剂的硬板不宜用硫酸显色,因为硫酸也会使CMC碳化,整板黑色而显不出斑点位置),蛋白质或氨基酸用茚三酮显色等。

6. 计算比移值

分别测量展开后各样品点中心距起始线的距离(记为a)、展开剂前沿距起始线的距离(记为b)(见图3-4),比移值R_f按下式计算:

$$R_f = \frac{化合物样品点移动的距离 a}{展开剂前沿移动的距离 b}$$

如果样品中各组分的比移值都较小,则应该换用极性大一点的展开剂;反之,如果各组

分的比移值都较大,则应换用极性小一点的展开剂,直至找到一个分离效果好的展开剂。

好的展开剂应沸点适中,对样品有良好的溶解性.并能使样品中各组分分开,展开后组分斑点圆且集中。

三、苏丹红、苏丹黄、偶氮苯比移值 R_f 的测定

(1) 按上面介绍的方法制备(湿板或干板)色谱板(最好选用 3 cm×20 cm 的玻璃载片)。

(2) 参照图 3-4,分别用内径小于 1 mm 端口平整毛细管吸取苏丹红、苏丹黄及偶氮苯的三氯甲烷溶液并分别点于距层析板一端约 1 cm 处的一条直线上,三个样品点相互之间的距离约为 1 cm,样品斑点的直径不超过 2 mm。

(3) 在图 3-3 所示的展开槽底部的一端放置一干净的聚乙烯试剂瓶盖作为样品板高端的支撑,然后将点好的样品板放入其中,使样品板的倾斜度约为 15°,点样的一端在下。按环己烷和乙酸乙酯体积比为 9∶1 的比例配置展开剂,配好后从样品板高端缓慢加入展开槽至样品板低端浸入展开剂约 5 mm,盖好展开槽透明盖子,观察样品展开。

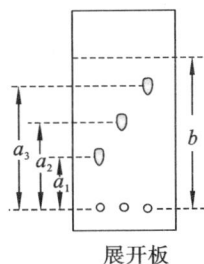
展开板

图 3-4 移动距离测量

(4) 观察到展开剂高度距样品板高端约 1 cm 时,迅速取出样品板并平放,标记出展开剂前沿的位置,如图 3-4 所示,分别测量展开剂和样品移动的距离,计算 R_f 值。

四、预习及操作过程指导

(1) 预习实验原理和操作步骤。

(2) 请利用互联网查出下列主要药品的物理常数,并写到预习报告中。

名　　称	分子量	熔点/(℃)	沸点/(℃)	溶　解　度
苏丹黄	249			
苏丹红	380			
偶氮苯	172			

(3) 偶氮苯为顺式结构和反式结构的混合物,展开后为两个样点。

(4) 点样的量不要太多,太多会导致样点展开后严重拖尾。

(5) 样品板放入展开槽时,一定要使下端边缘与展开槽底完全接触,不能翘起,否则会导致样点跑偏。

(6) 实验应重复测三次,取平均值。

实验 6 柱　色　谱

利用色谱柱将混合物各组分分离开来的操作过程称为柱色谱。与薄层色谱类似,柱色谱是色谱技术中的一类,依据其作用原理又可分为吸附柱色谱、分配柱色谱和离子交换柱色

谱等。其中以吸附柱色谱应用最广。

一、实验原理

实验室常用的是吸附柱色谱。其原理是利用混合物中各组分在固定相上的吸附能力和流动相的解吸能力不同,让混合物随流动相流过固定相,发生多次吸附和解吸过程,从而使混合物分离成两种或多种单一的组分。吸附柱色谱常用氧化铝或硅胶作固定相。柱色谱也有分配色谱,分配色谱中以硅胶、硅藻土或纤维素作为支持剂,以吸附较大量的液体作固定相,而支持剂本身不起分离作用。

吸附柱色谱通常在玻璃管中填入表面积很大的多孔性或粉末状固体吸附剂。当待分离的混合物溶液流过吸附柱时,各种成分同时被吸附在柱的上端。当洗脱剂流下时,由于不同化合物吸附能力不同,往下洗脱的速度也不同,因而以不同的速度沿柱向下流动形成不同层次,即溶质在柱中自上而下按对吸附剂的亲和力大小形成若干色带,如图 3-5 所示。再用溶剂洗脱时,已经分开的溶质可以从柱上分别洗出收集,或将柱吸干,挤出后按色带分割开,再用溶剂将各色带中的溶质萃取出来。

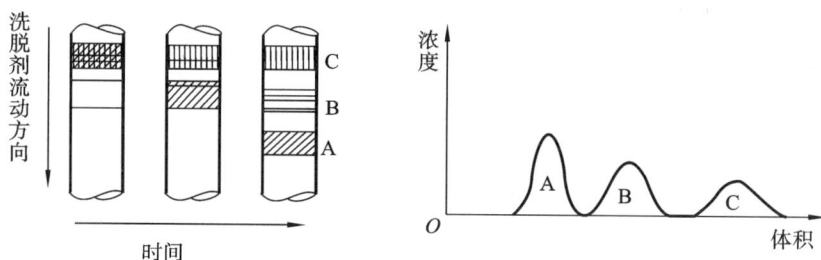

图 3-5 色谱柱分离示意图

二、柱色谱装置及材料

1. 色谱柱

实验室常用的色谱柱是下部带有活塞的玻璃管(见图 3-6)。活塞的芯最好用聚四氟乙烯制作,这样可以不涂真空油脂,以免污染产品。如果使用普通的玻璃活塞,则要用真空油脂小心地涂薄涂匀。

色谱柱的尺寸可根据被分离物的量来确定,其直径与高度之比则根据被分离混合物的分离难易而定,一般在 1：8～1：50。柱身细长,分离效果好,但可分离的量小,且分离所需时间长;柱身短粗,分离效果较差,但一次可以分离较多的样品,且所需时间短。如果待分离物各组分较难分离,宜选用细长的柱子;如果要处理大量的较易分离的或对分离纯度要求较低的混合物,则可选用粗而短的柱子。最常使用的色谱,直径与长度之比在 1：8～1：15。

2. 吸附剂

常用的吸附剂有氧化铝、硅胶、氧化镁、碳酸钙和活性炭等,实验室常用氧化铝、硅胶作吸附剂。吸附剂的选择一般要根据待分离化合物的类型而定。例如,硅胶的性能比较温和,属无定形多孔物质,略带酸性,同时硅胶极性相对较小,适合于分离极性较大的化合物,如羧酸、醇、酯、酮、胺等。而氧化铝极性较强,对于弱极性物质具有较弱的吸附作用,适合于分离极性较弱的化合物。供柱色谱使用的氧化铝有酸性、中性、碱性三种。酸性氧化铝是用 1% 盐酸浸泡后，再用蒸馏水洗至氧化铝悬浮液的 pH 值为 4，用于分离酸性物质；中性氧化铝，其悬浮液的 pH 值为 7.5，用于分离中性物质；碱性氧化铝，其悬浮液的 pH 值为 10，用于胺或其他碱性物质的分离。

大多数吸附剂都能强烈地吸水，致使吸附剂的活性降低，通常用加热方法使吸附剂活化。氧化铝可根据表面含水量的不同，分成各种活性等级，最常使用的活性级别是Ⅱ～Ⅲ级。活性等级的测定一般采用勃劳克曼（Brockmann）标准测定法。吸附剂颗粒大小应当均匀，柱色谱用的硅胶颗粒大小一般为 200～300 目，氧化铝颗粒大小一般为 100～150 目。粉末太粗，洗脱剂流速太快，分离效果不好；粉末太细，流速太慢，分离时耗时太长。

吸附剂的用量一般为被分离样品的 30～50 倍。对于难以分离的混合物，吸附剂的用量可达 100 倍或更高。

图右侧标注：溶剂、石英砂层、吸附剂、砂芯层、脱脂棉

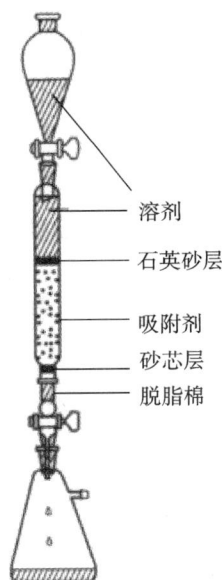

图 3-6　柱色谱装置图

3. 洗脱剂

洗脱剂，也称为淋洗剂或溶剂，是将被分离物从吸附剂上洗脱下来所用的溶剂，其极性大小和对被分离物各组分的溶解度大小对于分离效果非常重要。如果洗脱剂的极性远大于被分离物的极性，则洗脱剂将受到吸附剂的强烈吸附，从而将原来被吸附的待分离物"顶替"下来，随多余的淋洗剂冲下而起不到分离作用；如果洗脱剂的极性远小于各组分的极性，则各组分被吸附剂强烈吸附而留在固定相中，不能随流动相向下移动，也不能达到分离的目的。如果洗脱剂对于被分离物各组分溶解度太大，被分离物将会过多、过快地溶解于其中并被迅速洗脱而不能很好地分离；如果溶解度太小，则会造成谱带分散，甚至完全不能分开。实际操作时，一般采用前面薄层色谱法提到的展开剂选择方法先用薄层色谱反复对比，然后选择柱色谱的洗脱剂。能在薄层色谱上将样品中各组分完全分开的展开剂，即可用作柱色谱的洗脱剂。在有多种洗脱剂可供选择时，一般选择目标组分 R_f 值较大的洗脱剂。

洗脱剂的用量往往较大，故最好使用单一溶剂以利回收。若选不出合适的单一溶剂时，可使用混合溶剂。混合溶剂由强极性溶剂和弱极性溶剂复配而成，一般由两种可以无限混溶的溶剂组成，先以不同的配比在薄层板上试验，选出最佳配比，再按该比例配制好，像单一溶剂一样使用。

硅胶和氧化铝作吸附剂的柱色谱，洗脱剂的洗脱能力有如下顺序：

正己烷和石油醚＜环己烷＜四氯化碳＜三氯乙烯＜二硫化碳＜甲苯＜苯＜二氯甲烷＜氯仿＜乙醚＜乙酸乙酯＜丙酮＜丙醇＜乙醇＜甲醇＜水＜吡啶＜乙酸

选择洗脱剂除了考虑分离效果外，还需要考虑以下因素：

（1）在常温至沸点的温度范围内可与被分离物长期共存而不发生任何化学反应，也不被吸附剂或被分离物催化而发生自身的化学反应；

（2）沸点较低，容易回收；

（3）毒性较小，操作安全；

（4）价廉易得。

三、柱色谱实验操作的一般步骤

1. 装柱

柱色谱装柱的方法有湿法和干法两种。

（1）湿法装柱。湿法装柱时，将玻璃色谱柱竖直固定在铁支架上，关闭活塞，加入选定的洗脱剂至柱容积的 1/4，用一支干净的玻璃棒将少量玻璃丝（或脱脂棉）轻轻推入柱底狭窄部位，小心挤出其中的气泡，但不要压得太紧密，否则洗脱剂将流出太慢或根本流不出来。将准备好的石英砂加入柱中，使其在玻璃丝上均匀沉积成约 5 mm 厚的石英砂层。将所需量的吸附剂置烧杯中，加洗脱剂浸润，溶胀并调成糊状。打开色谱柱下部活塞调节流出速度为 1 滴/秒，将调好的吸附剂在搅拌下自柱顶缓缓注入柱中，同时用套有橡皮管的玻璃棒轻轻敲击柱身，使吸附剂在洗脱剂中均匀沉降，形成均匀紧密的吸附剂柱。吸附剂最好一次加完。若分数次加，则会沉积为数层，各层交接处的吸附剂颗粒很细，在分离时易被误认为是一个色层。全部吸附剂加完后，再在吸附剂沉积层面上盖一层 5 mm 厚的石英砂，关闭活塞。在全部装柱过程及装完柱后，都需始终保持吸附剂上面有一段液柱，否则将会有空气进入吸附剂，在其中形成气泡而影响分离效果。如果发现柱中已经形成气泡，则应设法排除。若不能排除，则应倒出重装。装好的吸附柱各层材料的分布如图 3-6 所示。

（2）干法装柱。干法装柱时，也是先将玻璃色谱柱竖直固定在铁支架上，关闭活塞。先在柱子的底部塞一小团脱脂棉或玻璃丝，然后用玻璃棒轻轻压紧，注意松紧要适度。然后在棉花上铺一层 0.5 cm 厚的石英砂层加一块比柱内径略小的滤纸片，这样可以防止洗脱过程中吸附剂泄漏。然后加入洗脱剂至柱容积的 3/4，打开活塞控制洗脱剂流速为 1 滴/秒，再将所需量的吸附剂通过一支短颈玻璃漏斗慢慢加入柱中，同时，轻轻敲柱身排除气泡使其填充紧密，最后再在吸附剂上面加一层约 5 mm 厚的石英砂。

干法装柱的缺点是容易使柱中混有气泡。特别是使用硅胶为吸附剂时，最好不用干法装柱，因为硅胶在溶剂中有一溶胀过程。若采用干法装柱，硅胶会在柱中溶胀，往往留下缝隙和气泡，影响分离效果，甚至需要重新装柱。

2. 加样

加样也有湿法和干法两种。

（1）湿法加样。湿法加样是将待分离物溶于尽可能少的溶剂中，如有不溶性杂质，应当滤去。打开色谱柱下部活塞小心放出柱中液体至液面下降到石英砂上表面处，关闭活塞，将配好的溶液沿着柱内壁缓缓加入，切记勿冲动石英砂和吸附剂，否则将造成吸附剂表面不平而影响分离效果。溶液加完后，小心开启柱下活塞，放出液体至溶液液面降至石英砂上表面时，关闭活塞，用少许溶剂冲洗色谱柱内壁（同样不可冲动吸附剂），再放出液体至液面降到石英砂上表面处，再次冲洗色谱柱内壁，直至柱壁和柱顶溶剂没有颜色。加样操作的关键是要避免样品溶液被冲稀。在技术熟练的情况下，也可以不关下部活塞，在每秒钟 1 滴的恒定流速下连贯地完成上述操作。

（2）干法加样。干法加样是将待分离样品加少量低沸点溶剂溶解，再加入约 5 倍量吸附剂，拌和均匀后在通风橱中蒸发至干。将吸附了样品的吸附剂平摊在柱内吸附剂的顶端，再在上面加盖一层石英砂。干法加样易于掌握，不会造成样品溶液的冲稀，但不适合对热敏感的化合物。

3．洗脱和接收

样品加入后即可用大量洗脱剂洗脱。随着流动相向下移动，混合物逐渐分成若干个不同的色带，继续洗脱，各色带间距离拉开，最终被一个个洗脱下来。当第一色带开始流出时，更换接收瓶，接收完毕再更换接收瓶，接收两色带间的空白带，并依此法分别接收各个色带。若后面的色带下行太慢，则可依次使用几种极性逐渐增大的洗脱剂来洗脱。

要注意在洗脱过程中改变洗脱剂的极性，不能把一种洗脱剂迅速换成另一种洗脱剂。而应当将极性稍大的洗脱剂按一定的百分率逐渐加到正在使用的洗脱剂中去，逐步提高其比例，直至所需要的配比。一条经验规律称为"幂指数增加"。例如，原洗脱剂为环己烷，如欲加入二氯甲烷以增加其极性，则不应立即换为二氯甲烷，而应使用这两种洗脱剂的混合液，其中二氯甲烷的比例依次为 5％、15％、45％，最后再换为纯净的二氯甲烷。每次加大比例后，必须待流出液量为吸附剂装载体积的 3 倍时再进一步加大比例。这只是一般方法，其目的在于避免后面的色带行进过快，追上前面的色带，造成交叉带。但如果两包带间有很宽阔的空白带，不会造成交叉，则可直接换成后一种洗脱剂，所以应根据具体情况灵活运用。

4．显色

分离无色物质时需要显色。如果使用带荧光的吸附剂，则可在黑暗的环境中用紫外光照射以显出各色带的位置，以便按色带分别接收。但柱上显色远不如在薄层板上显色方便。所以常用的办法是等分接收，即事先制备十几个甚至几十个接收瓶（如几十个试管），依次编出号码，各自接收相同体积的流出液，并各自在薄层板上点样展开，然后在薄层板上显色（相关的显色操作见薄层色谱部分）。具有相同 R_f 值的为同一组分，可以合并处理。也可能出现交叉带。若交叉带很少，则可以弃之；若交叉带较多，或样品很贵重，则可以将交叉部分再次作柱色谱分离，直至完全分开。例如，某一样品经等分接收和薄层色谱并显色处理后如图 3-7 所示。

由图 3-7 可知，1、7、8 号接收液都是空白，没有任何组分，可以合并处理。2～6 号为第一组分，可以合并处理，9～13 号为第二组分，14～16 号为第三组分，17～20 号为第四组分。其中第 14 号实际是一个交叉带，以第三组分为主，也含有少量第二组分。如果对第三组分的纯度要求不高，可以并入第三组分；如果对第三组分的纯度要求甚高，可将第 14 号接收液浓缩后再做一次柱色谱分离。

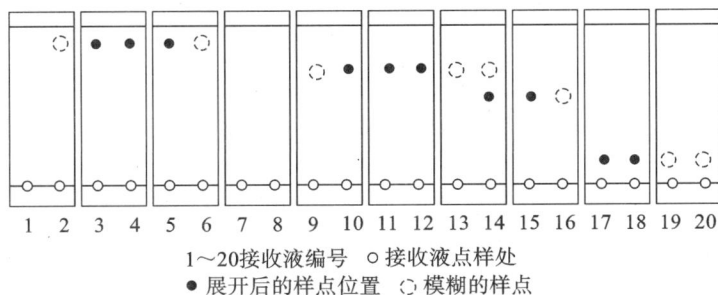

1～20接收液编号　○ 接收液点样处
● 展开后的样点位置　○ 模糊的样点

图 3-7　一个四组分样品经柱色谱分离后再经薄层色谱检测的情况

四、亚甲基蓝与甲基橙的分离

（1）选择一合适的色谱柱，以活性中性氧化铝（160～200目，于300～400 ℃下活化3～4 h，10 g）为吸附剂，95％乙醇为洗脱剂，参照前述步骤采用湿法或干法装填一支色谱柱。

（2）打开色谱柱下端活塞，使柱内乙醇流出到柱顶快干时，立即沿柱壁小心加入1 mL 0.5％的甲基橙和亚甲基蓝的乙醇混合溶液，当此溶液流至接近石英砂层面时，再用少量的洗脱剂将壁上的样品洗下来，如此重复2～3次，直至洗净为止。

（3）用95％的乙醇洗脱，控制流出速度为5～10滴/分钟。整个过程应保持始终有洗脱剂覆盖吸附剂。

由于亚甲基蓝与氧化铝的作用力较小首先向下移动，吸附作用较大的甲基橙则留在柱子的上端，从而形成不同的色带（蓝色的亚甲基蓝和黄色的甲基橙）。当最先下行的色带快流出时，更换接收瓶，继续洗脱，直至滴出液无色为止。之后，将洗脱液改为水，洗脱甲基橙，并接收黄色的流出液，直至滴出液无色为止。两种组分被分离后，停止洗脱。

五、预习及操作过程指导

（1）预习实验原理和操作步骤。

（2）请利用互联网查出下列主要药品的物理常数，并写到预习报告中。

名 称	分 子 量	熔点/（℃）	沸点/（℃）	溶 解 度
亚甲基蓝				
甲基橙				

（3）为了保持柱子的均一性，整个洗脱过程中，洗脱剂应浸没吸附剂，否则柱子会干裂，从而影响分离效果。

（4）最好用移液管将待分离溶液转移至柱中。

（5）尽量避免待分离液黏附在色谱柱的内壁上。

（6）分离结束后，应先让洗脱剂尽量流干，然后倒置，用吸耳球从活塞口向管内挤压空气，将吸附剂从柱顶挤压出。使用过的吸附剂倒入垃圾桶里，切勿倒入水槽，以免堵塞水槽。

实验7　纸　色　谱

纸色谱（纸上层析）属于分配色谱的一种，主要用于含多官能团或高极性化合物如糖、氨基酸等的分析分离。通常用特制的滤纸作为固定相——水的支持剂，流动相则是含有一定比例水的有机溶剂，通常称为展开剂。

纸色谱装置如图3-8所示，其操作是先将色谱滤纸在展开溶剂的蒸气中放置过夜，在滤纸一端2 cm左右处用铅笔画好起始线，然后将要分离的样品溶液用毛细管点在起始线上，待样品溶剂挥发后，将滤纸的另一端悬挂在层析缸的玻璃勾上，使滤纸下端与展开剂接触，展开剂由于毛细作用沿纸条上升，当展开剂前沿接近滤纸上端时，将滤纸取出，记下溶剂的前沿位置，晾干。若被分离物中各组分是有色的，则滤纸条上会有各种颜色的斑点显出，如图3-9所示。分离无色的混合物时，通常将展开后的滤纸风干后，置于紫外灯下观察是否有荧光,或者根据化合物的性质,喷上显色剂,观察斑点位置,它与薄层色谱显色方法相似。纸色谱比移值 R_f 的计算与薄层色谱的相同。

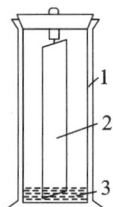

图 3-8　纸色谱装置

1—层析缸;2—色谱纸;3—展开剂

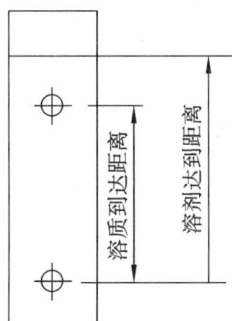

图 3-9　纸色谱展开图

一、氨基酸的纸色谱实验

利用氨基酸在特定展开剂中分配系数的不同,采用不同样品的试样在同一张色谱纸上进行展开。在相同条件下,经展开剂展开,比较它们的 R_f 值,以达到分离和鉴定氨基酸的目的。

(1) 准备色谱纸。取新华一号滤纸,用干净小刀裁成 5 cm×14 cm 的纸条作为色谱纸,在离底边 1.5 cm 处用铅笔画一直线作为始线,在起始线上点 a、b、c 三个点,各点之间的距离为 1 cm,a、c 两点分别离色谱纸边为 1.5 cm,在起始线 7 cm 处画一直线作为溶剂前沿线(见图 3-10)。

(2) 点样。分别用 0.5 mm 的毛细管,在色谱纸的 a 点上点 0.5％甘氨酸水溶液,在 b 点上点 0.5％谷氨酸水溶液,在 c 点上点 0.5％亮氨酸水溶液,样点的直径约 2 mm。

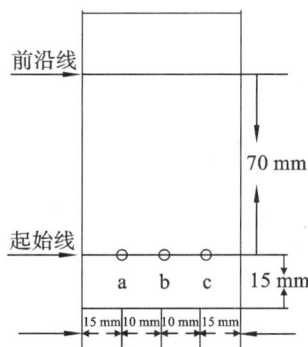

图 3-10　色谱纸点样图

(3) 展开。将 30 mL 展开剂(正丁醇：甲酸：水＝5：3：2)倒入层析缸中,盖上盖子,饱和 20 min 后,再将点好样品的色谱纸上端用回形针别住,悬挂在层析缸盖的钩上,使色谱纸的底边浸入展开剂约 5 mm,如图 3-8 所示。展开剂到达前沿线后,展开完毕,取出色谱纸,晾干或红外灯下烘干。

(4) 显色。将烘干的色谱纸,用喷雾器喷洒显色剂(0.1％茚三酮乙醇溶液),再到红外灯下烘到显色为止。

(5) 计算各氨基酸的 R_f 值。用笔画出斑点,找出斑点的中心,并量出起始线至斑点中心的距离,依薄层色谱中的公式计算各氨基酸的 R_f 值。

二、预习及操作过程指导

(1) 预习实验原理和操作步骤。

（2）请利用互联网查出下列主要药品的物理常数，并写到预习报告中。

名　称	分　子　量	熔点/(℃)	沸点/(℃)	溶　解　度
甘氨酸				
谷氨酸				
亮氨酸				

（3）滤纸使用前，应在烘箱中干燥，具体方法为 100 ℃的温度下，烘干 1～2 h；否则会产生拖尾现象。

（4）画线时只能使用铅笔，不能使用其他笔。其他笔的颜色为有机染料，在有机溶剂中染料溶解，颜色会产生干扰。

（5）无论是画线还是点样，不能用手接触层析纸前沿线以下的任何部位，因为手指上有相当量的氨基酸，并足以在本实验方法中检出干扰实验。

（6）纸色谱必须在密闭容器中展开。加入展开剂后，必须等 20 min 左右，使层析缸内形成展开剂的饱和蒸汽。

（7）显色剂喷洒应均匀，喷洒的量应适当，不能流淌。

（8）喷有显色剂的色谱纸，在烘干时应注意温度的控制。温度太高，不但氨基酸会产生颜色，茚三酮也会产生颜色干扰实验现象。

（9）R_f 值随被分离化合物的结构、固定相与流动相的性质、温度以及纸的质量等因素的变化而变化。当温度、滤纸等实验条件固定时，比移值就是一个特有的常数，因而可作为定性分析的依据。

第四部分

有机化合物的制备实验

实验 8　环己烯的制备

一、实验目的

(1) 学习、掌握由环己醇制备环己烯的原理及方法。

(2) 了解分馏的原理及实验操作技能。

(3) 练习并掌握蒸馏、分液、干燥等实验操作技能。

二、实验原理

主反应

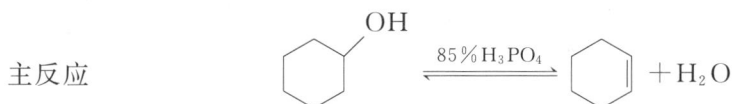

副反应

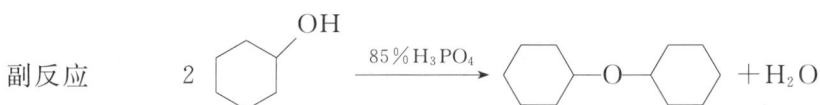

三、实验步骤

在 50 mL 干燥的圆底(或茄形)烧瓶中,放入 10 mL 环己醇(9.6 g,0.096 mol)、5 mL 85%磷酸,充分振摇、混合均匀。投入几粒沸石,烧瓶上端加装短分馏柱(见图 4-1),用锥形瓶作接收器,若室温过高,则接收器外应用冰水冷却。

慢慢加热烧瓶至分馏柱上端有液体馏出,控制加热速度使分馏柱上端的温度不要超过 90 ℃,馏出液为带水的混合物。当烧瓶中只剩下很少量的残液并出现阵阵白雾或分馏柱上的温度计的温度出现波动时,即可停止蒸馏。全部蒸馏时间约需 40 min。

将馏出液分去水层,加入等体积的饱和食盐水,充分振摇后静止分层,分去水层。将下层水溶液自漏斗下端活塞放出,上层的粗产物自漏斗的上口倒入干燥的小锥形瓶中,加入2~3 g 无水氯化钙干燥 30 min。

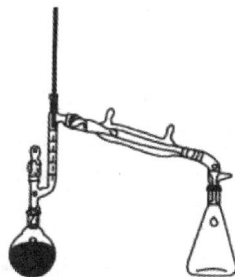

图 4-1　环己烯制备装置

将干燥后的产物滤入干燥的梨形蒸馏瓶中,加入几粒沸石,用水浴加热蒸馏。收集80~85 ℃的馏分于一已称重的干燥小锥形瓶中。产量 4~5 g。

本实验约需 4 h。

四、预习及操作过程指导

（1）根据实验目的预习相关操作。

（2）请利用互联网查出下列主要药品的物理常数，并写到预习报告中。

药品名称	分子量 （mol wt）	熔点 /(℃)	沸点 /(℃)	相对密度 (d_4^{20})
环己醇				
环己烯				

（3）本实验主反应为可逆反应，本实验采用的措施是：边反应边蒸出反应生成的环己烯和水形成的二元共沸物（沸点 70.8 ℃，含水 10％）。但是原料环己醇也能和水形成二元共沸物（沸点 97.8 ℃，含水 80％）。为了使产物以共沸物的形式蒸出反应体系，而又不夹带原料环己醇，本实验采用分馏装置，并控制柱顶温度不超过 90 ℃。

（4）反应采用 85％的磷酸作催化剂，而不用浓硫酸作催化剂，是因为磷酸氧化能力较硫酸弱得多，减少了氧化副反应。

（5）洗涤分水时，水层应尽可能分离完全，否则将增加无水氯化钙的用量，使产物更多地被干燥剂吸附而招致损失。这里用无水氯化钙干燥较适合，因它还可除去少量环己醇。无水氯化钙的用量视粗产品中的含水量而定，一般干燥时间应在 0.5 h 以上，最好干燥过夜。但由于时间关系，实际实验过程中，可能干燥时间不够，这样在最后蒸馏时，可能会有较多的前馏分（环己烯和水的共沸物）蒸出，最终导致实际收率降低。

附基本操作 5：常压蒸馏

蒸馏的目的是为了提纯或分离。

当液态物质受热时，由于分子运动使其从液体表面逃逸出来，形成蒸气压，随着温度升高，蒸气压增大，待蒸气压和大气压或所给压力相等时，液体沸腾，这时的温度称为该液体的沸点。每种纯液态有机化合物在一定压力下均具有固定的沸点。反过来，在蒸馏过程中，在化合物沸点对应的温度收集馏分，这时的馏分是最纯的。这就是蒸馏提纯的原理。

利用蒸馏可将沸点相差较大的液态混合物分开。所谓蒸馏就是将液态物质加热到沸腾变为蒸气，又将蒸气冷凝为液体这两个过程的联合操作。蒸馏沸点差别较大的液体时，沸点较低的先蒸出，沸点较高的随后蒸出，不挥发的留在蒸馏器内，这样就可达到分离的目的。一般情况下，利用蒸馏可将沸点相差 30 ℃ 以上的两种液体混合物分离，但不能分离二元或三元共沸混合物。共沸混合物虽然也有固定的沸点，但不是纯净化合物。

常压蒸馏装置由蒸馏瓶、蒸馏头、温度计、冷凝管、接引管、接收瓶（见图 1-2）等组装而成，蒸馏的仪器装置如图 4-2 所示。

图 4-2(a)所示的是最常用的蒸馏装置，由于这种装置出口处与大气相通，可能逸出馏液蒸气，若蒸馏易挥发的低沸点液体时，则需将接液管的支管连上橡皮管，通向水槽或室外。支管口接上干燥管，可用作防潮的蒸馏。

图 4-2(b)所示的是应用空气冷凝管的蒸馏装置,常用于蒸馏沸点在 140 ℃ 以上的液体。若使用直形冷凝管,则由于液体蒸气温度较高而使冷凝管炸裂。

图 4-2(c)所示的是蒸除较大量溶剂的装置,由于液体可自滴液漏斗中不断地加入,既可调节滴入和蒸出的速度,又可避免使用较大的蒸馏瓶。

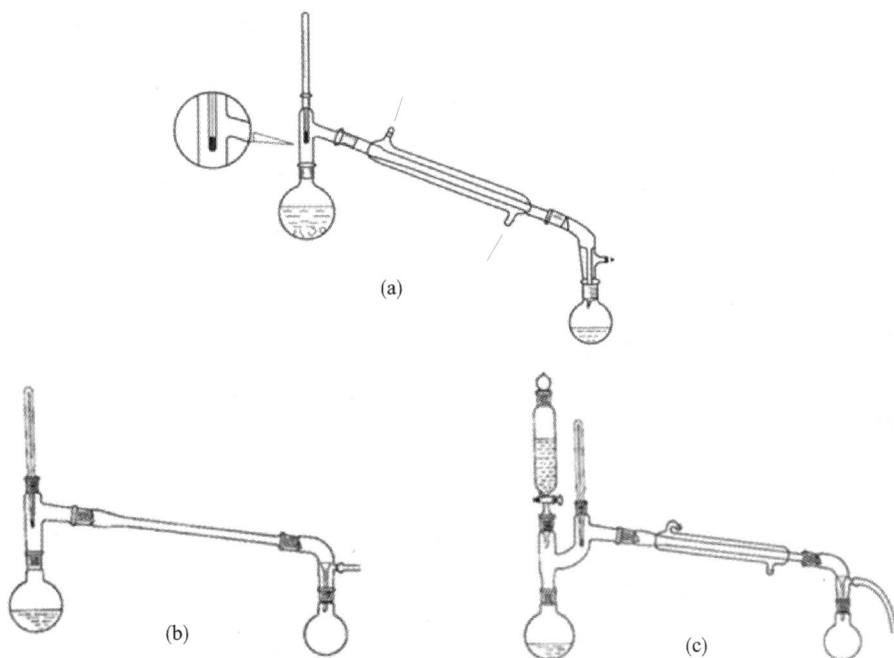

(a)

(b)　　　　　　　　　　　　　　(c)

图 4-2　常压蒸馏装置

常压蒸馏操作应注意以下问题:

(1)蒸馏瓶一般选用圆底烧瓶。少量样品蒸馏时,常选用梨形烧瓶,因梨形烧瓶下端较小,蒸馏最后剩余的残留物比较少,可提高馏出物的收率。

(2)为了防止在蒸馏过程中出现"过热"及"暴沸"现象,在蒸馏前必须加入沸石。沸石的作用是引入气泡中心(沸石内部的小气孔所存的气体可充当蒸馏过程中的气泡中心),保证蒸馏的平稳进行。

(3)在任何情况下切忌将助沸物(使混合体系沸点降低的物质)加入已沸腾的液体中,否则常因突然放出大量蒸汽而将大部分液体从蒸馏瓶口喷出而造成危险。

(4)如果蒸馏前忘加沸石,需补加时,应先移去热源,待液体冷却至沸点温度以下,然后再加入。如蒸馏中途需停止,再蒸馏时应在加热前重新加入新的沸石。

(5)选择合适容量的仪器,即液体量应与仪器配套,瓶内液体的体积量应不小于瓶的体积的 1/3,不大于 2/3。

(6)温度计的位置:温度计水银球上线应与蒸馏头侧管下线对齐(见图 4-2(a))。

(7)冷凝管的选用:当蒸馏液体的沸点小于 140 ℃ 时用水冷凝管,大于 140 ℃ 时用空气冷凝管,因为温度高时,水作为冷却介质,冷凝管内外温差增大,会使冷凝管接口处局部骤然遇冷而断裂。

（8）热源的选用：当待蒸馏液体的沸点小于 80 ℃时可以用水浴（要求无水操作的实验不能用水浴），大于 80 ℃时可以用空气浴、油浴或砂浴加热，现在实验室中常用电热套加热。

（9）接收器：通常使用两个接收瓶，一个接收低于沸点的馏分，另一个接收产品的馏分。可用锥形瓶或圆底烧瓶作接收瓶。

（10）仪器使用要配套，大的烧瓶配大的冷凝管。

（11）烧瓶的大小要与所蒸馏的液体的体积相匹配。若蒸馏 10 mL 的样品，应选用 25 mL 的蒸馏瓶，如果选用 50 mL 的蒸馏瓶，就会有部分产品（滞留在烧瓶中）蒸不出来，导致产品损失。

（12）安装仪器步骤，一般是从下到上、从左（头）到右（尾），蒸馏装置严禁安装成封闭体系；拆仪器时则相反，从尾到头，从上到下。

（13）蒸馏易燃液体（如乙醚）时，应在接引管的支管处接一根橡皮管将尾气导至水槽或室外。

附基本操作 6：分馏原理简介

蒸馏沸点比较接近的混合物时，各种物质的蒸气将同时蒸出，只不过低沸点的被蒸出得多一些，故难以达到分离和提纯的目的。若想把沸点比较接近的液体混合物分开，则要借助于分馏。

一、分馏原理

简单蒸馏只能使液体混合物得到初步的分离。为了获得高纯度的产品，理论上可采用多次部分汽化和多次部分冷凝的方法，即将简单蒸馏得到的馏出液，再次部分汽化冷凝，以得到纯度更高的馏出液。而将简单蒸馏剩余的混合液再次部分汽化，则可得到易挥发组分更低、难挥发组分更高的混合液。只要上面这一过程足够多，就可以将两种沸点相机溶液分离成纯度很高的易挥发组分和难挥发组分的两种产品。简言之，分馏即为反复多次的简单蒸馏。实践中，若用蒸馏装置按上述方法操作，过程会非常麻烦。因此，实验室常采用分馏柱来实现分馏，而工业上采用精馏塔。

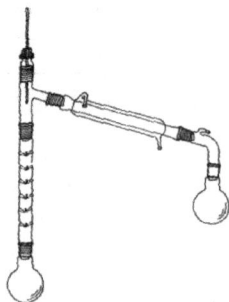

图 4-3　简单分馏装置

实验室用简单分馏装置如图 4-3 所示。用分馏柱进行分馏，被分馏的溶剂在蒸馏瓶中沸腾后，蒸气从圆底烧瓶蒸发进入分馏柱，在分馏柱中部分冷凝成液体。此液体中由于低沸点成分的含量较多，因此其沸点也就比蒸馏瓶中的液体温度低。当蒸馏瓶中的另一部分蒸气上升至分馏柱中时，便和这些已经冷凝的液体进行热交换，使它重新沸腾，而上升的蒸气本身则部分地被冷凝，因此，又产生了一次新的液体-蒸气平衡，结果在蒸气中的低沸点成分又有所增加。这一新的蒸气在分馏柱内上升时，又被冷凝成液体，然后再与另一部分上升的蒸气进行热交换而沸腾。由于上升的蒸气不断地在分馏柱内冷凝和蒸发，而每一次的冷凝和蒸发都使蒸气中低沸点的成分不断提高。因此，蒸气在分馏柱内的上升过程中，类似于经过反复多次的简单蒸馏，使蒸气中低沸点的成分逐步提高。

由此可见,在分馏过程中分馏柱是关键的装置,如果选择适当的分馏柱,在分馏柱的顶部出来的蒸气经冷凝后所得到的液体,可能是纯的低沸点成分或者是低沸点占主要成分的馏出物。

二、分馏装置

分馏装置与简单蒸馏装置类似,不同之处是在蒸馏瓶与蒸馏头之间加了一根分馏柱,如图 4-3 所示。分馏柱的种类很多(见图 4-4),实验室常用刺形分馏柱(韦氏分馏柱)。

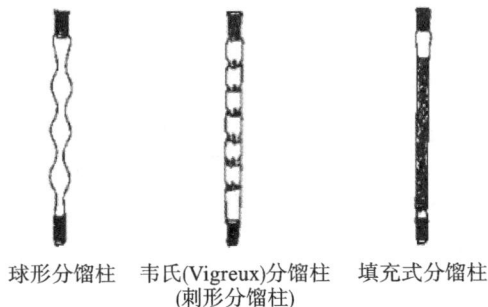

球形分馏柱　　韦氏(Vigreux)分馏柱　　填充式分馏柱
　　　　　　　　(刺形分馏柱)

图 4-4　分馏柱类型

三、分馏过程及操作要点

当液体混合物沸腾时,混合物蒸气进入分馏柱,蒸气沿柱身上升,通过柱身进行热交换,在塔内进行反复多次的冷凝—汽化—再冷凝—再汽化过程,以保证达到柱顶的蒸气为纯的易挥发组分,而蒸馏瓶中的液体为难挥发组分,从而高效率地将混合物分离。分馏柱沿柱身存在着动态平衡,不同高度段存在着温度梯度,此过程是一个热和质的传递过程。

为了得到良好的分馏效果,应注意以下几点:

(1) 在分馏过程中,不论使用哪种分馏柱,都应防止回流液体在柱内聚集,否则会减少液体和蒸气接触面积,或者使上升的蒸气将液体冲入冷凝管中,达不到分馏的目的。为了避免这种情况的发生,需在分馏柱外面包一定厚度的保温材料,以保证柱内具有一定的温度,防止蒸气在柱内冷凝太快。当使用填充柱时,往往由于填料装得太紧或不均匀,造成柱内液体聚集,这时需要重新装柱。

(2) 对分馏来说,在柱内保持一定的温度梯度是极为重要的。在理想情况下,下柱口温度与蒸馏瓶内液体沸腾时的温度接近。柱内自下而上温度不断降低,直至柱顶接近易挥发组分的沸点。一般情况下,柱内温度梯度的保持是通过调节馏出液速度来实现的。若加热速度快,蒸出速度也快,会使柱内温度梯度变小,影响分离效果。如加热速度慢,蒸出速度也慢,会使柱身被流下来的冷凝液阻塞,这种现象称为液泛。为了避免上述情况出现,可以通过控制回流比来实现。所谓回流比,是指冷凝液流回蒸馏瓶的速度与柱顶蒸气通过冷凝管流出速度的比值。回流比越大,分离效果越好。回流比的大小根据物系和操作情况而定,一般回流比控制在 4 : 1,即冷凝液流回蒸馏瓶的速度为 4 滴/秒,柱顶蒸气流出速度为 1 滴/秒。

(3) 液泛能使柱身及填料完全被液体浸润,在分离开始时,可以人为地利用液泛将液体均匀地分布在填料表面,充分发挥填料本身的效率,这种情况称为预液泛。一般分馏时,先将热源电压调得稍大些,一旦液体沸腾就应注意将热源电压调小,当蒸气冲到柱顶还未达到温度计水银球部位时,通过控制电压使蒸气保证在柱顶全回流,这样维持 5 min。再将电压调至合适的位置,此时,应控制好柱顶温度,使馏出液以每两三秒 1 滴的速度平稳流出。

实验 9 2-硝基-1,3-苯二酚的制备

一、实验目的

(1)复习、巩固芳环定位规律和活性位置保护的应用。

(2)掌握磺化、硝化的原理和实验方法。

(3)在了解水蒸气蒸馏原理的基础上,掌握水蒸气蒸馏装置的安装与操作技能。

(4)练习抽滤及固体化合物的洗涤操作。

二、实验原理

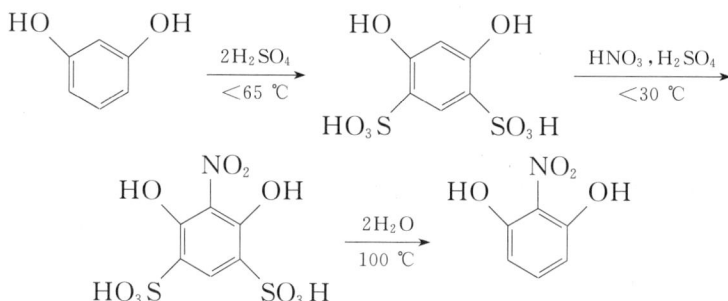

三、实验步骤

250 mL 烧杯中放 5.5 g 粉末状间苯二酚,充分搅拌下小心加入 25 mL 浓硫酸,此时反应液发热,生成白色磺化产物(如无白色浑浊和自动升温,可用 60 ℃水浴加热一下),然后用表面皿盖住烧杯,室温放 15 min,然后在冰水浴中冷却到 0～10 ℃。

锥形瓶中加入 4 mL 浓硝酸,摇荡下加 5.6 mL 浓硫酸,在冰水浴中制成混酸并冷却到 10 ℃以下。用滴管将冷却好的混酸慢慢滴加到上述磺化后的产物中,并不停搅拌,控制反应温度不超过 30 ℃(若超过,冰水冷之,防止氧化),滴完后继续搅拌 5 min,室温放 15 min,期间密切关注温度不能超过 30 ℃,此时反应物应呈亮黄色黏稠状。

将反应物转到 250 mL 三口烧瓶中,用 15 mL 冰水洗烧杯两三次,一起转入烧瓶,加约 0.1 g 尿素。然后进行水蒸气蒸馏,冷凝管壁和馏出液中有橘红色固体产生,调冷凝水速度,至管壁无橘红色固体、馏出液澄清时,停止蒸馏。馏出液在冰水浴中冷却,抽滤。粗品用 5 mL 水加 5 mL 乙醇洗一次,可得橘红色针状结晶 2～3 g。产品可用乙醇-水(约需 10 mL 50%乙醇)重结晶。

四、预习及操作过程指导

(1)根据实验目的预习相关操作。

（2）请利用互联网查出下列主要药品的物理常数，并写到预习报告中。

药品名称	分子量 （mol wt）	熔点 /（℃）	沸点 /（℃）	相对密度 （d_4^{20}）	水溶解度 /（g/100 mL）
间苯二酚					
2-硝基-1,3-苯二酚					
尿素					
浓硫酸（98%）					
浓硝酸					

（3）酚羟基是较强的邻对位定位基，也是较强的致活基团。如果让间苯二酚直接硝化，由于反应太剧烈，不易控制；另外，由于空间效应，硝基会优先进入 4、6 位，很难进入 2 位。本实验利用磺酸基的强吸电子性和磺化反应的可逆性，先磺化，在 4、6 位引入磺酸基，既降低了芳环的活性，又占据了活性位置。再硝化时，受定位规律的支配，硝基只能进入 2 位，最后进行水蒸气蒸馏，既把磺酸基水解掉，又同时把产物随水一起蒸出来。本反应是磺酸基起到了占位、定位和钝化的作用。

（4）本实验一定注意先磺化，后硝化；否则会剧烈反应，甚至产生事故。

（5）间苯二酚很硬，要充分研碎；否则磺化只能在颗粒表面进行，磺化不完全。

（6）加尿素目的是使多余的硝酸与尿素反应生成络盐（$CO(NH_2)_2 \cdot HNO_3$），从而减少二氧化氮气体的污染。

附基本操作 7：水蒸气蒸馏

1. 水蒸气蒸馏的原理

当两种互不相溶（或难溶）的液体 A 与 B 共存于同一体系时，每种液体都有各自的蒸气压，其蒸气压力的大小与每种液体单独存在时的蒸气压力一样（彼此不相干扰）。根据道尔顿（Dalton）分压定律，混合物的总蒸气压为各组分蒸气压之和，即

$$P = P_A + P_B$$

混合物的沸点是总蒸气压等于外界大气压时的温度，因此混合物的沸点比其中任一组分的沸点都要低。水蒸气蒸馏就是利用这一原理，将水蒸气通入不溶或难溶于水的有机化合物中，使该有机化合物在 100 ℃ 以下便能随水蒸气一起蒸馏出来。当馏出液冷却后，有机液体通常可从水相中分层析出。

一般情况下，水蒸气蒸馏适用于与水互不相溶或难溶的有机物。但如果被分离提纯的物质在 100 ℃ 以下的蒸气压为 1～5 mmHg，则其在馏出液中的含量约占 1%，甚至更低，这时就不能用水蒸气蒸馏来分离提纯，而要用过热水蒸气蒸馏，方能提高被分离或提纯物质在馏出液中的含量。

水蒸气蒸馏是分离和纯化有机化合物的重要方法之一，它广泛用于从天然原料中分离出液体和固体产物，特别适用于分离那些在其沸点附近易分解的物质；适用于分离含有不挥发性杂质或大量树脂状杂质的产物；也适用于从较多固体反应混合物中分离被吸附的液体

产物,其分离效果较常压蒸馏或重结晶好。

使用水蒸气蒸馏法时,被分离或纯化的物质应具备以下条件:

(1) 一般不溶或难溶于水;

(2) 在沸腾下与水长时间共存而不起化学反应;

(3) 在 100 ℃左右时应具有一定的蒸气压(一般不小于 10 mmHg)。

2. 水蒸气蒸馏的装置

水蒸气蒸馏装置由水蒸气发生器和简单蒸馏装置组成,图 4-5 所示的为实验室常用水蒸气蒸馏装置。

A:铜制水蒸气发生器
B:可供观察玻璃管
C:安全管
D:三通T形管,防止蒸馏倒吸

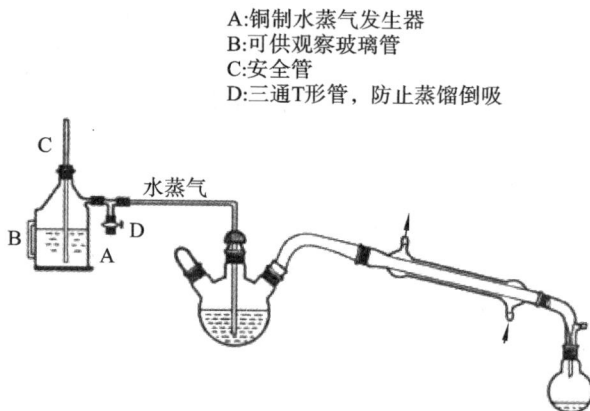

图 4-5　水蒸气蒸馏装置

水蒸气发生器的上边安装一根长的玻璃管,将此管插入发生器底部,距底部距离 1～2 cm,可用来调节体系内部的压力并可防止系统发生堵塞时出现危险;蒸汽出口管连接一支玻璃三通管,三通管的一端与水蒸气发生器连接,另一端与蒸馏装置连接,三通管下口接一段软的橡皮管,用螺旋夹夹住,以便调节蒸汽量。在与蒸馏系统连接时管路越短越好,否则水蒸气冷凝后会降低蒸馏瓶内温度,影响蒸馏效果。

3. 水蒸气蒸馏的操作要点

(1) 蒸馏瓶可选用圆底烧瓶,也可用三口烧瓶。被蒸馏液体的体积不应超过蒸馏瓶容积的 1/3。将混合液加入蒸馏瓶后,打开三通管上的螺旋夹。开始加热水蒸气发生器,使水沸腾。当有水从三通管下面喷出时,将螺旋夹拧紧,使蒸汽进入蒸馏系统。调节进汽量,保证蒸汽在冷凝管中全部冷凝下来。

(2) 在蒸馏过程中,若在插入水蒸气发生器中的玻璃管内,蒸汽突然上升至几乎喷出时,则说明蒸馏系统内压增高,可能系统内发生堵塞,此时应立刻打开螺旋夹,移走热源,停止蒸馏,待故障排除后方可继续蒸馏。

(3) 当馏出液不再浑浊时,用表面皿取少量流出液,在日光或灯光下观察是否有油珠状物质,如果没有,则可停止蒸馏。

(4) 停止蒸馏时先打开三通管上的螺旋夹,移走热源,待稍冷却后,将水蒸气发生器与蒸馏系统断开。收集馏出物或残液(有时残液是产物),最后拆除仪器。

附基本操作 8：抽滤、固体有机化合物的洗涤

抽滤和固体有机化合物的洗涤，是有机化学实验常用的基本操作。抽滤也叫减压过滤，就是通过降低漏斗下部压力的方式来加快过滤速度的一种装置，通常由抽滤瓶、布氏漏斗、缓冲瓶和减压泵组成，如图 4-6 所示。减压泵过去常用直接接水龙头的射流水泵，由于射流水泵比较浪费水，现在大多采用循环水真空泵。用循环水真空泵时，常常省略缓冲瓶。

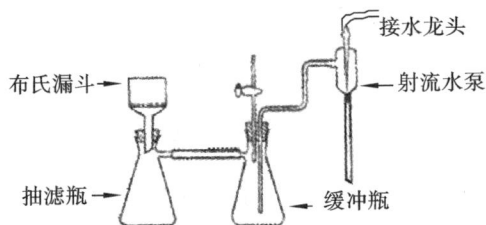

图 4-6　抽滤装置

抽滤和固体有机化合物的洗涤操作步骤如下：

（1）安装仪器，漏斗管下端的斜面朝向抽气嘴。但不可靠得太近，以免使滤液从抽气嘴抽走。检查布氏漏斗与抽滤瓶之间连接是否紧密，抽气泵连接口是否漏气。

（2）修剪滤纸，使其略小于布氏漏斗底部，但要把所有的孔都覆盖住，并在抽气状态下滴加溶剂润湿滤纸，使滤纸紧贴布氏漏斗底部。

（3）用玻璃棒引流，将固液混合物转移到滤纸上。

（4）打开抽气泵开关，开始抽滤。

（5）当固体需要洗涤时，通常先打开缓冲瓶的活塞，使其与大气相连，然后将少量干净洗涤液（根据具体情况选用。洗涤目的是洗去固体表面附着的含有杂质的溶剂，洗涤液一般应该能与该溶剂相溶，但被抽滤的固体在其中的溶解度应该越小越好）洒到固体上，用玻璃棒或刮刀轻轻翻动被抽滤固体，使其刚好能被洗涤液浸没（小心不要弄破滤纸），静置片刻，再将其抽干。通常需要重复操作两次。若被抽滤的固体量比较小或被抽滤固体在洗涤液中的溶解度比较大，则只用少量洗涤液在抽滤状态下对固体均匀地淋洗一下即可。

（6）过滤完之后，先拔掉抽滤瓶接管，后关抽气泵。

（7）从漏斗中取出固体时，应将布氏漏斗从抽滤瓶上取下，左手握漏斗管，倒转，用右手"拍击"左手，使固体连同滤纸一起落入洁净的纸片或表面皿上。揭去滤纸，再对固体做进一步处理。

注意事项：

（1）溶液应从抽滤瓶上口倒出。

（2）停止抽滤时先旋开安全瓶上的旋塞恢复常压，然后关闭抽气泵。

（3）当过滤的溶液具有强酸性、强碱性或强氧化性时，要用玻璃纤维代替滤纸或用玻璃砂漏斗代替布氏漏斗。

（4）不宜过滤胶状沉淀或颗粒太小的沉淀。

实验 10　1,2-二苯乙烯的绿色溴化

一、实验目的

（1）学习烯烃与卤素加成反应的试验方法。

（2）练习加热回流、抽滤、固体化合物洗涤等基本操作方法。

（3）学习应用绿色环保溶剂等一些绿色化学的理念。

二、实验原理

$$2HBr + H_2O_2 \longrightarrow Br_2 + 2H_2O$$

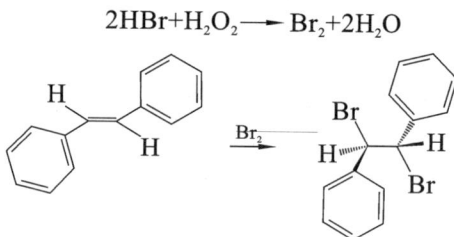

通常，烯烃的溴化是用溴在氯代烃的溶剂中进行的，但氯代烃对人都有一定的毒性，而溴也容易挥发且腐蚀性很强，与皮肤接触会造成难以愈合的伤口，不小心被吸入也会灼伤呼吸道。本实验选用无水乙醇作溶剂，可以避免氯代烃对人的伤害；利用过氧化氢氧化溴化氢，在原位生成溴的同时，与烯烃发生加成反应，就可以避免被溴灼伤的危险发生。

三、实验步骤

本实验使用电磁搅拌器。在 100 mL 的三口烧瓶中放入磁子，加入 0.5 g 的(E)-1,2-二苯乙烯和 10 mL 的无水乙醇，三口烧瓶上加装球形冷凝管和滴液漏斗，另一个口用塞子塞上。开动磁力搅拌，水浴加热回流至大部分的固体原料溶解，再缓慢地加入 1.2 mL 47% 氢溴酸溶液，这时可能会产生一些(E)-1,2-二苯乙烯沉淀，继续加热搅拌，大多数固体又将溶解。

量取 0.8 mL 30% 的过氧化氢到滴液漏斗中，逐滴加入反应混合物中。开始时，无色的混合物将变成暗金黄色。保持回流，继续搅拌和加热反应混合物，直至黄色消失，混合物呈现乳白色为止。

从热水浴中移开圆底烧瓶并冷却至室温。用 pH 试纸检查溶液的酸碱性，通过加入碳酸氢钠浓溶液将 pH 值小心调为 5～7。

在冰浴中冷却反应混合物，使更多的产品从溶液中析出。抽滤收集固体，用冷水洗涤。再用非常冷的乙醇洗涤产物可以帮助去除微量的杂质，但是，必须小心使用，避免溶解过量的产品。产物干燥后称重。产物的理论熔点值为 241 ℃（分解）。

四、预习及操作过程指导

（1）预习加热回流、抽滤、固体化合物洗涤等基本操作方法。

（2）请利用互联网查出下列主要药品的物理常数,并写到预习报告中。

药品名称	分子量（mol wt）	熔点/（℃）	沸点/（℃）	相对密度（d_4^{20}）
（E）-1,2-二苯乙烯				
无水乙醇				
47%氢溴酸				
30%过氧化氢				
1,2-二溴-1,2-二苯乙烷				

（3）安全预防:氢溴酸是腐蚀性酸,应避免直接接触和吸入其蒸气,如有溅出应立即清理干净;过氧化氢（30%）是极强的氧化剂,可以瞬间损坏衣服及损伤包括皮肤在内的机体组织,应小心操作;乙醇易燃,应避免明火。

（4）该反应的产率可达90%。

实验 11　2-叔丁基-对苯二酚的制备

一、实验目的

（1）学习制备 2-叔丁基-对苯二酚的原理与方法。

（2）练习机械搅拌器使用、水蒸气蒸馏、重结晶等基本操作技能。

二、实验原理

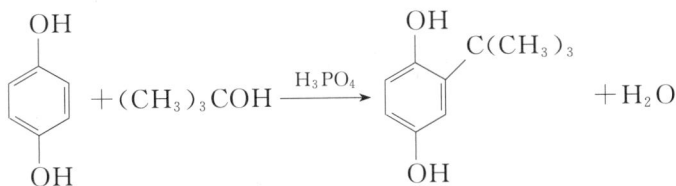

三、实验步骤

在 100 mL 三口烧瓶上安装好滴液漏斗、回流冷凝管、温度计、机械搅拌器（见图 4-7）。在三口烧瓶中加入 4.0 g 对苯二酚、15 mL 85%磷酸、15 mL 甲苯。启动搅拌器,沸水浴加热反应物,待温度升至 90 ℃时,从滴液漏斗缓慢滴加 3.5 mL 叔丁醇溶于 5 mL 甲苯中的溶液,约 40 min 滴完,使温度维持在 90～95 ℃,并继续搅拌 25 min 至固体完全溶解。

停止搅拌,撤去热浴,趁热转移反应液至分液漏斗中,分出磷酸层,然后把有机层转移到三口烧瓶中进行水蒸气蒸馏,至无油状物蒸出为止。

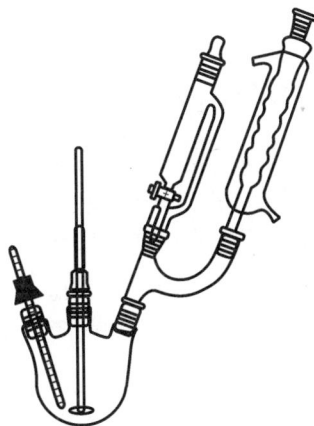

图 4-7　反应装置 1

把残留的混合物趁热抽滤,弃去不溶物,滤液静置后有白色晶体析出,最后用冷水浴充分冷却,抽滤,晶体用少量冷水洗涤两次,压紧、抽干。干燥至恒重,得无色闪亮的细粒状(或针状)结晶约 3.8 g,熔点为 128 ℃。

纯 2-叔丁基-对苯二酚为无色针状晶体,熔点为 129 ℃。

四、预习及操作过程指导

(1) 根据实验目的预习相关操作。

(2) 请利用互联网查出下列主要药品的物理常数,并写到预习报告中。

药品名称	分子量 (mol wt)	熔点 /(℃)	沸点 /(℃)	相对密度 (d_4^{20})	水溶解度 /(g/100 mL)
对苯二酚					
甲苯					
2-叔丁基-对苯二酚					
浓磷酸(85%)					

(3) 2-叔丁基-对苯二酚(TBHQ)是一种新颖的食用抗氧剂,对植物性油脂抗氧化性有特效,同时还兼有良好的抗细菌、真菌、酵母菌的能力。TBHQ 的制备一般以对苯二酚为原料,在酸性催化剂作用下与异丁烯、叔丁醇或甲基叔丁基醚进行烷基化反应,反应混合物经进一步处理得到纯的 TBHQ。

(4) 对苯二酚烷基化是芳环上的亲电取代反应,叔丁基是推电子基团,上一个叔丁基后,芳环进一步活化,很容易再上另一个叔丁基。由于位阻的关系,本反应的主要副产物是 2,5-二叔丁基对苯二酚,2、6 位与 2、3 位的 2-叔丁基-对苯二酚很少。反应中,叔丁醇要慢慢滴加,以使对苯二酚保持相对过量,减少副反应。实验过程应严格控制反应温度。若温度过低,则反应的速度太慢;若温度过高,则反应会有二取代或多取代的副产物生成。

(5) 叔丁醇熔点是 25~26 ℃,常温下是固体,取用时先用温水浴温热熔融后量取,并趁热滴加,以免堵塞滴液漏斗。

(6) 水蒸气蒸馏可除去甲苯及未完全反应的对苯二酚。

(7) 趁热过滤少量不溶或难溶于热水的二取代或多取代物。

附基本操作 9:机械搅拌器的安装使用

机械搅拌是由电机带动搅拌棒而达到搅拌的一种装置。如果反应在互不相溶的两种液体或固液两相的非均相体系中进行,或其中一种原料需逐渐滴加进料时,必须使用搅拌装置,如图 4-8 所示。搅拌可以保证两相的充分混合接触和被滴加原料的快速均匀分散,避免或减少因局部过浓过热而引起的副反应。

图 4-8(a)所示的是可同时进行搅拌、回流和自滴液漏斗加入液体的实验装置;图 4-8(b)所示的装置还可同时测量反应的温度;图 4-8(c)所示的是带干燥管的搅拌装置。

为了防止蒸气外逸,需采用密封装置,常用的有简易密封装置或液封装置。简易密封装置使用温度计套管加橡皮管构成(见图 4-9(a)),搅拌棒在橡皮管内转动,在搅棒和橡皮管之

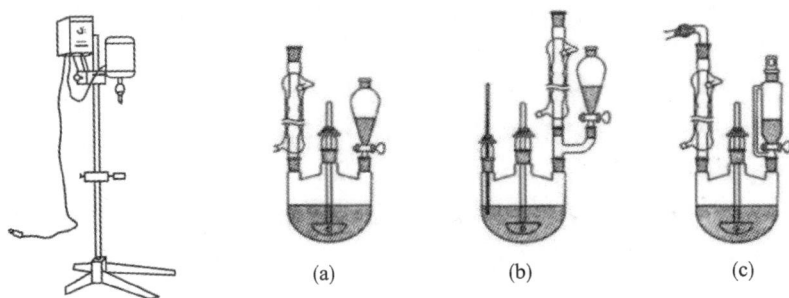

图 4-8　电动机械搅拌器及其应用装置

间滴入润滑油；也可用带橡皮管的玻璃套管固定于塞子上代替(见图 4-9(b))。液封装置中要用惰性液体(如石蜡油)进行密封(见图 4-9(c))。聚四氟乙烯制成的搅拌密封塞是由上面的螺旋盖、中间的硅橡胶密封垫圈和下面的标准口塞组成(见图 4-9(d))。使用时只需选用适当直径的搅棒插入标准口塞与垫圈孔中，在垫圈与搅棒接触处涂少许甘油润滑，旋上螺旋口使松紧适度，把标准口塞装在烧瓶上即可。

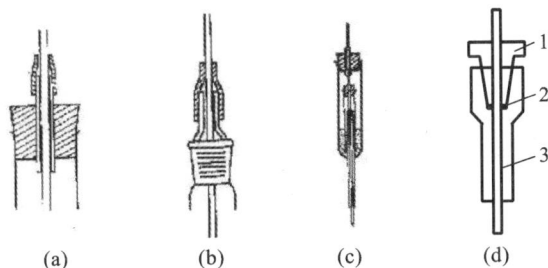

图 4-9　常用搅拌密封装置

　　搅拌机的轴头和搅拌棒之间可通过两节真空橡皮管和一段玻璃棒连接，这样搅拌器导管不致磨损或折断(见图 4-10)。

　　搅拌所用的搅拌棒通常由玻璃棒制成，式样很多，常用的搅拌棒如图 4-11 所示。其中，图 4-11(a)、(b)所示的搅拌棒可以容易地用玻璃棒弯制。图 4-11(c)、(d)所示的搅拌棒较难制，其优点是可以伸入狭颈的瓶中，且搅拌效果较好。图 4-11(e)所示的为筒形搅拌棒，适用于两相不混溶的体系，其优点是搅拌平稳，搅拌效果好。

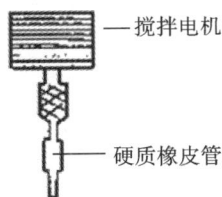

图 4-10　搅棒与电机的连接

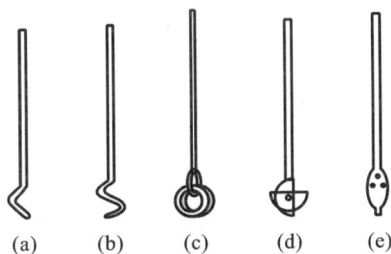

图 4-11　搅拌棒

　　在安装搅拌装置时，要求搅拌棒垂直、灵活，与管壁无摩擦和碰撞；与搅拌电机轴应通过两节真空橡皮管和一段玻璃棒连接，切不可将玻璃搅拌棒直接与搅拌电机轴相连，避免搅拌棒磨损或折断(见图4-10)。搅拌棒虽有多种形状,但安装时总是要求搅拌棒下端距瓶底应有0.5~1 cm的距离。

机械搅拌器不能超负荷使用,否则电动机易发热而烧毁。使用时必须接上地线。平时要注意保养,保持清洁干燥,防潮防腐蚀。轴承应经常涂油保持润滑。

机械搅拌装置装配要点:

(1)将搅拌棒上端通过橡皮管固定在搅拌器电动机转动轴上,根据加热源的高度,调节好电动机高度,搅拌棒的下端应距离瓶底约0.5 cm,然后自下而上,将三口烧瓶等依次安装固定。

(2)一套反应装置都固定在搅拌器的支杆上,不要再用铁架台等来固定玻璃仪器。

(3)安装好后,应先从不同方向观察搅拌棒和搅拌器的轴是否在一条直线上,搅拌棒和密封塞的轴心是否在一个同心圆上,适当进行调整。然后,用手转动搅拌棒试验。如没有问题,再以低速开动搅拌器,调节至中速进行试验。试验运转正常后,才能加入物料进行试验。

实验 12　邻硝基苯酚、对硝基苯酚的制备

一、实验目的

(1)掌握酚类物质硝化原理和方法。
(2)练习水蒸气蒸馏和重结晶等基本操作技能。

二、实验原理

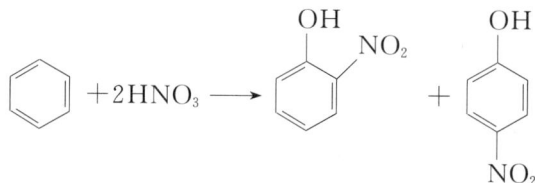

实验室多用硝酸钠或硝酸钾和稀硫酸的混合物代替稀硝酸以减少苯酚被硝酸氧化的可能性,并有利于增加对硝基苯酚的产量。

由于邻硝基苯酚通过分子内氢键能形成六元螯合环,而对硝基苯酚只能通过分子间氢键形成缔合体。因此,邻硝基苯酚沸点较对硝基苯酚低,并且在沸水中的溶解度较对硝基苯酚低得多,从而能够采用水蒸气蒸馏将其分离。

三、实验步骤

在250 mL三口圆底烧瓶中加入60 mL水,慢慢加入21 mL浓硫酸(38 g,0.39 mol)及23 g硝酸钠(0.27 mol),将烧瓶置于冰水浴中冷却。在小烧杯中称取14.1 g苯酚(0.15 mol),并加入4 mL水,温热搅拌至溶,冷却后倒入滴液漏斗中。在振摇下自滴液漏斗往反应瓶中逐滴加入苯酚水溶液,保持反应温度在15~20 ℃。滴加完毕,放置0.5 h,并时时加以振摇,使反应完全,得到黑色焦油状物质。用冰水冷却,使油状物凝成固体。小心倾去酸液,再用水以倾泻法洗涤数次,尽量洗去剩余的酸,然后进行水蒸气蒸馏,直到馏出液无黄色

油滴为止。馏出液冷却后,粗邻硝基苯酚迅速凝成黄色固体,抽滤收集,干燥并称重,用乙醇-水混合溶剂重结晶,可得亮黄色针状晶体 4~4.5 g(产率 19%~22%)。

在水蒸气蒸馏后的残液中,加水至总体积约为 150 mL,再加入 10 mL 浓盐酸和 1 g 活性炭,加热煮沸 10 min,趁热过滤。滤液再用活性炭脱色一次。将两次脱色后的溶液加热,用滴管将它分批滴入浸在冰水浴内的另一烧杯中,边滴加边搅拌,粗对硝基苯酚立即析出。抽滤收集固体,干燥后为 5~6 g,用 2% 稀盐酸重结晶。产量 3.5~4 g(产率 17%~19%)。

纯粹邻硝基苯酚的熔点为 45.3~45.7 ℃。

纯粹对硝基苯酚的熔点为 114.9~115.6 ℃。

四、预习及操作过程指导

（1）根据实验目的预习相关操作。

（2）请利用互联网查出下列主要药品的物理常数,并写到预习报告中。

药品名称	分子量 （mol wt）	熔点 /(℃)	沸点 /(℃)	相对密度 (d_4^{20})	水溶解度 /(g/100 mL)
苯酚					
邻硝基苯酚					
对硝基苯酚					
浓硫酸(98%)					
硝酸钠					

（3）硝化试剂除用硝酸钠（钾）与硫酸的混合物外,也可用稀硝酸（比重 1.11,84 mL）。前者可减少苯酚被氧化的可能性,增加收率。

（4）苯酚室温时为固体（熔点 41 ℃）,可用温水浴温热熔化,加水可降低酚的熔点,使之呈液态,有利于反应。苯酚对皮肤有较大的腐蚀性,如不慎弄到皮肤上,应立即用肥皂水冲洗,最后用少许乙醇擦洗至不再有苯酚味。

（5）由于酚与酸不互溶,故须不断振荡使其充分接触,反应完全,同时可防止局部过热现象。反应温度超过 20 ℃时,硝基酚可继续硝化或被氧化,使产量降低。若温度较低,则对硝基苯酚所占比例有所增加。

（6）最好将反应瓶放入冰水浴中冷却,则油状物凝成黑色固体,并有黄色针状晶体析出,这样洗涤就较方便。若有残余液存在时,则在水蒸气蒸馏过程中,由于温度升高,硝基苯酚进一步硝化或氧化。

（7）水蒸气蒸馏时,往往由于邻硝基苯酚的晶体析出而堵塞冷凝管。此时必须调节冷凝管,让热的蒸汽通过,使邻硝基苯酚熔化,然后再慢慢开大水流,以免热的蒸汽使邻硝基苯酚伴随逸出。

（8）邻硝基苯酚重结晶时,先将粗邻硝基苯酚溶于热的乙醇（40~45 ℃）中,过滤后,滴入温水至出现浑浊。然后在温水浴（40~45 ℃）温热或滴入少量乙醇至清,冷却后即析出亮黄色针状的邻硝基苯酚。

实验 13　叔丁基氯的制备

一、实验目的

（1）学习以浓盐酸、叔丁醇为原料制备 2-甲基-2-氯丙烷的实验原理和方法。

（2）练习常压蒸馏的基本操作和分液漏斗的使用方法。

二、实验原理

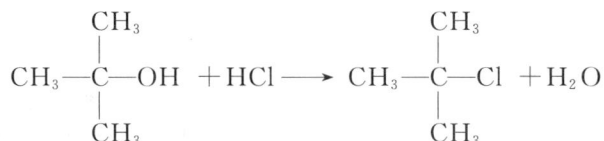

三、实验步骤

在 100 mL 分液漏斗中加入 10 mL 叔丁醇和 25 mL 浓盐酸，混合后，勿将塞子塞住，缓缓旋动分液漏斗内的混合物。约旋动 1 min 后，塞紧塞子，将分液漏斗倒置。倒置后打开旋塞，排出气体以减小压力。然后振摇分液漏斗数分钟，中间不断排气，再使分液漏斗塞子朝上，令混合物静置，直至分出澄清的两层。弃去下层酸液，有机层用 20 mL 饱和氯化钠溶液洗涤，接着用 10 mL 饱和碳酸氢钠洗涤，最后再用 20 mL 饱和氯化钠溶液洗涤。仔细分去水层，有机层放入干燥的小三角瓶内，并用无水氯化钙干燥。振摇以加速干燥过程，待澄清后转入蒸馏瓶中，蒸馏，收集沸程为 49～52 ℃的馏分。叔丁基氯的最终收率在 25% 左右。

四、预习及操作过程指导

（1）根据实验目的预习相关操作。

（2）请利用互联网查出下列主要药品的物理常数，并写到预习报告中。

药品名称	分子量 （mol wt）	熔点 /（℃）	沸点 /（℃）	相对密度 （d_4^{20}）	水溶解度 /（g/100 mL）
叔丁醇					
浓盐酸（37%）					
叔丁基氯					

（3）可能导致产率降低的因素：叔丁醇与浓盐酸反应不够充分；分液洗涤过程中，分液漏斗的活塞开关没控制好，会造成漏液，导致产物损失；干燥过程中，加入无水氯化钙过多，产品吸附在氯化钙上，会造成损失；产物转移过程中会造成损失；蒸馏过程中造成损失。

（4）选择无水氯化钙为干燥剂是因为无水氯化钙不仅能与水络合，也可以与醇络合，不仅能除去产物中的水，也能除去粗产物中未反应完的叔丁醇。其次，无水氯化钙价廉，而且不会与产物反应。如果加入无水硫酸镁，就只能除去水，而不能除去其他杂质。

（5）洗涤时先加入水后再加入 5% 碳酸氢钠溶液洗涤产物，用来除去粗产物中残余的酸。如果用其他碱性强的物质洗除酸,有可能使叔丁基氯水解损失,降低产率。先用饱和食盐水洗涤而不先用碳酸氢钠洗涤的原因是先加水能除去产物中留有的大量盐酸,避免碳酸氢钠溶液消耗太多,造成原料浪费。

实验 14　正溴丁烷的制备

一、实验目的

(1) 学习由醇制备溴代烃的原理及方法。
(2) 练习回流及有害气体吸收装置的安装与操作技能。
(3) 练习液体产品的纯化方法——洗涤、干燥、蒸馏等基本操作。

二、实验原理

主反应:
$$NaBr + H_2SO_4 \longrightarrow HBr + NaHSO_4$$
$$C_4H_9OH + HBr \rightleftharpoons C_4H_9Br + H_2O$$

副反应:
$$C_4H_9OH \xrightarrow{H_2SO_4} C_2H_5CH{=}CH_2 + H_2O$$
$$2C_4H_9OH \xrightarrow{H_2SO_4} C_4H_9OC_4H_9 + H_2O$$
$$HBr + H_2SO_4 \longrightarrow Br_2 + SO_2 + H_2O$$

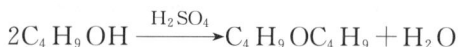

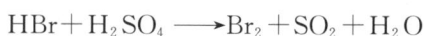

由于氢溴酸容易挥发,本实验采用 NaBr 和 H_2SO_4 代替 HBr,边生成 HBr 边参与反应,这样可提高 HBr 的利用率。由于 HBr 有毒害,为防止 HBr 逸出,污染环境,需安装尾气吸收装置。回流后再进行粗蒸馏,一方面使生成的产品 1-溴丁烷分离出来,便于后面的洗涤操作;另一方面,粗蒸过程可进一步使醇与 HBr 的反应趋于完全。

粗产品中含有未反应的醇和副反应生成的醚,用浓 H_2SO_4 洗涤可将它们除去。因为二者能与浓 H_2SO_4 形成锌盐,溶于硫酸中而被除去:
$$C_4H_9OH + H_2SO_4 \longrightarrow [C_4H_9\overset{+}{O}H_2]HSO_4^-$$
$$C_4H_9OC_4H_9 + H_2SO_4 \longrightarrow [C_4H_9\underset{H}{\overset{+}{O}}C_4H_9]HSO_4^-$$

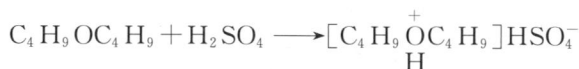

否则,1-溴丁烷中含有正丁醇,蒸馏时会形成沸点较低的前馏分(1-溴丁烷和正丁醇的共沸混合物沸点为 98.6 ℃,含正丁醇 13%),而导致精制品收率降低。

三、实验步骤

在 100 mL 圆底烧瓶上安装球形冷凝管,冷凝管的上口接一气体吸收装置(见图 4-12(d)、图 4-13(a)),用自来水作吸收液。

在圆底烧瓶中加入 10 mL 水,并小心缓慢地加入 10 mL 浓硫酸,混合均匀后冷至室温。再依次加入 6.2 mL(0.068 mol)正丁醇、8.3 g(0.081 mol)研细的无水溴化钠,充分摇匀后加入几粒沸石,装上回流冷凝管和气体吸收装置。用石棉网小火加热至沸,调节火焰高度使反应物保持沸腾而又平稳回流。由于无机盐水溶液密度较大,不久会产生分层,上层液体为正溴丁烷,回流约需 30 min。

反应完成后,待反应液冷却,卸下回流冷凝管,换上 75°弯管(直接接直形冷凝管,不用蒸馏头),改为蒸馏装置,蒸出粗产品正溴丁烷,仔细观察馏出液,直到无油滴蒸出为止。

将馏出液转入分液漏斗中,用等体积的水洗涤,将油层从下面放入一个干燥的小锥形瓶中,分两次加入 3 mL 浓硫酸,每一次都要充分摇匀,如果混合物发热,可用冷水浴冷却。将混合物转入分液漏斗中,静置分层,放出下层的浓硫酸。有机相依次用等体积的水(如果产品有颜色,在这步洗涤时,可加入少量固体亚硫酸氢钠,振摇几次就可除去)、10%的碳酸钠溶液、水依次洗涤后,转入干燥的锥形瓶中,加入 2 g 左右的块状无水氯化钙干燥,间歇摇动锥形瓶,至溶液澄清为止。

将干燥好的产物转入蒸馏瓶中(勿使干燥剂进入烧瓶中),加入几粒沸石,蒸馏,收集 99~103 ℃的馏分,产量约 6.5 g。

四、预习及操作过程指导

(1) 根据实验目的预习相关操作。

(2) 请利用互联网查出下列主要药品的物理常数,并写到预习报告中。

药品名称	分子量 (mol wt)	熔点 /(℃)	沸点 /(℃)	相对密度 (d_4^{20})	水溶解度 /(g/100 mL)
正丁醇					
正溴丁烷					
浓硫酸(98%)					

(3) 加料时,不要让溴化钠黏附在液面以上的烧瓶壁上,加完物料后要充分摇匀,防止硫酸局部过浓,否则一加热就会产生氧化副反应,使产品颜色加深。

(4) 加热时,一开始不要加热过猛,否则,反应生成的 HBr 来不及反应就会逸出,另外反应混合物的颜色也会很快变深。操作情况良好时,油层仅呈浅黄色,冷凝管顶端应无明显的 HBr 逸出。

(5) 粗蒸正溴丁烷时,黄色的油层会逐渐被蒸出,应蒸至油层消失后,馏出液无油滴蒸出为止。当无油滴蒸出后,若继续蒸馏,馏出液又会逐渐变黄,呈强酸性。这是由于蒸出的是 HBr 水溶液和 HBr 被硫酸氧化生成的 Br_2,不利于后续的纯化。

(6) 用浓硫酸洗涤粗产品时,一定要事先将油层与水层彻底分开,否则浓硫酸被稀释而降低洗涤的效果。如果粗蒸时蒸出的 HBr 洗涤前未分离除尽,加入浓硫酸后就被氧化生成 Br_2,而使油层和酸层都变为橙黄色或橙红色。

(7) 酸洗后,如果油层有颜色,是由于氧化生成的 Br_2 造成的,在随后水洗时,可加入少量 $NaHSO_3$,充分振摇而除去。

$$Br_2 + 3NaHSO_3 \longrightarrow 2NaBr + NaHSO_4 + 2SO_2 + H_2O$$

(8) 用无水氯化钙干燥时,一般用块状的,不要用粉末状的,因粉末状的氯化钙可能已被空气中的水饱和了,起不到干燥作用,还容易造成悬浮而不好分离。氯化钙的用量视粗产品中含水量而定,一般加 2~3 g,摇动后,如果溶液变澄清,氯化钙表面没有变化就可以了。如果粗产品中含水量较多,摇动后,氯化钙表面会变湿润,这时应再补加适量的氯化钙。用氯化钙干燥产品,一般至少放置 0.5 h,最好放置过夜,才能干燥完全。有时干燥前溶液呈混浊,经干燥后溶液变澄清,但这并不一定说明它已不含水分。干燥后,干燥剂可通过过滤而除去。有时为了省事,也可用倾倒的方法,但必须用玻璃棒挡住,防止干燥剂进入蒸馏瓶中。

附基本操作 10:回流

　　如果一个反应只需将反应物简单混合,然后反应在反应体系的溶剂或反应物的沸点温度附近进行,则需要采用回流装置。图 4-12(a)所示的为普通的回流装置,在回流冷凝器的作用下,反应瓶中产生的蒸气被冷却回流到反应混合物中,可以使反应混合物在一定温度下长时间反应,溶剂及反应物不会损失。根据回流液的温度不同,选用不同的冷凝器。在一般情况下,用球形冷凝管效果较好,但如果回流温度高于 140 ℃,则应选用空气冷凝管。在加热前一定要加沸石,回流速度不可太快,应控制液体蒸气浸润不超过球形冷凝管的两个球为宜。

　　如果反应必须在无水条件下进行,在回流冷凝管的上口应连接一装有干燥剂的干燥管或干燥塔(见图 4-12(b))。如果回流中无不易冷却物放出,也可以把气球套在冷凝管上口,使反应体系隔绝潮气。

　　有时为了使反应进行完全,常常利用低沸点溶剂与水形成共沸物的方法除去反应中生成的水,这时要使用分水器(见图 4-12(c))。一些低沸点溶剂(如苯或甲苯,通常称为带水剂)能与水形成共沸物,在回流条件下不断地将水从反应体系中以恒沸物蒸气的形式带走,经回流冷凝管冷却后,密度较大的水落入分水器下部,过量的溶剂返回反应瓶中,再重复上述过程。沉在分水器下部的水可以打开活塞放掉,要求分水器的活塞不能漏水。

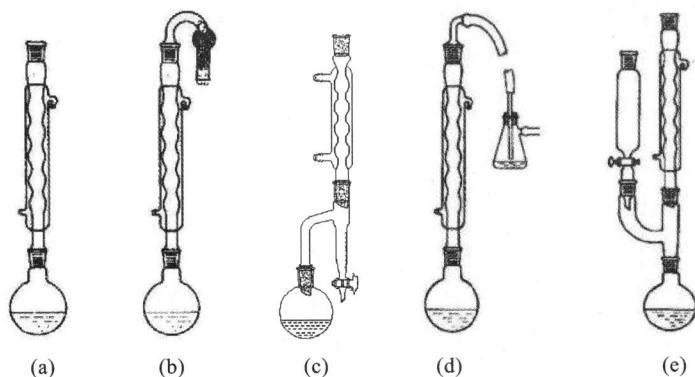

图 4-12　回流装置

　　图 4-12(d)所示的为带有吸收反应中生成气体装置的回流装置,适用于回流时有水溶性气体(如 HCl、HBr、SO_2 等)产生的实验;图 4-12(e)所示的为回流时可以同时滴加液体的装置。

　　回流加热前应先放入沸石,根据瓶内液体的沸腾温度,可选用水浴、油浴或隔石棉网直接加热等方式。在条件允许的情况下,一般不采用隔石棉网直接用明火加热的方式。

附基本操作 11:有害气体的吸收

　　当反应体系中有有害气体产生时,要用气体吸收装置(见图 4-13),以减少环境污染。图 4-13(a)、(b)适用于少量气体的吸收。使用图 4-13(a)所示的装置时,玻璃漏斗应略微倾斜,使漏斗口一半在水中,一半在水面上,不得将漏斗埋入吸收液面下,以防成为密闭装置,引起倒吸;图 4-13(c)所示的为反应过程中有大量气体生成或气体逸出速度很快的气体吸收装置。水自上端流入(可利用冷凝水)抽滤瓶中,在恒定的水平面上溢出。粗的玻璃管恰好伸入水面被水封住,以防止气体逸入大气中。

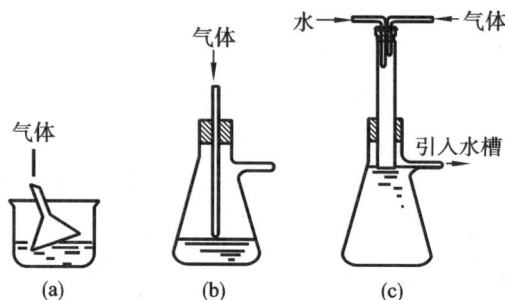

图 4-13　气体吸收装置

　　有害气体的吸收一般遵循以下原则:易溶于水的气体直接用自来水吸收;不易溶于水的酸性有害气体可以用碱性溶液吸收;不易溶于水的碱性有害气体可以用酸性溶液吸收。

实验 15　正丁醚的制备

一、实验目的

　　(1)掌握醇分子间脱水制备醚的反应原理和实验方法。
　　(2)学习共沸脱水的原理和分水器的实验操作。

二、实验原理

$$2C_4H_9OH \xrightarrow{H_2SO_4} C_4H_9\text{-}O\text{-}C_4H_9 + H_2O$$

副反应: $$CH_3CH_2CH_2CH_2OH \xrightarrow{H_2SO_4} C_2H_5CH = CH_2 + H_2O$$

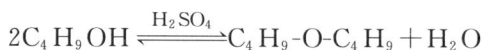

　　本实验主反应为可逆反应,为了提高产率,利用正丁醇能与生成的正丁醚及水形成共沸物的特性,可把生成的水从反应体系中分离出来。

三、实验步骤

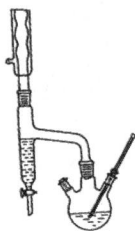

图 4-14　反应装置 2

　　在 50 mL 三口烧瓶中,加入 15.5 mL 正丁醇、2.5 mL 浓硫酸和几粒沸石,摇匀后,一口装上温度计,温度计插入液面以下,另一口装上分水器,分水器的上端接一回流冷凝管(见图 4-14)。先在分水器中加水与支管平齐,然后打开活塞放掉 1.7 mL 水,三口烧瓶没用的口用塞子塞紧。然后将三口烧瓶用小火加热至微沸,进行回流。反应中产生的水经冷凝后收集在分水器的下层,上层有机相积至分水器支管时,即可返回烧瓶。大约经 1.5 h 后,三口烧瓶中反应液温度可达 134～136 ℃。当分水器全部被水充满时,停止反应。若继续加热,则反应液变黑并有较多副产物烯生成。

将反应液冷却到室温后倒入盛有 25 mL 水的分液漏斗中,充分振摇,静置后弃去下层液体。上层粗产物依次用 12 mL 水、8 mL 5％氢氧化钠溶液、8 mL 水和 8 mL 饱和氯化钙溶液洗涤,用 1~2 g 无水氯化钙干燥。干燥后的产物倾入 25 mL 梨形蒸馏瓶中蒸馏,收集 140~144 ℃的馏分。计算产率。产量 3~4 g。纯粹正丁醚的沸点是 142.4 ℃,$n_D^{20} =$ 1.3992。

四、预习及操作过程指导

(1) 根据实验目的预习相关操作。

(2) 请利用互联网查出下列主要药品的物理常数,并写到预习报告中。

药品名称	分子量 (mol wt)	熔点 /(℃)	沸点 /(℃)	相对密度 (d_4^{20})	水溶解度 /(g/100 mL)
正丁醇					
正丁醚					
浓硫酸(98％)					

(3) 分水器的使用请参考"回流"基本操作,目的是除去反应过程中生成的水。除水的原理是在反应体系中加入能与水生成恒沸混合物的溶剂(通常称为带水剂),利用分水器将反应生成的水层上面的有机层不断流回到反应瓶中,而将生成的水除去。本实验没加"带水剂",是因为本实验的原料和产物都可起到带水剂的作用。

(4) 本实验根据理论计算失水体积为 1.5 mL,但实际分出水的体积略大于计算量,故分水器放满水后先放掉约 1.7 mL 水。

(5) 制备正丁醚的较适宜温度是 130~140 ℃,但开始回流时,这个温度很难达到,因为正丁醚可与水形成共沸物(沸点 94.1 ℃,含水 33.4％);另外,正丁醚与水及正丁醇形成三元共沸物(沸点 90.6 ℃,含水 29.9％,正丁醇 34.6％),正丁醇也可与水形成共沸物(沸点 93 ℃,含水 44.5％),故在 100~115 ℃反应 0.5 h 左右才可达到 130 ℃以上。

(6) 在碱洗过程中,不要太剧烈地摇动分液漏斗,否则生成乳浊液,造成分离困难。

(7) 正丁醇溶在饱和氯化钙溶液中,而正丁醚微溶。

实验 16　苯乙醚的制备

一、实验目的

(1) 学习 Williamson 合成法制备醚的原理和方法。

(2) 练习机械搅拌器的使用、分液、蒸馏、回流等基本操作。

(3) 练习减压蒸馏基本操作。

二、实验原理

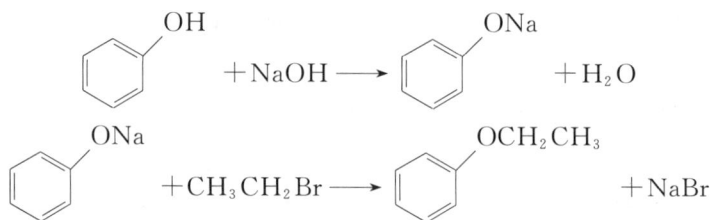

三、实验步骤

在装有机械搅拌器、回流冷凝管和滴液漏斗的 50 mL 三口烧瓶中,加入 3.0 g 苯酚、2.0 g NaOH 和 2.0 mL 水,开始搅拌,水浴加热,水浴温度保持在 80~90 ℃,慢慢滴加 3.4 mL 溴乙烷,约 0.5 h 滴加完毕,继续保温 2 h,然后降至室温。加适量水(约 10 mL)使固体全部溶解。把液体转入分液漏斗中,分出水相,有机相用等体积饱和食盐水洗两次(若出现乳化现象,可减压过滤),分出有机相,合并两次的洗涤液,用 10 mL 乙醚提取一次,提取液与有机相合并,用无水氯化钙干燥。水浴加热蒸出乙醚,再减压蒸馏。也可进行常压蒸馏,收集171~173 ℃的馏分。产品为无色透明液体,产量 2.5~3 g。苯乙醚的沸点与压力的关系如下表所示。

压力/kPa	0.133	0.667	1.333	2.667	5.333	8.000	13.33	26.67	53.33	101.3
压力/mmHg	1	5	10	20	40	60	100	200	400	760
沸点/(℃)	18.1	43.7	56.4	70.3	86.6	95.4	108.4	127.9	149.8	172

四、预习及操作过程指导

(1)根据实验目的预习相关操作。

(2)请利用互联网查出下列主要药品的物理常数,并写到预习报告中。

药品名称	分子量 (mol wt)	熔点 /(℃)	沸点 /(℃)	相对密度 (d_4^{20})	水溶解度 /(g/100 mL)
苯酚					
溴乙烷					
苯乙醚					

(3)苯酚溶于 NaOH 的水溶液中,溴乙烷在水中的溶解度较小,所以本实验为非均相反应。在 NaOH 的水溶液中,溴乙烷还会发生水解反应生成醇,也可能发生消除反应生成烯,这些都是副反应。因此,NaOH 的量不宜过多。由于主反应是放热反应,可以通过控制滴加溴乙烷的量来控制反应剧烈程度,以免反应放热太剧烈而使副反应也加剧。

(4)反应温度应控制在 80~90 ℃。由于回流的是溴乙烷,而溴乙烷的沸点相对较低,过高的反应温度会使溴乙烷来不及在冷凝管中冷却,以气体形式逸出而造成损失。

(5)在反应过程中会生成溴化钠盐,因此,在反应结束后用少量水使其溶解,通过分液与苯乙醚分离。分离后的苯乙醚中还有少量的碱和无机盐,因此需要水洗除去。由于苯乙醚在水中也有一定量的溶解,可用乙醚对水层萃取一次。

(6)若用常压蒸馏回收苯乙醚,则需用空气冷凝管。

附基本操作 12:减压蒸馏

一、减压蒸馏的原理

某些沸点较高的有机化合物在加热还未达到沸点时往往会发生分解、聚合或氧化的现象,所以不能用常压蒸馏。使用减压蒸馏便可避免这种现象的发生。因为当蒸馏系统内的压力减小后,其沸点便降低,许多有机化合物的沸点当压力降低到 1.3~2.0 kPa(10~15 mmHg)时,可以比其常压下沸点降低 80~100 ℃。因此,减压蒸馏对于分离或提纯沸点较高或性质比较不稳定的液态有机化合物具有特别重要的意义。减压蒸馏亦是分离提纯液态有机物常用的方法。

在进行减压蒸馏前,应先从文献中查阅该化合物在所选择的压力下的相应沸点。如果文献中缺乏此数据,可用下述经验规律大致推算,以供参考。当蒸馏在 1333~1999 Pa(10~15 mmHg)时,压力每相差 133.3 Pa(1 mmHg),沸点相差约 1 ℃;也可以用图 4-15 所示的"常压沸点、减压沸点与压力的关系图"来查找,即从某一压力下的沸点便可近似地推算出另一压力下沸点。例如,某化合物常压下沸点为 200 ℃,减压至 4000 Pa(30 mmHg)时,沸点值可通过以下方式找到:在图 4-15 中 B 线上找到 200 ℃的点,再在 C 线上找到 4000 Pa(30 mmHg)的点,然后通过两点连一条直线,该直线延长与 A 线的交点为 100 ℃,即某化合物在 4000 Pa(30 mmHg)时的沸点约为 100 ℃。

一般把压力范围划分为几个等级:

"粗"真空(1.333~100 kPa(10~760 mmHg)),一般可用水泵获得;

"次高"真空(0.133~133.3 Pa(0.001~1 mmHg)),可用油泵获得;

"高"真空(<0.133 Pa(<10^{-3} mmHg)),可用扩散泵获得。

二、减压蒸馏的装置

减压蒸馏装置是由蒸馏瓶、克氏蒸馏头(或用 Y 形管与蒸馏头组成)、直形冷凝管、真空接引管(双股接引管或多股接引管)、接收瓶、安全瓶、压力计和油泵(或循环水泵)组成的,如图 4-16 所示。

1. 蒸馏部分

减压蒸馏烧瓶可以用圆底烧瓶或梨形烧瓶,减压蒸馏的蒸馏头也称克氏蒸馏头,有两个颈,能防止减压蒸馏时瓶内液体由于暴沸而冲入冷凝管中。在支管中插入温度计(安装要求与常压蒸馏相同),与烧瓶直通的管中插入一根毛细管(也称起泡管),其长度恰好使其下端离瓶底 1~2 mm。毛细管上端连一段带螺旋夹的橡皮管,以调节进入空气,使有极少量的空气进入液体呈微小气泡冒出,产生液体沸腾的气泡中心,使蒸馏平稳进行。减压蒸馏的毛细管要粗细合适,否则达不到预期的效果。一般检查方法是将毛细管插入少量丙酮或乙醚中,由另一端吹气,从毛细管中冒出一连串小气泡,则毛细管适用。

产品接收器常用圆底烧瓶或蒸馏烧瓶(切不可用平底烧瓶或锥形瓶)。蒸馏时若要收集

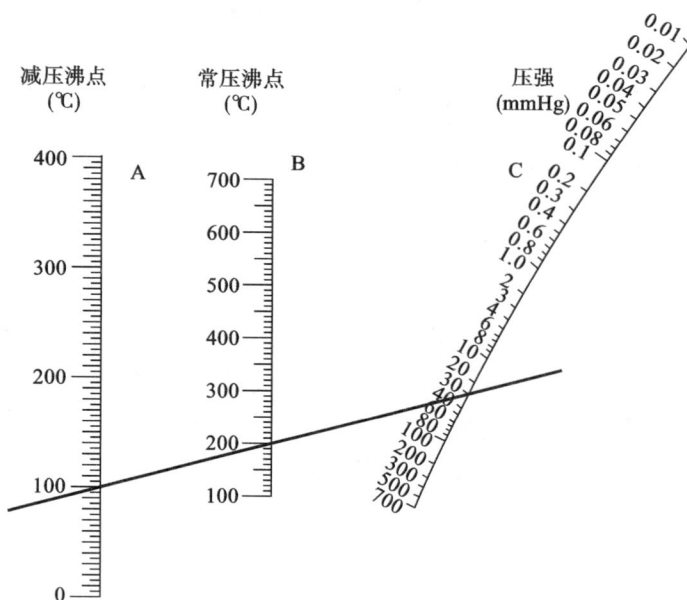

图 4-15　常压沸点、减压沸点与压力的关系图(1 mmHg＝133.322 Pa)

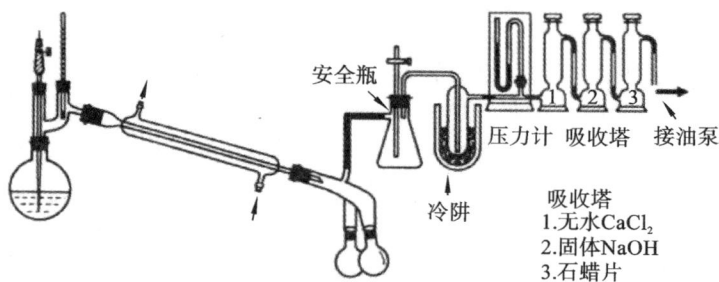

图 4-16　减压蒸馏装置图

不同的馏分而又不中断蒸馏,可用双股或多股接引管。转动多股接引管,就可使不同馏分收集到不同的接收器中。

应根据减压时馏出液的沸点选用合适的热浴和冷凝管。一般使用热浴的温度比液体沸点高 20～30 ℃。为使加热温度均匀平稳,减压蒸馏中常选用水浴或油浴。

2. 减压部分

实验室通常用水泵或油泵进行抽气减压。应根据实验要求选用减压泵。真空度愈高,操作要求愈严。如果能用水泵减压蒸馏的物质则尽量使用水泵,否则非但自寻麻烦,而且导致成品损失,其至损坏减压泵(沸点降低易被抽走或抽入减压泵中)。

3. 保护及测压部分

使用水泵减压时,必须在馏液接收器与水泵之间装上安全瓶,安全瓶由耐压的抽滤瓶或其他广口瓶装置而成,瓶上的两通活塞用于调节系统内压力及防止水压骤然下降时,水泵的水倒吸入接收器中。

若用油泵减压时,油泵与接收器之间除连接安全瓶外,还须顺次安装冷阱和几种吸收塔以防止易挥发的有机溶剂、酸性气体和水蒸气进入油泵,污染泵油,腐蚀机体,降低油泵减压效能。冷阱置于盛有冷却剂(如冰盐等)的广口保温瓶中,用以除去易挥发的有机溶剂;吸收塔装无水氯化钙或硅胶用以吸收水蒸气;装氢氧化钠(粒状)用以吸收酸性气体和水蒸气(装浓硫酸则可用以吸收碱性气体和水蒸气);装石蜡片用以吸收烃类气体。使用时可按实验的具体情况加以组装。

减压装置的整个系统必须保持密封不漏气。

三、减压蒸馏操作

按图 4-16 安装好仪器(注意安装顺序),检查蒸馏系统是否漏气。方法是旋紧毛细管上的螺旋夹,打开安全瓶上的二通活塞,旋开水银压力计的活塞,然后开泵抽气(如用水泵,这时应开至最大流量)。逐渐关闭安全瓶上的二通活塞,从压力计上观察系统所能达到的压力。若压力降不下来或变动不大,则应检查装置中各部分的塞子和橡皮管的连接是否紧密,必要时可用熔融的石蜡密封。磨口仪器可在磨口接头的上部涂少量真空油脂进行密封(密封应在解除真空后才能进行)。检查完毕后,缓慢打开安全瓶的二通活塞,使系统与大气相通,压力计缓慢复原,关闭油泵停止抽气。

将待蒸馏液装入蒸馏烧瓶中,以不超过其容积的 1/2 为宜。若被蒸馏物质中含有低沸点物质,则在进行减压蒸馏前,应先进行常压蒸馏。然后用水泵减压,尽可能除去低沸点物质。

按上述操作方法开泵减压,通过小心调节安全瓶上的二通活塞达到实验所需真空度。调节螺旋夹,使液体中有连续平稳的小气泡通过。若在现有条件下仍达不到所需真空度,则可按原理中所述方法,从图 4-15 中查出在所能达到的压力条件下,该物质的近似沸点,进行减压蒸馏。

当调节到所需真空度时,将蒸馏烧瓶浸入水浴或油浴中,通入冷凝水,开始加热蒸馏。加热时,蒸馏烧瓶的圆球部分至少应有 2/3 浸入热浴中。待液体开始沸腾时,调节热源的温度,控制馏出速度为 1~2 滴/秒。

在整个蒸馏过程中都要密切注意温度和压力的读数,并及时记录。纯物质的沸点范围一般不超过 2 ℃,但有时因压力有所变化,沸程会稍大一点。

蒸馏完毕时,应先移去热源,待稍冷后,稍稍旋松螺旋夹,缓慢打开安全瓶上的二通活塞解除真空,待系统内外压力平衡后方可关闭减压泵。

四、注意事项

(1)减压蒸馏装置中与减压系统连接的橡皮管应都用耐压橡皮管,否则在减压时会抽瘪而堵塞。

(2)一定要缓慢旋开安全瓶上的二通活塞,使压力计中的汞柱缓慢地恢复原状,否则汞柱急速上升,有冲破压力计的危险。

实验 17　2-甲基-2-己醇的制备

一、实验目的

（1）了解格氏试剂在有机合成中的应用,掌握其制备原理和方法。

（2）掌握制备格氏试剂的基本操作,练习机械搅拌器的安装和使用,巩固回流、萃取、蒸馏等基本操作。

二、实验原理

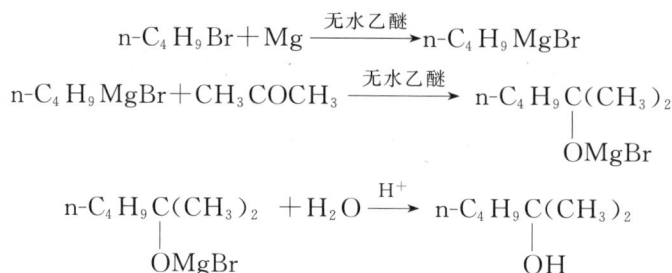

$$n\text{-}C_4H_9Br + Mg \xrightarrow{\text{无水乙醚}} n\text{-}C_4H_9MgBr$$

$$n\text{-}C_4H_9MgBr + CH_3COCH_3 \xrightarrow{\text{无水乙醚}} n\text{-}C_4H_9\underset{\underset{\text{OMgBr}}{|}}{C}(CH_3)_2$$

$$n\text{-}C_4H_9\underset{\underset{\text{OMgBr}}{|}}{C}(CH_3)_2 + H_2O \xrightarrow{H^+} n\text{-}C_4H_9\underset{\underset{\text{OH}}{|}}{C}(CH_3)_2$$

三、实验步骤

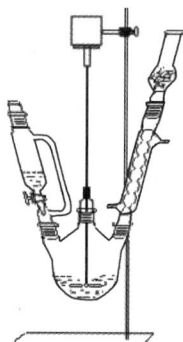

图 4-17　反应装置 3

1. 正丁基溴化镁的制备

在干燥 250 mL 三口烧瓶上安装机械搅拌器、冷凝管及滴液漏斗,冷凝上口装氯化钙干燥管(所有仪器必须干燥)。向三口烧瓶内加入 3.1 g 镁屑、15 mL 无水乙醚及一粒碘;恒压滴液漏斗中加入 13.5 mL 正溴丁烷和 15 mL 无水乙醚,振摇使其充分混合。先从恒压漏斗向瓶内滴加约 3 mL 混合液,数分钟后溶液微沸,碘颜色消失。若不发生反应,则可温水加热。反应开始剧烈,必要时可冷水冷却烧瓶外部,反应缓和后,自冷凝管上端加入 25 mL 无水乙醚。慢慢开动搅拌,滴入剩余正溴丁烷-无水乙醚混合液,控制滴加速度以维持反应液微沸为宜。滴完后,在热水浴上回流 20 min,使镁屑几乎作用完全。此时制得的产品为格氏试剂。

2. 2-甲基-2-己醇的制备

将上面制好的格氏试剂用冰水冷却并搅拌,自恒压漏斗滴入 10 mL 丙酮和 15 mL 无水乙醚的混合溶液,控制滴速,勿使反应过猛。加完后,室温下继续搅 15 min。此时制得的为烷氧基溴化镁盐。然后反应瓶在冰水冷却和搅拌下,自恒压漏斗中分批加入 100 mL 10%的冷的硫酸溶液,分解烷氧基溴化镁盐(开始慢滴,后可渐快)。分解完全后,将溶液倒入分液漏斗,分出醚层。水层萃取两次(每次用 25 mL 乙醚),合并醚层,用 30 mL 5%碳酸钠洗涤一次,分液,无水碳酸钾干燥。将干燥后的粗产物醚溶液滤到小烧瓶中,温水浴蒸去乙醚,再在电热套上直接加热蒸出产品,收集 137～141 ℃的馏分,产量 7～8 g。本实验约需 6 h。

四、预习及操作过程指导

(1) 根据实验目的预习相关操作。

(2) 请利用互联网查出下列主要药品的物理常数,并写到预习报告中。

药品名称	分子量 (mol wt)	熔点 /(℃)	沸点 /(℃)	相对密度 (d_4^{20})	水溶解度 /(g/100 mL)
正溴丁烷					
2-甲基-2-己醇					
无水乙醚					

(3) 格氏试剂的制备所需仪器必须干燥,仪器烘干后,取出稍冷即放入干燥器中冷却。或将仪器取出,在开口处用塞子塞紧,防止冷却过程中玻璃壁吸附空气中的水分。

(4) 本实验所需的有机试剂也必须充分干燥。正溴丁烷、乙醚用无水氯化钙干燥并蒸馏纯化;丙酮用无水碳酸钾干燥并蒸馏纯化。

(5) 不宜选用长期放置的镁屑。可用镁带代替镁屑,使用前用细砂纸将其表面擦亮,剪成小段。

(6) 为使开始正溴丁烷局部浓度大,易于反应,搅拌在反应开始后进行。

(7) 2-甲基-2-己醇与水形成共沸物,应合理使用干燥剂(0.5～1 g/10 mL),彻底干燥,否则前馏分将增加。

(8) 用乙醚作溶剂是使有机镁化合物更稳定,并能溶解于乙醚。乙醚价格低,沸点低,反应结束后易除去。

(9) 由于醚溶液体积较大,可采取分批过滤蒸去乙醚。

(10) 乙醚在用前要检查是否有过氧化物。若有,蒸馏到最后它的浓度高,在蒸馏瓶中立即分解爆炸。检验方法是用淀粉碘化钾试纸检验。若有过氧化物存在,则可加入相当于乙醚体积 1/5 的新配制的硫酸亚铁溶液(55 mL 水中加 3 mL 浓硫酸,再加 30 g 硫酸亚铁),剧烈振摇后分去水层即可。

实验 18 苯甲醇的制备

一、实验目的

(1) 了解相转移催化反应的原理,学习利用相转移催化反应制取苯甲醇的方法。

(2) 练习机械搅拌、加热回流、萃取、干燥、常压蒸馏等基本操作。

(3) 练习高温蒸馏和空气冷凝管的使用方法。

二、实验原理

用氯化苄制苯甲醇是由卤代烃水解制备醇的一个实际例子。水解在碱性水溶液中进行。由于卤代烃均不溶于水,这个两相反应进行得很慢,并且需要强烈搅拌。如果加入相转移催化剂如四乙基溴化铵,反应时间可以大大缩短。

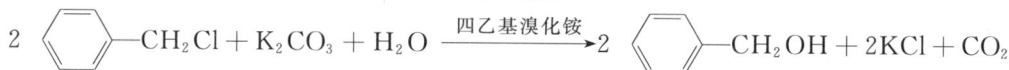

$$2 \langle\!\!\langle\bigcirc\rangle\!\!\rangle-CH_2Cl + K_2CO_3 + H_2O \xrightarrow{\text{四乙基溴化铵}} 2 \langle\!\!\langle\bigcirc\rangle\!\!\rangle-CH_2OH + 2KCl + CO_2$$

三、实验步骤

在装有机械搅拌器、回流冷凝管的 250 mL 三口烧瓶里加入 9 g 碳酸钾、70 mL 水,搅拌溶解,再依次加入 2 g 四乙基溴化铵和 10 mL 氯化苄。搅拌加热回流反应 1~1.5 h。冷却到 30~40 ℃(温度过低,碱会析出),把反应液转入分液漏斗中,分出油层,上层为粗苯甲醇,下层为碱液。水层用乙酸乙酯萃取三次,每次 10 mL。合并萃取液和粗苯甲醇,用无水硫酸镁或碳酸钾干燥。

用常压蒸馏装置蒸馏,回收乙酸乙酯后,将直形冷凝管改为空气冷凝管,继续蒸馏收集 200~208 ℃的馏分。称重,计算产率。

四、预习及操作过程指导

(1) 根据实验目的预习相关操作。

(2) 请利用互联网查出下列主要药品的物理常数,并写到预习报告中。

药品名称	分子量 (mol wt)	熔点 /(℃)	沸点 /(℃)	相对密度 (d_4^{20})	水溶解度 /(g/100 mL)
氯化苄					
溴化四乙基铵					
乙酸乙酯					
苯甲醇					

(3) 相转移催化剂四乙基溴化铵可用三乙基苄基氯化铵代替。

(4) 虽然加入了相转移催化剂,反应中仍然需要搅拌来加快相转移的速度。

(5) 氯化苄有腐蚀性,加料时要细心,不要弄到皮肤上。一旦洒到皮肤上,要立即用水冲洗,再用肥皂水洗。

(6) 高温蒸馏时,空气冷凝管温度较高,小心烫伤。

附基本操作 13:相转移催化

一、相转移催化简介

在有机合成中常遇到有水相和有机相参加的非均相反应,这些反应速度慢,产率低,条件苛刻,有些甚至不能发生。1965 年,Makosza 首先发现冠醚类和季铵盐类化合物具有使水相中的反应物转入有机相中的本领,从而使非均相反应转变为均相反应,加快了反应速度,提高了产率,简化了操作,并使一些不能进行的反应顺利完成,这种方法称为相转移催化(phase transfer catalysis)法,简称 PTC。

$$\begin{array}{ccccccc}
\text{水相} & Q^+X^- & + & M^+Nu^- & \xrightarrow{\text{负离子交换}} & M^+X^- & + & Q^+Nu^- \\
& \text{季铵盐} & & \text{亲核试剂(盐)} & & & & \text{离子对}
\end{array}$$

$$\begin{array}{ccc}
\text{界面} & \cdots\uparrow\downarrow\text{相转移}\cdots & \cdots\uparrow\downarrow\text{相转移}\cdots
\end{array}$$

$$\begin{array}{ccccccc}
\text{有机相} & Q^+X^- & + & R\text{-}Nu & \xleftarrow{\text{亲核取代}} & R\text{-}X & + & Q^+Nu^- \\
& & & \text{目的产物} & & \text{有机反应物} & &
\end{array}$$

相转移催化不需要特殊的仪器设备,也不需要价格昂贵的无水溶剂或非质子溶剂,并且反应条件温和,操作简便,副反应少,选择性高,利用相转移催化,能使许多在一般条件下反应速度很慢或不能进行的反应,大大提高反应速度而顺利进行。相转移催化在烃基化、亲核取代、消除以及氧化还原等各种类型的有机反应中都有着广泛的应用。因此,相转移催化法在科研和化工生产中越来越受到重视,应用范围不断扩大,在有机合成中显露出重大的意义。

二、相转移催化剂的种类

1. 鎓盐类

鎓盐类是较早广泛使用的一类相转移催化剂,包括季铵盐、季磷盐以及最近开始使用的锍盐等。其中季铵盐的使用最广泛,季铵盐的通式是 $R_4N^+X^-$,其中 R 是烃基,由于需要具备亲脂性才有催化剂作用,因此烃基的总碳原子数一般应大于 12,经常为 $C_{15}\sim C_{25}$,而且通常是碳原子数多的催化效果好。季铵盐在酚化、氧化、烷基化等反应中,都有很好的催化活性。另外,季铵离子的对称性越高,正电荷被屏蔽得越严密,催化剂的效果越好。季磷盐的结构和季铵盐相似,催化的原理也相同,季磷盐作为相转移催化剂虽然比季铵盐的价格要稍贵一些,但季磷盐对碱和热的稳定性要比季铵盐的好,因此季磷盐也逐渐被采用。

2. 聚醚类

聚醚类主要包括冠醚、开链聚乙二醇以及穴醚。这类试剂可以络合一个金属正离子,成为一个由有机介质溶剂化了的亲脂性的复合正离子,这个复合正离子在相转移催化反应中所起的作用与季铵正离子类似,能和反应试剂的负离子结合成离子对,并将负离子带入有机相中,参加反应。冠醚类相转移催化剂,经常用于固液反应。在这类反应中,反应物溶于有机溶剂中,然后此溶液与固体盐类试剂接触,当溶液中有冠醚时,盐与冠醚形成络合物而溶解于有机相中,随即在其中进行反应。

3. 杯芳烃

杯芳烃是由苯酚和甲醛通过缩合反应生成的,在苯酚的 2、6 位以亚甲基相连的大环化合物。这类化合物分子的形状像一个杯子,因此得名杯芳烃。杯芳烃具有下列主要特性:高度的热稳定性和化学稳定性,比相应的非环化合物熔点高,可以用增减苯环的数目来调节空腔的大小;与常用的相转移催化剂相比,杯芳烃催化剂的用量更少,反应时间更短,催化活性更高;杯芳烃的一些衍生物有很高的催化活性,有些比鎓盐类和聚醚类的催化活性还高。

附基本操作 14：萃取

萃取是利用物质在互不相溶的溶剂里溶解度的不同,用一种溶剂把溶质从另一种溶剂中提取出来的方法。它是有机化学实验中用来分离或纯化有机化合物的基本操作之一。应用萃取可以从固体或液体混合物中提取出所需要的物质,也可以用来洗去混合物中少量杂质。通常称前者为"萃取"(或"抽提"),后者称为"洗涤"。

按照被提取物质状态的不同,萃取分为两种:一种是用溶剂从液体混合物中提取物质,称为液-液萃取;另一种是用溶剂从固体混合物中提取所需物质,称为液-固萃取。

一、基本原理

1. 液-液萃取

液-液萃取是利用物质在两种互不相溶(或微溶)的溶剂中溶解度或分配系数的不同,使物质从一种溶剂转移到另一种溶剂中。分配定律是液-液萃取的主要理论依据。在两种互不相溶的混合溶剂中加入某种可溶性物质时,它能以不同的溶解度分别溶解于此两种溶剂中。实验证明,在一定温度下,若该物质的分子在此两种溶剂中不发生分解、电离、缔合和溶剂化等作用,则此物质在两液相中浓度之比是一个常数,不论所加物质的量是多少都是如此。用公式表示:

$$\frac{C_A}{C_B} = K$$

C_A、C_B 表示一种物质在 A、B 两种互不相溶的溶剂中的物质的量浓度。K 是一个常数,称为"分配系数",它可以近似地看作是物质在两溶剂中溶解度之比。

由于有机化合物在有机溶剂中一般比在水中溶解度大,因而可以用与水不互溶的有机溶剂将有机物从水溶液中萃取出来。为了节省溶剂并提高萃取效率,根据分配定律,用一定量的溶剂一次加入溶液中萃取,不如将同量的溶剂分成几份作多次萃取效率高。可用下式来说明。

设:V 为被萃取溶液的体积(mL);

W 为被萃取溶液中有机物(X)的总量(g);

W_n 为萃取 n 次后有机物(X)的剩余量(g);

S 为萃取溶液的体积(mL)。

经 n 次提取后有机物(X)的剩余量可用下式计算:

$$W_n = W\left(\frac{KV}{KV+S}\right)^n$$

当用一定量的溶剂萃取时,希望在水中的剩余量越少越好。而上式 $KV/(KV+S)$ 总是小于 1,所以 n 越大,W_n 就越小,即将溶剂分成数份作多次萃取比用全部量的溶剂作一次萃取的效果好。但是,萃取的次数也不是越多越好,因为溶剂总量不变时,萃取次数 n 增加,S 就要减小。当 $n > 5$ 时,n 和 S 两个因素的影响就几乎相互抵消了,n 再增加,$W_n/(W_n+1)$ 的变化很小,所以一般同体积溶剂分为 3~5 次萃取即可。

一般从水溶液中萃取有机物时,选择合适萃取溶剂的原则是:要求溶剂在水中溶解度很小或几乎不溶;被萃取物在溶剂中要比在水中溶解度大;溶剂与水和被萃取物都不反应;萃取后溶剂易于和溶质分离开,因此最好用低沸点溶剂,萃取后溶剂可用常压蒸馏回收。此外,也应考虑萃取溶剂要价格便宜、操作方便、毒性小、不易着火。

经常使用的溶剂有乙醚、苯、四氯化碳、氯仿、石油醚、二氯甲烷、二氯乙烷、正丁醇、乙酸乙酯等。一般水溶性较小的物质可用石油醚萃取;水溶性较大的可用苯或乙醚;水溶性极大的用乙酸乙酯。

常用的萃取操作包括：

（1）用有机溶剂从水溶液中萃取有机反应物；

（2）通过水萃取，从反应混合物中除去酸碱催化剂或无机盐类；

（3）用稀碱或无机酸溶液萃取有机溶剂中的酸或碱，使之与其他有机物分离。

2. 液-固萃取

从固体混合物中萃取所需要的物质是利用固体物质在溶剂中的溶解度不同来达到分离、提取的目的。通常是用长期浸出法或采用索氏（Soxhlet）提取器（也称脂肪提取器，见图1-2(23)）来提取物质。前者是用溶剂长期的浸润溶解而将固体物质中所需物质浸出来，然后用过滤或倾析的方法把萃取液和残留的固体分开。这种方法效率不高，时间长，溶剂用量大，实验室不常采用。

索氏提取器是利用溶剂加热回流及虹吸原理，使固体物质每一次都能为纯的溶剂所萃取，因而效率较高并节约溶剂，但对受热易分解或变色的物质不宜采用。索氏提取装置通常由三部分构成（见图4-18），上面是冷凝管，中部是带有虹吸管的提取管，下面是烧瓶。萃取前应先将固体物质研细，以增加液体浸溶的面积。然后将固体物质放入滤纸套内，并将其置于中部，内装物高度不得超过虹吸管，溶剂由上部冷凝管经中部虹吸加入烧瓶中。当加热烧瓶使溶剂沸腾时，蒸气通过通气侧管上升，被冷凝管凝成液体，滴入提取管中。当液面超过虹吸管的最高处时，产生虹吸，萃取液自动流入烧瓶中，因而萃取出溶于溶剂的部分物质。再蒸发溶剂，如此循环多次，直到被萃取物质大

图 4-18　索氏提取器

部分被萃取为止。固体中可溶物质富集于烧瓶中，然后用适当方法将萃取物质从溶液中分离出来。

固体物质还可用热溶剂萃取，特别是有的物质冷时难溶，热时易溶，则必须用热溶剂萃取。一般采用回流装置进行热提取，固体混合物在一段时间内被沸腾的溶剂浸润溶解，从而将所需的有机物提取出来。为了防止有机溶剂的蒸气逸出，常用回流冷凝装置，使蒸气不断地在冷凝管内冷凝，返回烧瓶中。回流的速度应控制在溶剂蒸气上升的高度不超过冷凝管的 1/3 为宜。

二、液-液萃取操作方法

液-液萃取常用的仪器是分液漏斗。使用前应先检查下口活塞和上口塞子是否有漏液现象。在活塞处涂少量凡士林，旋转几圈将凡士林涂均匀。在分液漏斗中加入一定量的水，将上口塞子塞好，上下摇动分液漏斗中的水，检查是否漏水，确定不漏后再使用。

将待萃取的原溶液倒入分液漏斗中，再加入萃取剂（如果是洗涤，则应先将水溶液分离后，再加入洗涤溶液），将塞子塞紧，用右手的拇指和中指拿住分液漏斗，食指压住上口塞子，左手的食指和中指夹住下口管，同时，食指和拇指控制活塞。然后将漏斗平放，前后摇动或作圆周运动，使液体振动起来，两相充分接触，如图 2-12(b) 所示。在振动过程中应注意不断放气，以免萃取或洗涤时，内部压力过大，造成漏斗的塞子被顶开，使液体喷出，严重时会引起漏斗爆炸，造成伤人事故。放气时，将漏斗的下口向上倾斜，使液体集中在下面，用控制活

塞的拇指和食指打开活塞放气,注意不要对着人,一般摇动两三次就放一次气。经几次摇动放气后,将漏斗放在铁架台的铁圈上,将塞子上的小槽对准漏斗上的通气孔,静止 2~5 min。待液体分层后将萃取相倒出(即有机相),放入一个干燥好的锥形瓶中,萃余相(水相)再加入新萃取剂继续萃取。重复以上操作过程,萃取后,合并萃取相,加入干燥剂进行干燥。干燥后,先将低沸点的物质和萃取剂用简单蒸馏的方法蒸出,然后视产品的性质选择合适的纯化手段。

当被萃取的原溶液量很少时,可采取微量萃取技术进行萃取。取一支离心分液管放入原溶液和萃取剂,盖好盖子,用手摇动分液管或用滴管向液体中鼓气,使液体充分接触,并注意随时放气。静止分层后,用滴管将萃取相吸出,在萃余相中加入新的萃取剂继续萃取。以后的操作如前所述。

在萃取操作中应注意以下几个问题:

(1)分液漏斗中的液体不易太多,以免摇动时影响液体接触而使萃取效果下降。

(2)液体分层后,上层液体由上口倒出,下层液体由下口经活塞放出,以免污染产品。

(3)在溶液呈碱性时,常产生乳化现象。有时由于存在少量轻质沉淀,两液相密度接近,两液相部分互溶等都会引起分层不明显或不分层。此时,静止时间应长一些,或加入一些食盐,增加两相的密度差,使絮状物溶于水中,迫使有机物溶于萃取剂中,或加入几滴酸、碱、醇等,以破坏乳化现象。如上述方法不能将絮状物破坏,在分液时,应将絮状物与萃余相(水层)一起放出。

(4)液体分层后应正确判断萃取相(有机相)和萃余相(水相),一般根据两相的密度来确定。密度大的在下面,密度小的在上面。如果一时判断不清,则应将两相分别保存起来,待弄清后,再弃掉不要的液体。

实验 19 苯乙酮的制备

一、实验目的

(1)学习 Friedel-Crafts 酰化法制备芳酮的原理和方法。

(2)练习机械搅拌装置的使用。

(3)熟练掌握有害气体吸收装置的安装及使用。

(4)了解减压蒸馏的原理,练习减压蒸馏的操作。

二、实验原理

具体过程:

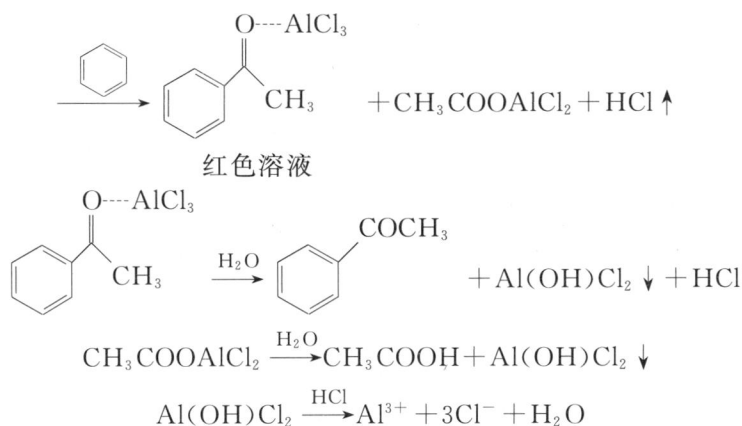

$$\longrightarrow \underset{\text{红色溶液}}{\text{（O----AlCl}_3\text{，COCH}_3\text{苯环）}} + CH_3COOAlCl_2 + HCl\uparrow$$

$$\text{（O----AlCl}_3\text{苯乙酮）} \xrightarrow{H_2O} \text{（COCH}_3\text{苯环）} + Al(OH)Cl_2\downarrow + HCl$$

$$CH_3COOAlCl_2 \xrightarrow{H_2O} CH_3COOH + Al(OH)Cl_2\downarrow$$

$$Al(OH)Cl_2 \xrightarrow{HCl} Al^{3+} + 3Cl^- + H_2O$$

三、实验步骤

向装有 100 mL 恒压滴液漏斗、机械搅拌装置和回流冷凝管(上端通过一个氯化钙干燥管与氯化氢气体吸收装置相连)的 100 mL 三口烧瓶中迅速加入 13 g(0.097 mol)分装无水三氯化铝和 16 mL(约 14 g，0.18 mol)无水苯。在搅拌下将 4 mL(约 4.3 g，0.04 mol)乙酐自滴液漏斗慢慢滴加到二口烧瓶中(先加几滴，待反应发生后再继续滴加)，控制乙酐的滴加速度以使三口烧瓶稍热为宜。加完后(约需 10 min)，待反应稍和缓后在沸水浴中搅拌回流，直到不再有氯化氢气体逸出为止。

将反应混合物冷到室温，在搅拌下倒入盛有 18 mL 浓盐酸和 35 g 碎冰混合物的烧杯中(在通风橱中进行)，若仍有固体不溶物，可补加适量浓盐酸使之完全溶解。将混合物转入分液漏斗中，分出有机层，水层用甲苯萃取 2 次(每次 8 mL)。合并有机层，依次用 15 mL 10%氢氧化钠、15 mL 水洗涤，再用无水硫酸镁干燥。

干燥后的产物转入蒸馏瓶中，先在常压蒸馏 140 ℃以下回收甲苯，稍冷后改用空气冷凝管蒸馏收集 195～202 ℃馏分，产量约为 4.1 g(产率 85%)。

纯苯乙酮为无色透明油状液体，bp 为 202 ℃，mp 为 20.5 ℃，$n_D^{20}=1.5372$。

四、预习及操作过程指导

(1) 根据实验目的预习相关操作。

(2) 请利用互联网查出下列主要药品的物理常数，并写到预习报告中。

药品名称	分子量 (mol wt)	熔点 /(℃)	沸点 /(℃)	相对密度 (d_4^{20})	水溶解度 /(g/100 mL)
乙酐					
苯					
苯乙酮					

(3) 本实验也可用电磁搅拌器或人工振荡代替机械搅拌，此时可改用二口烧瓶。若采用人工振荡，则回流时间应增长以提高产率。

(4) 本实验所用的仪器和试剂均需充分干燥，否则影响反应顺利进行，装置中凡是和空气相通的部位应装置干燥管。

（5）无水 AlCl₃ 质量的好坏对实验的影响很大，研细、称量、投料都要迅速；可用带塞锥形瓶称量 AlCl₃，投料时将纸卷成筒状插入瓶颈。

（6）乙酐在用前应重新蒸馏，收集 137～140 ℃馏分备用。

实验 20　三苯甲醇的制备

一、实验目的

（1）练习格氏试剂的制备方法、技巧和应用。

（2）学习和掌握利用格氏试剂与羧酸酯反应制备醇的原理和方法。

（3）练习机械搅拌、回流、萃取、低沸物（易燃易爆物）蒸馏、水蒸气蒸馏等基本操作。

二、实验原理

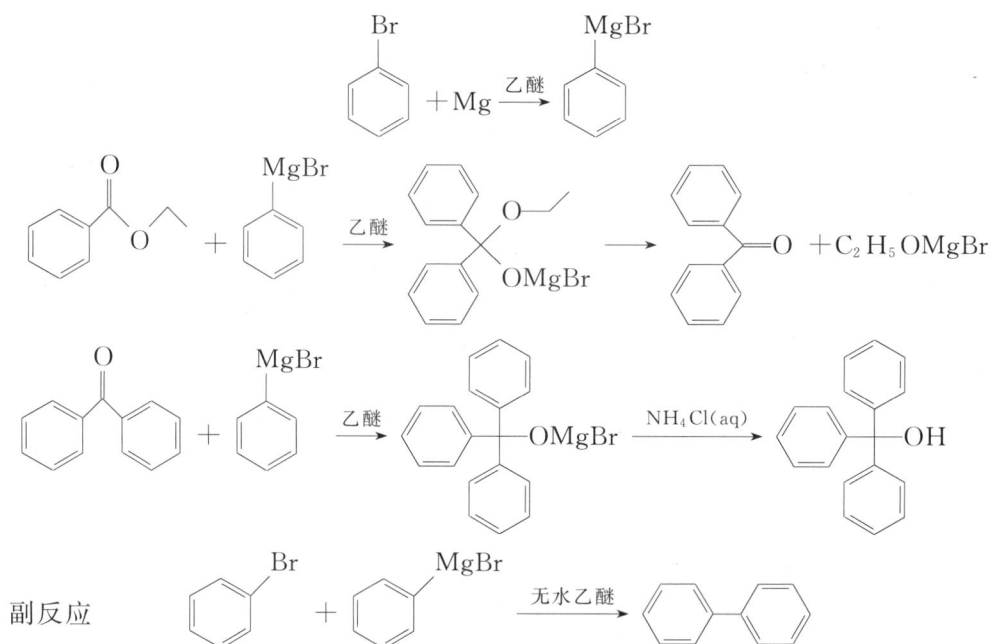

三、实验步骤

在装配有机械搅拌器、恒压滴液漏斗和带干燥管的回流冷凝管的 100 mL 三口烧瓶中，放入 0.75 g（0.031 mol）镁屑和一小粒碘片，于恒压滴液漏斗中量取 3.4 mL（5 g，0.032 mol）溴苯和 12 mL 无水乙醚，混合均匀配成溴苯的乙醚溶液，先滴加 4 mL 该溶液于烧瓶中，使其浸没镁条，数分钟后见溶液微沸，碘颜色消失，开动搅拌器，继续滴加其余混合液，控制滴加速度，维持反应物呈微沸状态。若发现反应液黏稠，则可补加适量乙醚，滴完后，用温水浴回流至镁条几乎完全溶解（约 1 h），得到苯基溴化镁。

用冷水冷却反应瓶，在恒压滴液漏斗中量取 1.9 mL（2 g，约 0.013 mol）苯甲酸乙酯与

7 mL无水乙醚,混合均匀配成苯甲酸乙酯的乙醚溶液,在搅拌下将其逐滴加入反应瓶中。滴加完毕后,将反应混合物用温水浴回流约 1 h,使反应完全。然后将反应物改为冰水浴冷却。反应物冷却后向其中慢慢滴加由 4 g 氯化铵配成的饱和水溶液(约 15 mL),分解烷氧基溴化镁。如有少量絮状金属镁或烷氧基溴化镁未完全溶解,可加少量盐酸分解。再将反应装置改为蒸馏装置,在水浴上蒸去乙醚,最后将残余物进行水蒸气蒸馏以除去未反应的溴苯和副产物联苯。瓶中的剩余物冷却后凝为固体,抽滤,烘干,称重。

粗产物用乙醇和水混合溶剂进行重结晶,干燥称量后的产物为 4~4.5 g。熔点在161~162 ℃。纯三苯甲醇的熔点为 162.5 ℃。

四、预习及操作过程指导

(1)根据实验目的预习相关操作。

(2)请利用互联网查出下列主要药品的物理常数,并写到预习报告中。

药品名称	分子量 (mol wt)	熔点 /(℃)	沸点 /(℃)	相对密度 (d_4^{20})	水溶解度 /(g/100 mL)
苯甲酸乙酯					
溴苯					
乙醚					
三苯甲醇					

(3)制备和使用格氏试剂的反应体系必须充分干燥,溴苯用无水氯化钙干燥过夜,使用绝对无水乙醚为溶剂,冷凝管要安装干燥管。

(4)为防止反应过于剧烈而增加副产物的生成,溴苯和无水乙醚混合液滴加速度不宜太快。

(5)所制备的格氏试剂是混浊有色液体。若为澄清,则可能是瓶中有水,格氏试剂没有制备成功。

(6)重结晶时可先将粗产品加热溶于少量乙醇中,再逐滴加入预热的水,直至溶液刚好出现混浊为止。然后再加入一滴乙醇使之浑浊消失,冷却,结晶析出,这样保证溶解刚好完全而不至于溶液过多影响结晶速度和晶型。

实验 21　二苯甲醇的制备

一、实验目的

(1)学习利用酮还原制备醇的方法。

(2)学习负氢还原剂的使用。

(3)练习机械搅拌、抽滤等基本操作技能。

二、实验原理

$$4(C_6H_5)_2CO \xrightarrow{NaBH_4} NaB[OCH(C_6H_5)_2]_4 \xrightarrow{H_3^+O} 4(C_6H_5)_2CHOH$$

三、实验步骤

取干燥的 50 mL 三口烧瓶,加装机械搅拌、回流冷凝管、温度计,依次加入二苯甲酮 2.7 g(0.015 mol)、95%乙醇 13 mL,微热使固体溶解。将瓶内溶液冷却至室温后,边搅拌边分两批小心加入 0.6 g 硼氢化钠,此时溶液放热,控制反应温度不超过 40 ℃,加完后搅拌 10 min。然后加热回流 20~25 min,反应结束。将溶液稍微冷却,加 50 mL 水,再小心滴加 10%的盐酸约 9 mL 至无大量气泡放出为止。此时有大量白色固体析出。用布氏漏斗抽滤,固体用少量水洗涤,干燥,得到的二苯甲醇约 2.7 g,产率约为 89%。

粗产品可用石油醚重结晶。纯二苯甲醇的熔点为 69 ℃。

四、预习及操作过程指导

(1) 根据实验目的预习相关操作。

(2) 请利用互联网查出下列主要药品的物理常数,并写到预习报告中。

药品名称	分子量 (mol wt)	熔点 /(℃)	沸点 /(℃)	相对密度 (d_4^{20})	溶解度 (g/100 mL)
二苯甲酮					
二苯甲醇					
硼氢化钠					

(3) 硼氢化钠有较强刺激性和腐蚀性,实验操作应在通风橱内进行,同时应避免吸入呼吸道,避免进入眼睛,避免与皮肤接触。实验时应戴口罩、护目镜和防护手套。

(4) 称量硼氢化钠时动作要迅速,防止硼氢化钠潮解。

(5) 加入硼氢化钠时要小心慢加,防止反应剧烈使反应物冲出烧瓶。

(6) 水解后析出粗产品时,最好在冰水浴中进行,以降低其溶解度。

实验 22　十二烷基硫酸钠的制备

一、实验目的

(1) 学习阴离子表面活性剂烷基硫酸盐的制备方法。

(2) 练习机械搅拌、萃取等基本操作技能。

二、实验原理

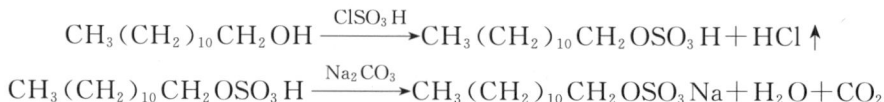

$$CH_3(CH_2)_{10}CH_2OH \xrightarrow{ClSO_3H} CH_3(CH_2)_{10}CH_2OSO_3H + HCl \uparrow$$

$$CH_3(CH_2)_{10}CH_2OSO_3H \xrightarrow{Na_2CO_3} CH_3(CH_2)_{10}CH_2OSO_3Na + H_2O + CO_2$$

三、实验步骤

取干燥的 50 mL 三口烧瓶,加装机械搅拌和氯化氢有害气体吸收装置,加入 9.5 mL 冰醋酸,在冰浴中充分冷却,再加入 3.5 mL(0.053 mol)氯磺酸,搅拌混合均匀。在 5 min 内慢慢地将 8 g(0.043 mol)以液体形式或极细固体粉末形态的十二烷醇加入冷的醋酸和氯磺酸混合液中,搅拌 30 min 直至十二烷醇全部溶解并参与反应。若十二烷醇未全部溶解,则将冰浴锅移开,在室温下继续搅拌 10 min。

　　然后把反应物料倒入盛有 30 g 碎冰的烧杯中,加入 30 mL 正丁醇,搅拌 3 min。再在搅拌下慢慢加入 3 mL 左右饱和碳酸钠水溶液,直至溶液对石蕊试纸呈碱性。当反应物呈碱性后,加入 10 g 固体无水碳酸钠,静置。将上层正丁醇溶液从水层表面倾倒至另一烧杯中。再向水层中加入 20 mL 正丁醇,充分地搅拌,静置,把上层正丁醇层分离开。合并两次得到的正丁醇,用分液漏斗分出其中的水层。把除去水的正丁醇溶液倒入烧杯中,蒸发掉正丁醇,得到白色的残余物即为十二烷基硫酸钠。

四、预习及操作过程指导

　　(1) 根据实验目的预习相关操作。

　　(2) 请利用互联网查出下列主要药品的物理常数,并写到预习报告中。

药品名称	分子量 (mol wt)	熔点 /(℃)	沸点 /(℃)	相对密度 (d_4^{20})	溶解度 (g/100 mL)
十二烷醇					
十二烷基硫酸钠					
正丁醇					

　　(3) 氯磺酸在空气中易分解,产生的氯化氢对呼吸道有刺激作用,操作时应做好防护并动作迅速。

　　(4) 用纯氯磺酸反应,反应会太剧烈,配成氯磺酸的冰醋酸溶液,会使反应温和些。

　　(5) 用正丁醇萃取十二烷基硫酸钠并不是因为后者在前者中的溶解性比在水中好,而是十二烷基硫酸钠更容易在正丁烷中以胶束形式存在。

　　(6) 加无水碳酸钠是起盐析作用。

　　(7) 制得的十二烷基硫酸钠的纯度,可用将十二烷基硫酸钠加硫酸水解,然后做酸碱滴定的空白试验的方法求得。

实验 23　2-乙基-2-己烯醛的制备

一、实验目的

　　(1) 学习利用羟醛缩合反应制备 α,β-不饱和醛的原理和方法。

　　(2) 练习机械搅拌器的安装使用、液体化合物的洗涤和干燥、减压蒸馏等基本操作。

二、实验原理

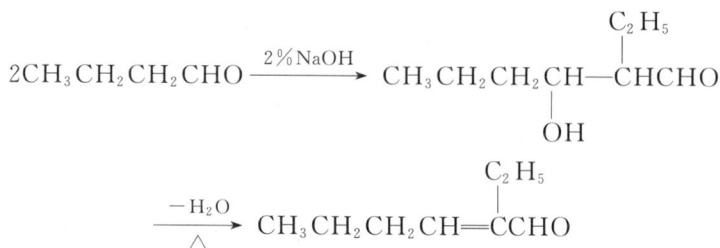

三、实验步骤

在装有搅拌器、温度计、恒压滴液漏斗和回流冷凝管的 100 mL 三口烧瓶（见图 4-7）中，加入 12.5 mL 2%氢氧化钠溶液，开始搅拌，预热烧瓶内氢氧化钠溶液到 60～70 ℃，在充分搅拌下，由滴液漏斗滴加 10.0 g(12.5 mL，0.14 mol)正丁醛，控制加料速度和加热温度，使反应温度保持在 78～82 ℃。滴加完毕，在 78～82 ℃下继续搅拌 1 h，使反应完全。反应液渐渐变为浅黄色或橙色，停止反应。将反应液倒入 50 mL 分液漏斗中，静置分层，分去碱水层，产物用蒸馏水洗 3 次，每次 5 mL，至产物呈中性为止。

将洗涤过的产物转入干燥洁净的小锥形瓶中，加入少量无水硫酸钠干燥。干燥后的粗产物倒入干燥的蒸馏瓶内，减压蒸馏，收集 60～70 ℃/1.33～4.00 kPa(10～30 mmHg)的馏分，产品 2-乙基-2-己烯醛为无色或淡黄色液体。

四、预习及操作过程指导

（1）根据实验目的预习相关操作。

（2）请利用互联网查出下列主要药品的物理常数，并写到预习报告中。

药品名称	分子量 （mol wt）	熔点 /(℃)	沸点 /(℃)	相对密度 (d_4^{20})	水溶解度 /(g/100 mL)
正丁醛					
2-乙基-2-己烯醛					

（3）搅拌器接口处要注意密封，防止正丁醛挥发。

（4）反应是放热反应，滴加正丁醛速度不宜太快，加料时间一般控制在 20～30 min。

（5）分液处理时，要注意保留哪一层。

（6）2-乙基-2-己烯醛易引起过敏现象，处理产品时勿与皮肤接触。

（7）本实验的副反应有氧化、树脂化反应等。

实验 24　双酚 A 的制备

一、实验目的

（1）掌握制备双酚 A 的原理和方法，掌握利用搅拌提高非均相反应速率的方法。

（2）练习搅拌器的使用、水浴控温和减压过滤等基本操作。

二、实验原理

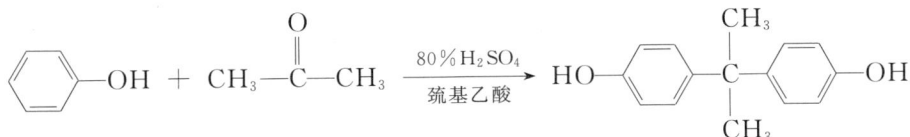

$$\text{⟨⟩—OH} + CH_3-\overset{O}{\underset{}{C}}-CH_3 \xrightarrow[\text{巯基乙酸}]{80\%H_2SO_4} HO—⟨⟩—\overset{CH_3}{\underset{CH_3}{C}}—⟨⟩—OH$$

三、实验步骤

用小烧杯称取 10 g 苯酚,小心转入 100 mL 三口烧瓶中,加入 17 mL 甲苯,并将 7 mL 80％硫酸缓缓加入瓶中,加装机械搅拌器或电磁搅拌器。然后在搅拌下加入 5～8 滴巯基乙酸,最后迅速滴加 4 mL 丙酮,控制反应温度不超过 35 ℃。滴加完毕后,在 35～40 ℃下快速搅拌约 30 min,反应物变为浅黄色黏稠糊状物。将反应混合物倒出,用 50～100 mL 冷水将黏附在反应瓶中的反应混合物洗出。静置,待完全冷却后,过滤,并用大量冷水将固体产物洗涤至滤液不显酸性,即得粗产品。滤液中甲苯可分液后回收。

将粗产品干燥后,用甲苯进行重结晶。

产量约 8 g。纯双酚 A 是白色针状晶体,熔点为 155～156 ℃。

四、预习及操作过程指导

（1）根据实验目的预习相关操作。

（2）请利用互联网查出下列主要药品的物理常数,并写到预习报告中。

药品名称	分子量 （mol wt）	熔点 /(℃)	沸点 /(℃)	相对密度 (d_4^{20})	水溶解度 /(g/100 mL)
苯酚					
丙酮					
甲苯					
双酚 A					

（3）用烧杯转移苯酚,烧杯壁上黏附的苯酚可在加入甲苯时,用甲苯洗入烧瓶中。

（4）巯基乙酸也可用"1 g $Na_2S_2O_3 \cdot 5H_2O$ 加热熔化后与 0.4 g 一氯乙酸的混合物"代替。

（5）控制反应温度在 35～40 ℃是为了减少磺化、氧化等副反应。

（6）甲苯和硫酸互不相溶,反应体系为两相,利用强烈搅拌可增加两相之间的接触机会,提高反应速率。

实验 25　环己酮的制备

一、实验目的

（1）学习由醇氧化制备酮的原理和方法。

（2）练习冷却、液体有机化合物的洗涤和干燥、蒸馏等基本操作技能。

二、实验原理

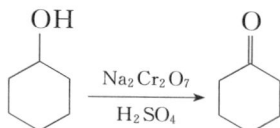

三、实验步骤

在 100 mL 烧杯中，放入 10.5 g 重铬酸钠水合物（$Na_2Cr_2O_7 \cdot 2H_2O$）和 60 mL 水，搅拌使之溶解，再慢慢加入 10 mL 浓硫酸，得到橙红色溶液，将其冷却至 30 ℃以下备用。

在 250 mL 圆底烧瓶中加入 10.5 mL 环己醇，然后加入上述配好的铬酸溶液，不断振摇烧瓶，使反应物充分混合。烧瓶内插入一支温度计，观察温度变化情况。反应开始后，反应物温度自动上升，反应物颜色由橙红逐渐变成墨绿。当反应物温度升高至 55 ℃时，可用冷水浴适当冷却，维持反应温度在 55～60 ℃。约 0.5 h 后，反应物温度开始出现下降趋势，则可移去冷水浴，再间歇振摇 0.5 h，以使反应完全。然后加入 1～2 mL 甲醇（或 0.5～1 g 草酸）以破坏过量的氧化剂。

向反应烧瓶内加入 60 mL 水及几粒沸石，装配成蒸馏装置。加热蒸馏，将环己酮和水一同蒸出来，共收集约 50 mL 馏出液。馏出液用精盐（约需 12 g）饱和后，转入分液漏斗，静置后分出有机层（环己酮层）。水层用 15 mL 乙醚萃取一次，合并有机层与乙醚萃取液，用无水硫酸镁干燥。

将干燥后的环己酮、乙醚溶液倾入干燥的圆底烧瓶中，装配好蒸馏装置。用热水浴蒸去乙醚后，将回流冷凝管换成空气冷凝管，在石棉网上加热蒸馏，收集 151～156 ℃的馏分。

纯环己酮为无色油状液体。mp 为 -16.4 ℃，bp 为 155.7 ℃，d_4^{20} 为 0.9478，n_D^{20} 为 1.4507。纯环己酮微溶于水，较易溶于乙醇和乙醚。蒸气与空气形成爆炸性混合物。

四、预习及操作过程指导

（1）根据实验目的预习相关操作。

（2）请利用互联网查出下列主要药品的物理常数，并写到预习报告中。

药品名称	分子量 （mol wt）	熔点 /（℃）	沸点 /（℃）	相对密度 （d_4^{20}）	水溶解度 /（g/100 mL）
环己醇					
环己酮					
乙醚					

（3）本试验是一个放热反应，必须严格控制温度。

（4）本试验使用乙醚做萃取剂，实验过程应避免使用明火。

（5）环己酮 31 ℃时在水中的溶解度为 2.4 g/100 mL，加入精盐的目的是为了降低其溶解度（盐析作用），同时也有利于分层。

实验 26　环戊酮的制备

一、实验目的

(1) 学习利用二元羧酸脱水、脱羧制备环酮的原理和方法。

(2) 练习分液漏斗使用、液体有机化合物的干燥和蒸馏等基本操作技能。

二、实验原理

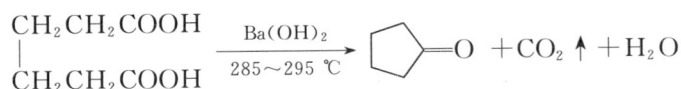

三、实验步骤

　　将 20 g 己二酸与 1 g 氢氧化钡(或 1 g 氟化钾)在研钵中充分混合后,加入 50 mL 圆底烧瓶中,装成蒸馏装置。蒸馏头口装一支温度计,温度计末端距瓶底约 0.5 cm,接收瓶置于冰水浴中。在石棉网上小心加热混合物,必要时摇动蒸馏瓶,使氢氧化钡固体与熔融的酸混合,当固体完全融化后,较快地加热,直至温度达到 285 ℃。

　　温度保持在 285～295 ℃ 进行脱羧反应,带有水和少量己二酸的环戊酮慢慢被蒸出,直至瓶内仅有少量干燥的残渣为止,约需 1.5 h。

　　将上述馏出液移入小的分液漏斗中,加固体碳酸钾使水层饱和。分去水层,有机层用无水碳酸钾干燥后,蒸馏,收集 128～131 ℃ 馏分,产量为 6～7 g。

　　纯粹环戊酮沸点为 130.6 ℃,折光率 n_D^{20} 为 1.4366。

　　本实验约需 4 h。

四、预习及操作过程指导

(1) 根据实验目的预习相关操作。

(2) 请利用互联网查出下列主要药品的物理常数,并写到预习报告中。

药品名称	分子量 (mol wt)	熔点 /(℃)	沸点 /(℃)	相对密度 (d_4^{20})	水溶解度 /(g/100 mL)
己二酸					
环戊酮					

　　(3) 当温度高于 300 ℃ 时,未作用的己二酸也会很快被蒸出,故温度应尽可能控制在 285～295 ℃。

　　(4) 如瓶内残渣不易洗掉,可加入几毫升乙醇和 2～3 粒氢氧化钠,放置过夜后再水洗。

　　(5) 加碳酸钾既可中和蒸馏液中少量己二酸,还可起到盐析作用,以减少环戊酮在水中的溶解度。

实验 27　对硝基苯甲酸的制备

一、实验目的

（1）掌握利用苯环侧链氧化制备苯甲酸的原理及方法。
（2）练习机械搅拌装置的安装使用、抽滤等基本操作技能。
（3）练习并掌握固体酸性产品的纯化方法。

二、实验原理

$$\underset{NO_2}{\underset{|}{\overset{CH_3}{\overset{|}{\bigcirc}}}} + Na_2Cr_2O_7 + 4H_2SO_4 \longrightarrow \underset{NO_2}{\underset{|}{\overset{COOH}{\overset{|}{\bigcirc}}}} + Na_2SO_4 + Cr_2(SO_4)_3 + 5H_2O$$

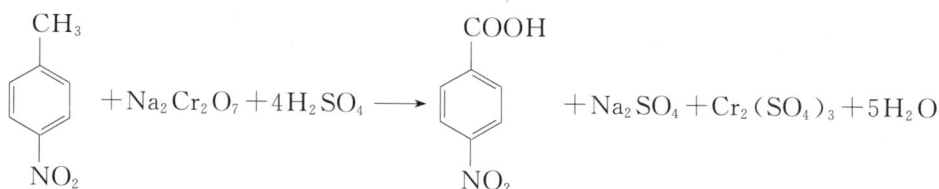

　　该反应为两相反应，还需不断滴加浓硫酸，为了增加两相的接触面，尽可能使其迅速均匀地混合，以避免因局部过浓、过热而导致其他副反应的发生或有机物的分解。本实验采用电动搅拌装置，这样不但可以较好地控制反应温度，同时也能缩短反应时间和提高产率。

　　生成的粗产品为酸性固体物质，可通过加碱溶解、再酸化的办法来纯化。纯化的产品用蒸汽浴干燥。

三、实验步骤

　　取 100 mL 三口烧瓶，如图 4-19 所示，加装机械搅拌器、滴液漏斗和回流冷凝管。

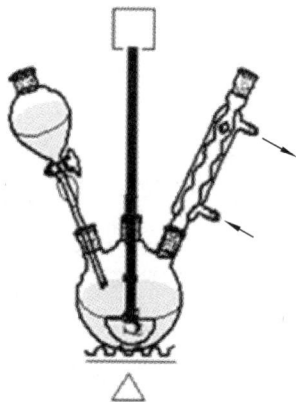

图 4-19　反应装置 4

　　在三口烧瓶中加入 2.0 g 对硝基甲苯、6.0 g 重铬酸钠粉末和 15 mL 水，滴液漏斗中加入 10 mL 浓硫酸。开动搅拌器快速搅拌，待重铬酸钠溶解后，自滴液漏斗以 1～2 滴/秒的速度滴加浓硫酸，滴加完毕后，加热回流 0.5 h，反应液变为深绿色，停止加热。待反应物冷却后，转入盛有 25 mL 冷水的烧杯中，再用 20 mL 冷水分两次洗涤烧瓶并转入烧杯，充分冷却烧杯使沉淀析出，抽滤，用 20 mL 水分两次洗涤沉淀。

　　将洗涤后的对硝基苯甲酸的固体粗产品放入盛有 10 mL 5% 硫酸中，沸水浴上加热 10 min，冷却后抽滤（目的是为了除去未反应完的铬盐）。将抽滤后的固体溶于 15 mL 5% NaOH 溶液中，50 ℃温热后趁热抽滤，充分搅拌下将抽滤得到的滤液慢慢加入盛有 20 mL 15% 硫酸溶液的烧杯中，析出黄色沉淀，抽滤，少量冷水洗涤两次，蒸汽浴干燥后称重。产品已足够纯净。如需进一步提纯，可用乙醇-水重结晶，产品为浅黄色的针状结晶，熔点为 241～242 ℃，产量约为 2 g。

四、预习及操作过程指导

（1）根据实验目的预习相关操作。

（2）请利用互联网查出下列主要药品的物理常数，并写到预习报告中。

药品名称	分子量 （mol wt）	熔点 /（℃）	沸点 /（℃）	相对密度 （d_4^{20}）	水溶解度 /（g/100 mL）
对硝基甲苯					
对硝基苯甲酸					
$Na_2Cr_2O_7$					

（3）滴加浓硫酸时，只搅拌，无需加热；滴加浓硫酸的速度过快，会引起剧烈反应，若出现这种现象，则可用冷水浴冷却烧瓶，使其降温。

（4）加热回流过程中，会有对硝基甲苯升华后凝结在回流冷凝管壁上，可适当关小冷凝水，使其熔融滴下。

（5）碱溶时，加热温度不能超过 50 ℃，以防未反应的对硝基甲苯熔化，进入溶液。

（6）纯化后的产品，用蒸汽浴干燥。

（7）碱溶后，趁热过滤，可除去 Cr^{3+} 生成的 $Cr(OH)_3$ 沉淀及未反应的对硝基甲苯。

实验 28　烟酸的制备

一、实验目的

（1）学习利用高锰酸钾氧化法氧化芳环侧链的原理及方法。

（2）练习机械搅拌装置的安装使用、抽滤、沉淀的洗涤及干燥等基本操作技能。

（3）练习并掌握固体酸性产品的纯化方法。

二、实验原理

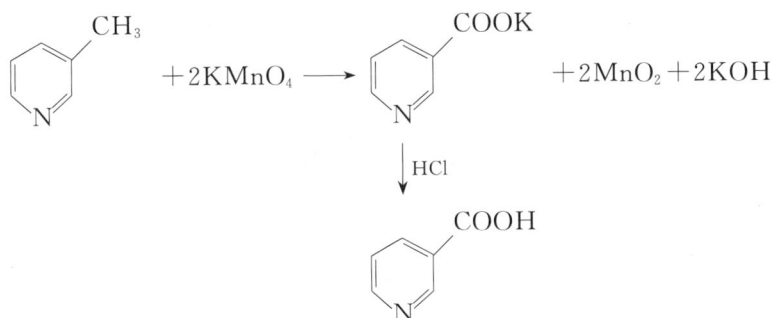

三、实验步骤

在装有搅拌器和温度计的 250 mL 三口烧瓶中，加入 3 g 3-甲基吡啶和 100 mL 水，水浴加热到 70 ℃。在搅拌下,将 12 g 高锰酸钾分成 10 份分批加入。每加入一批高锰酸钾后,要待反应液紫红色褪去后再加入下一批。最初加入时反应温度保持在 70 ℃,加入 6 g 高锰酸钾后,将反应温度提高至 85～90 ℃,再将剩余的 6 g 高锰酸钾分批加入反应瓶。

　　加料完毕,在沸水浴上加热并保持搅拌。待高锰酸钾紫色褪尽后趁热过滤,用热水将二氧化锰滤饼洗 3～4 次(每次 10 mL),合并滤液于烧杯中,将滤液热浓缩至 100 mL 左右。然后用滴管向浓缩液滴加浓盐酸(约 4 mL),将溶液的 pH 值调至 3.4(烟酸的等电点)。

　　将溶液静置冷却,使烟酸晶体慢慢析出。过滤,收集固体产物并用少量冷水洗涤,粗产品于 100 ℃ 以下干燥。将滤液蒸发浓缩至 60 mL。然后慢慢冷却至 5 ℃,过滤可得第二批产物。合并两批粗产物并用水重结晶后得无色针状结晶,mp 为 236～239 ℃。

四、预习及操作过程指导

　　(1) 根据实验目的预习相关操作。

　　(2) 请利用互联网查出下列主要药品的物理常数,并写到预习报告中。

药品名称	分子量 (mol wt)	熔点 /(℃)	沸点 /(℃)	相对密度 (d_4^{20})	水溶解度 /(g/100 mL)
3-甲基吡啶					
烟酸					
KMnO$_4$					

　　(3) 反应最后若紫色长时间不能褪去,则可加入少量乙醇,温热片刻,高锰酸钾被乙醇还原,紫色即可褪去。

　　(4) 烟酸在等电点处溶解度最小。

　　(5) 产品应缓慢结晶,快速结晶易导致产品夹杂氯化钾。

　　(6) 重结晶过程需加入活性炭脱色。

实验 29　己二酸的制备

一、实验目的

　　(1) 学习利用硝酸作为氧化剂制备羧酸的方法。

　　(2) 学习用环己醇氧化制备己二酸的原理和方法。

　　(3) 练习有害气体吸收、抽滤、沉淀的洗涤及干燥等基本操作技能。

二、实验原理

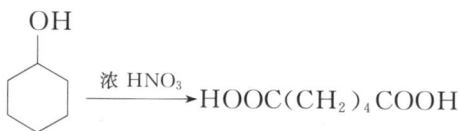

三、实验步骤

在 100 mL 圆底烧瓶中加入 5 mL 浓硝酸和 2～3 粒沸石,装上回流冷凝管。冷凝管上端依次装上蒸馏头、接引管和有害气体吸收装置(采用 10％氢氧化钠水溶液吸收),在蒸馏头上口装上加有 2.1 mL 环己醇的滴液漏斗(见图 4-20)。加热至反应瓶内硝酸沸腾后,滴加 2～3滴环己醇。待反应瓶内发生强烈反应并放出二氧化氮气体后,再逐滴加入环己醇。此时应严格控制环己醇的滴加速度,使反应液在整个反应中始终保持剧烈沸腾(切勿使反应物冲出圆底烧瓶)。环己醇滴加完后,继续加热 10 min 左右,至无二氧化氮放出。停止加热,待反应瓶稍冷,趁热将反应物倒入 100 mL 烧杯中。自然冷却至室温后,以冰水冷却,充分析出己二酸固体。减压过滤,用少量冰水洗涤,挤压去水分。取出产物放入表面皿中,用蒸汽加热干燥后,称量并计算产率。

纯己二酸为无色单斜晶体,熔点为 152 ℃。

图 4-20　滴液漏斗

四、预习及操作过程指导

(1) 根据实验目的预习相关操作。

(2) 请利用互联网查出下列主要药品的物理常数,并写到预习报告中。

药品名称	分子量 (mol wt)	熔点 /(℃)	沸点 /(℃)	相对密度 (d_4^{20})	水溶解度 /(g/100 mL)
环己醇					
己二酸					
浓硝酸					

(3) 取样时硝酸量筒和环己醇量筒不可混用,两种原料接触会发生剧烈反应导致意外。

(4) 室温低时,环己醇可能凝固,可在其中加几滴水。

(5) 本实验会生成有害的氮氧化物,实验应在通风橱内进行,同时应对氮氧化物进行吸收。

(6) 此反应剧烈放热,由于该反应有一定的诱导期,反应开始阶段滴加环己醇必须慢一些,以免环己醇加入过量,反应一旦开始,剧烈放热,反应混合物可能冲出瓶外发生危险。必须严格遵照规定的反应条件进行操作。

(7) 本试验产生的有害气体二氧化氮比空气重,若无氢氧化钠溶液,则可直接通入下水道。

实验 30　肉桂酸的制备

一、实验目的

(1) 学习铂金(Perkin)反应的原理及实验方法。

（2）练习回流、热过滤、酸性固体有机化合物的纯化、水蒸气蒸馏等基本操作技能。

二、实验原理

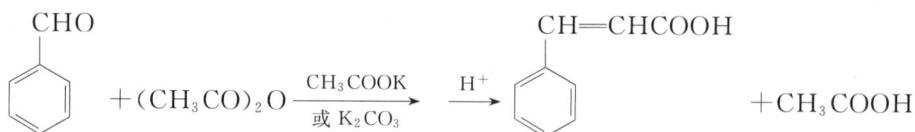

三、实验步骤

1. 方法一

在 50 mL 圆底烧瓶中，加入 1.5 g 无水乙酸钾、3.8 mL 乙酸酐、2.5 mL 苯甲醛和几粒沸石，装上空气冷凝管，油浴加热回流 1.5～2 h。回流完毕，趁热将反应液倒入 250 mL 三口烧瓶中，用少量热水冲洗反应瓶 3～4 次，使反应液全部转移到三口烧瓶中，然后缓慢地将适量的固体碳酸钠(2.5～4 g)加入溶液呈碱性，进行水蒸气蒸馏，直至溜出液中无油珠后停止。

将水蒸气蒸馏过的三口烧瓶两边的瓶口塞紧，从中间的瓶口中加入少量活性炭，装上回流冷凝管，加热回流 5～10 min，趁热过滤，将滤液转移到锥形瓶中，冷却至室温，在搅拌下往滤液中缓慢滴加浓盐酸至溶液 pH 值为 5 左右。滤液充分冷却，待结晶完后，过滤，以少量冷水洗涤晶体，干燥，称重。产量约为 4 g。

2. 方法二

取 250 mL 三口烧瓶，塞紧两边瓶口，加入 2.5 mL 新蒸馏过的苯甲醛、7 mL 乙酸酐和 3.5 g 无水碳酸钾，中间瓶口加装空气冷凝管，在 170～180 ℃ 的油浴中，加热反应物使其回流 45 min。由于逸出二氧化碳，最初有泡沫出现。

冷却反应混合物，加入 20 mL 水，浸泡几分钟，用玻璃棒压碎瓶中的固体，将三口烧瓶改为水蒸气蒸馏装置，进行水蒸气蒸馏，从混合物中蒸除未反应的苯甲醛(可能有焦油状聚合物生成)。将烧瓶冷却，加入 20 mL 10％氢氧化钠水溶液，使生成的肉桂酸形成钠盐而溶解。再加入 45 mL 水和适量的活性炭，煮沸脱色，趁热过滤，将滤液冷至室温以下，在搅拌下加入浓盐酸和水配制的 1∶1 混合液，直至溶液呈酸性(pH 值约为 5)。用冰水冷却，待结晶完全，过滤，干燥，称重。粗产品可用热水重结晶。

四、预习及操作过程指导

（1）根据实验目的预习相关操作。

（2）请利用互联网查出下列主要药品的物理常数，并写到预习报告中。

药品名称	分子量 （mol wt）	熔点 /(℃)	沸点 /(℃)	相对密度 (d_4^{20})	水溶解度 /(g/100 mL)
苯甲醛					
乙酸酐					
CH_3COOK					
K_2CO_3					

(3) 肉桂酸本身是一种香料,具有很好的保香作用,通常作为配香原料,可使主香料的香气更加清香。肉桂酸的各种酯(如甲、乙、丙、丁等)都可用作定香剂,用于饮料、冷饮、糖果、酒类等食品。肉桂酸是生产冠心病药物"心可安"的重要中间体,在农用塑料和感光树脂等精细化工产品的生产中也有着广泛的应用。

(4) 久置的苯甲醛会自动氧化生成苯甲酸,混入产品中不易除去,影响产品纯度,因此使用前应事先蒸馏以除去苯甲酸。

(5) 久置的乙酸酐会吸潮水解而生成乙酸,因此使用前应事先蒸馏。

(6) 实验开始时加热不要过猛,以防乙酸酐受热分解或挥发。

(7) 久置的乙酸钾也会吸潮,影响使用,通常采用新制的乙酸钾。制备无水乙酸钾的方法为:将含有结晶水的乙酸钾放入蒸发皿中加热,待水分挥发又结成固体后,强热使固体再熔融,并不断搅拌,使水分挥发,将熔融的乙酸钾趁热倒在金属板上,冷却后用研钵研碎,得无水乙酸钾,如不立即使用,应保存在干燥器中。

实验 31　氢化肉桂酸的制备

一、实验目的

(1) 学习氢化肉桂酸的制备原理和方法。

(2) 学习简易常压催化加氢的仪器装配、使用方法和安全操作要点。

(3) 学习雷尼(Raney)镍的制备及使用。

二、实验原理

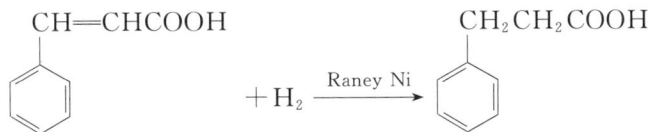

三、实验步骤

1. Raney 镍的制备

在 500 mL 烧杯中,放置 5 g 镍铝合金(含镍 40%~50%)及 50 mL 蒸馏水,开动磁力搅拌器使之混合均匀。然后分批加入 8 g 固体 NaOH,并不断搅拌。反应强烈放热,并有大量氢气逸出。控制碱的加入速度,以泡沫不溢出为宜,至无明显的气泡逸出为止(约需 5 min)。反应混合物在室温放置 10 min,然后在 70 ℃ 水浴中保温 30 min,倾去上层清液,用倾泻法依次用蒸馏水和无水乙醇各洗涤 3 次,最后用无水乙醇覆盖备用。使用时将乙醇倾去,1 mL催化剂约含镍 0.6 g。

2. 肉桂酸的催化氢化

简易常压催化氢化装置如图 4-21 所示,它由 250 mL 圆底烧瓶(氢化反应瓶)、量气筒(储氢筒)、分液漏斗(平衡瓶)及电磁搅拌器组成。三通活塞 1 上端通过减压阀接氢气钢瓶,三通活塞 2 下端接真空系统。在氢化反应瓶中溶解 3.7 g(0.025 mol)肉桂酸于 50 mL 温热的无水乙醇中,冷至室温。加入已制好的镍催化剂,并用少量乙醇冲洗瓶壁。放入搅拌子后塞紧插有导气管的橡皮塞使之与氢气系统相连。

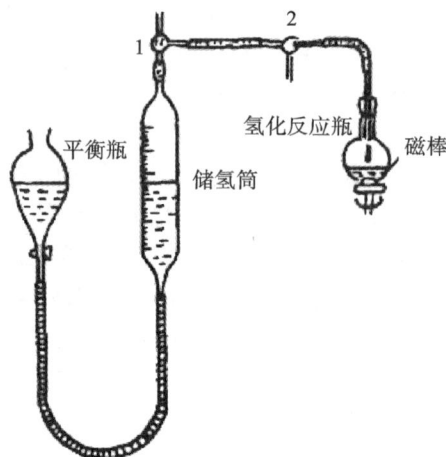

图 4-21　简易常压催化氢化装置

　　氢化开始前,旋转三通活塞 1 和 2 使储氢筒只通过真空系统与大气相通。提高平衡瓶的位置,使储氢筒充满水,小心赶尽其中空气。旋转三通活塞 1 使氢气钢瓶与储氢筒相连,慢慢打开减压阀,用排水集气法使储气筒充入氢气。待氢气刚充满立即关闭减压阀,旋转三通活塞 1,使储氢筒、氢化反应瓶之间的联系全部中断。旋转三通活塞 2 使氢化反应瓶与真空系统相连。抽真空后,旋转三通活塞 1 和 2,使氢化反应瓶只与储氢筒相连,在氢化反应瓶中充满氢气。小心调节三通活塞方向,交替抽真空与充氢气,用氢气置换氢化反应瓶中空气 2~3 次。最后调节三通活塞 1 和 2,使储氢筒只与氢化反应瓶相通。取下平衡瓶,使平衡瓶的水面与储氢筒中的水面相平,记下储氢筒中氢气的体积。将平衡瓶放至高位,即可开始氢化反应。

　　开动搅拌器,隔一定时间记录吸收氢气体积(量体积时放下平衡瓶使其与储氢筒水面相平),作出时间-吸收氢气体积曲线(见图 4-22)。

　　当储氢筒内氢气体积不再有明显下降时,说明氢化反应已经完成,反应需 1.5~2 h。加氢百分率达 95% 以上。

　　旋转三通活塞,放掉氢化反应瓶中的氢气。打开氢化反应瓶,滤去催化剂。催化剂应放入专门的回收瓶中,切忌随便丢入废物缸内,以免引起火灾。滤液先在水浴上蒸去乙醇,趁热倒在表面皿上,冷却后得到氢化肉桂酸的结晶。真空干燥,粗产物熔点为 47~48 ℃。产物已足够纯净,如需进一步纯化可减压蒸馏,收集 145~147 ℃、2.3×10^3 Pa(18 mmHg)的馏分,产量约为 3 g(产率 80%)。

四、预习及操作过程指导

　　(1) 根据实验目的预习相关操作。

　　(2) 请利用互联网查出下列主要药品的物理常数,并写到预习报告中。

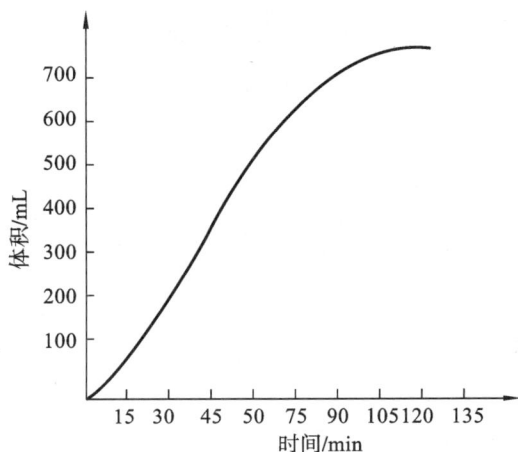

图 4-22　时间-吸收氢气体积示意图

药品名称	分子量 (mol wt)	熔点 /(℃)	沸点 /(℃)	相对密度 (d_4^{20})	水溶解度 /(g/100 mL)
无水乙醇					
肉桂酸					
氢化肉桂酸					

（3）氢气是易燃气体,当它与空气混合时,氢气的体积在 4% ~74.2% 范围内遇火花即可以引起爆炸。故在进行氢化反应的实验室内严禁使用明火和一般非防爆的电动机、电吹风等可产生电火花的电器。

在使用高压钢瓶氢气时,钢瓶必须牢牢地固定在实验台旁或屋角处,以免钢瓶被碰倒造成严重事故。

充氢气时一定要通过减压阀,在教师指导下严格按照操作规程进行。

（4）用本实验方法制备的催化剂是略带碱性的高活性催化剂。催化剂的储存导致活性显著降低,因此最好新鲜制备,可得到较高的转化率。

催化剂制好后,取少许于滤纸上,待溶剂挥发后,催化剂能发生自燃,表示活性较好,否则需要重新制备。

（5）整个装置不能漏气,在实验前应预先对整个装置进行漏气检验。

（6）置换氢气时,事先一定要充分熟悉三通活塞的方向,做好准备工作后再进行。也可不抽真空,直接用氢气置换空气后进行加氢。

（7）所吸收的氢气换算成标准状况下的体积后,可与理论吸收氢气体积比较,得出氢化百分率。

实验 32　2,4-二氯苯氧乙酸的制备

一、实验目的

（1）学习 2,4-二氯苯氧乙酸制备的原理和方法。

（2）巩固机械搅拌、分液漏斗使用、重结晶等操作。

二、实验原理

$$ClCH_2CO_2H \xrightarrow{Na_2CO_3} ClCH_2CO_2Na$$

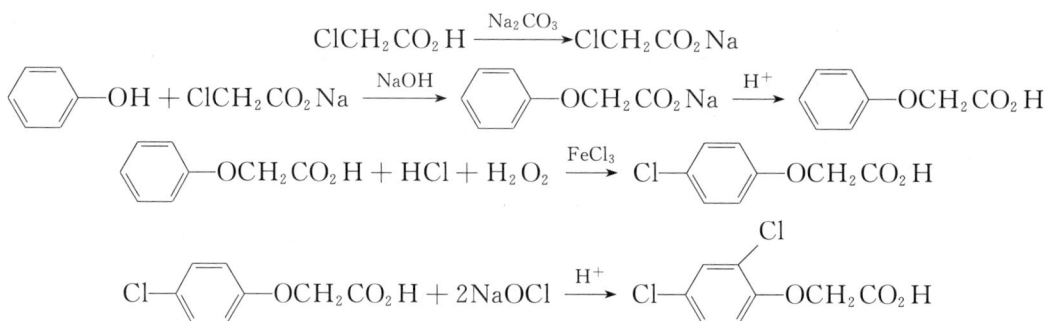

上面的第一个反应属于 Williamson 醚的制备反应，第三个和第四个反应是芳环上的亲电取代反应。

芳环上的卤化是重要的芳环亲电取代反应之一。本实验第三个反应通过浓盐酸加过氧化氢、第四个反应通过次氯酸钠在酸性介质中的氯化，避免了直接使用氯气带来的危险和不便。下面是它们的反应原理：

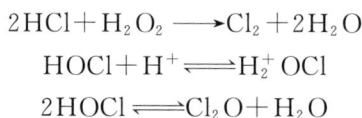

$$2HCl + H_2O_2 \longrightarrow Cl_2 + 2H_2O$$
$$HOCl + H^+ \Longleftrightarrow H_2^+OCl$$
$$2HOCl \Longleftrightarrow Cl_2O + H_2O$$

H_2^+OCl、Cl_2O 也是良好的氯化试剂。

三、实验步骤

1. 苯氧乙酸的制备

在装有搅拌器、回流冷凝管和滴液漏斗的 100 mL 三口烧瓶中，加入 3.8 g 氯乙酸和 5 mL 水。开始搅拌，慢慢滴加饱和碳酸钠溶液（约需 7 mL）至溶液 pH 值为 7~8。然后加入 2.5 g 苯酚，再慢慢滴加 35％的氢氧化钠溶液至反应混合物 pH 值为 12。将反应物在沸水浴中加热约 0.5 h。反应过程中 pH 值会下降，应补加氢氧化钠溶液，保持 pH 值为 12，在沸水浴上再继续加热 15 min。反应完毕后，将三口烧瓶移出水浴，趁热转入锥形瓶中，在搅拌下用浓盐酸酸化至 pH 值为 3~4。

在冰浴中冷却，析出固体，待结晶完全后，抽滤，粗产物用冷水洗涤 2~3 次后，在 60~65 ℃下干燥，产量为 3.5~4 g，测熔点。粗产物可直接用于对氯苯氧乙酸的制备。

纯苯氧乙酸的熔点为 98~99 ℃。

2. 对氯苯氧乙酸的制备

在装有搅拌器、回流冷凝管和滴液漏斗的 100 mL 的三口烧瓶中加入 3 g(0.02 mol)上述制备的苯氧乙酸和 10 mL 冰醋酸。将三口烧瓶置于水浴加热,同时开动搅拌器。待水浴温度上升至 55 ℃时,加入少许(约 20 mg)三氯化铁和 10 mL 浓盐酸。当水浴温度升至 60～70 ℃时,在 10 min 内慢慢滴加 3 mL 过氧化氢(33%),滴加完毕后保持此温度再反应 20 min。升高温度使瓶内固体全溶,慢慢冷却,析出结晶。抽滤,粗产物用水洗涤 3 次。粗品用 1∶3 乙醇-水重结晶,干燥后产量约为 3 g。

纯对氯苯氧乙酸的熔点为 158～159 ℃.

3. 2,4-二氯苯氧乙酸的制备

在 100 mL 锥形瓶中,加入 1 g(0.0066 mol)干燥的对氯苯氧乙酸和 12 mL 冰醋酸,搅拌使固体溶解。将锥形瓶置于冰浴中冷却,在振荡下分批加入 19 mL 5%的次氯酸钠溶液。然后将锥形瓶从冰浴中取出,待反应物温度升至室温后再保持 5 min。此时反应液颜色变深。向锥形瓶中加入 50 mL 水,并用 6 mol/L 的盐酸酸化至刚果红试纸变蓝。反应物每次用 25 mL乙醚萃取 2 次。合并醚萃取液,在分液漏斗中用 15 mL 水洗涤后,再用 15 mL 10%的碳酸钠溶液萃取产物。将碱性萃取液移至烧杯中,加入 25 mL 水,用浓盐酸酸化至刚果红试纸变蓝。抽滤析出晶体,并用冷水洗涤 2～3 次,干燥后产量约为 0.7 g,粗品用四氯化碳重结晶,熔点为 134～136 ℃。

纯 2,4-二氯苯氧乙酸的熔点为 138 ℃。

本实验约需 8 h。

四、预习及操作过程指导

(1) 根据实验目的预习相关操作。

(2) 请利用互联网查出下列主要药品的物理常数,并写到预习报告中。

药品名称	分子量 (mol wt)	熔点 /(℃)	沸点 /(℃)	相对密度 (d_4^{20})	水溶解度 /(g/100 mL)
苯酚					
氯乙酸					
苯氧乙酸					
对氯苯氧乙酸					
2,4-二氯苯氧乙酸					

(3) 为防止 $ClCH_2COOH$ 水解,先用饱和 Na_2CO_3 溶液使之成盐,并且加碱的速度要慢。

(4) 往三氯化铁中滴加盐酸,开始滴加时,可能有沉淀产生,不断搅拌后又会溶解。若未见沉淀生成,则可再补加 2～3 mL 浓盐酸。

(5) 次氯酸钠不能过量,否则会使产量降低。

(6) 最后一步用 10%碳酸钠溶液萃取时,会产生大量二氧化碳气体,注意及时放气。

实验 33　乙酸乙酯的制备

一、实验目的

(1) 掌握乙酸乙酯的制备原理及方法,掌握可逆反应提高产率的措施。

(2) 练习分馏和液体有机化合物的洗涤、干燥、蒸馏等基本操作技能。

二、实验原理

$$CH_3COOH + CH_3CH_2OH \underset{H_2SO_4}{\overset{H_2SO_4}{\rightleftharpoons}} CH_3COOCH_2CH_3 + H_2O$$

副反应:
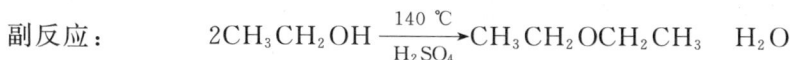
$$2CH_3CH_2OH \xrightarrow[H_2SO_4]{140\ ℃} CH_3CH_2OCH_2CH_3 \quad H_2O$$

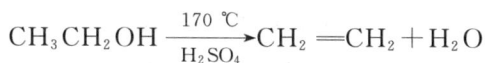
$$CH_3CH_2OH \xrightarrow[H_2SO_4]{170\ ℃} CH_2{=\!=}CH_2 + H_2O$$

三、实验步骤

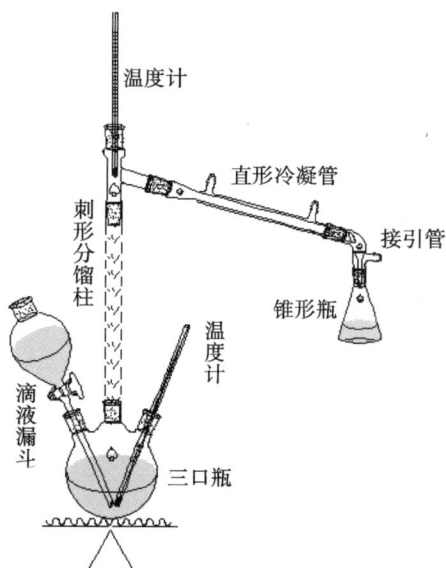

图 4-23　反应装置 5

在 100 mL 三口烧瓶中加入 4 mL 乙醇,摇动下慢慢加入 5 mL 浓硫酸,使其混合均匀,并加入几粒沸石。三口烧瓶一侧口插入温度计,另一侧口插入滴液漏斗,漏斗末端应浸入液面以下,中间口装一长的刺形分馏柱(见图 4-23)。

仪器装好后,在滴液漏斗内加入 10 mL 乙醇和 8 mL 冰醋酸,混合均匀,先向瓶内滴入约 2 mL 的混合液,然后,将三口烧瓶小心加热到 110~120 ℃,这时蒸馏管口应有液体流出,再自滴液漏斗慢慢滴入其余的混合液,控制滴加速度和馏出速度大致相等,并维持反应温度在 110~125 ℃。滴加完毕后,继续加热 10 min,直至温度升高到 130 ℃不再有馏出液为止。

馏出液中含有乙酸乙酯及少量乙醇、乙醚、水和醋酸等,在摇动下,慢慢向粗产品中加入饱和的碳酸钠溶液(约 6 mL)至无二氧化碳气体放出,酯层用 pH 试纸检验呈中性。中和后的馏出液转入分液漏斗中,充分振摇(注意及时放气!)后静置,分去下层水相。酯层用 10 mL 饱和食盐水洗涤后,再用 10 mL 饱和氯化钙溶液洗涤两次,弃去下层水相,酯层自漏斗上口倒入干燥的锥形瓶中,用无水碳酸钾干燥 30 min。

将干燥好的粗乙酸乙酯小心倾入 60 mL 的梨形蒸馏瓶中(不要让干燥剂进入瓶中),加入沸石后在水浴上进行蒸馏,收集 73~80 ℃的馏分。产量为 5~8 g。

图中标注(从上到下、从左到右):温度计、直形冷凝管、接引管、锥形瓶、刺形分馏柱、温度计、滴液漏斗、三口瓶

四、预习及操作过程指导

（1）根据实验目的预习相关操作。

（2）请利用互联网查出下列主要药品的物理常数，并写到预习报告中。

药品名称	分子量 (mol wt)	熔点 /(℃)	沸点 /(℃)	相对密度 (d_4^{20})	水溶解度 /(g/100 mL)
冰醋酸					
95%乙醇					
乙酸乙酯					

（3）本实验一方面加入过量乙醇，另一方面在反应过程中不断蒸出产物，促进平衡向生成酯的方向移动。乙酸乙酯和水、乙醇形成二元或三元共沸混合物，共沸点都比原料的沸点低，故可在反应过程中不断将其蒸出。这些共沸物的组成和沸点如下所示。

共沸物组成	共沸点/(℃)
乙酸乙酯 91.9%，水 8.1%	70.4
乙酸乙酯 69.0%，乙醇 31.0%	71.8
乙酸乙酯 82.6%，乙醇 8.4%，水 9.0%	70.2

（4）加料滴液漏斗和温度计必须插入反应混合液中，加料滴液漏斗的下端离瓶底约5 mm为宜。

（5）加浓硫酸时，必须慢慢加入并充分振荡烧瓶，使其与乙醇均匀混合，以免在加热时因局部酸过浓引起有机物碳化等副反应。

（6）反应瓶里的反应温度可用滴加速度来控制。温度接近125 ℃时，适当滴加快点；当温度落到接近110 ℃时，可滴加慢点；当温度降到110 ℃时，停止滴加；当温度升到110 ℃以上时，再滴加。

实验 34　乙酸正丁酯的制备

一、实验目的

（1）掌握以醇和酸制备乙酸正丁酯的原理及方法。

（2）学习共沸蒸馏分水法的原理和分水器（油水分离器）的使用。

（3）练习液体有机化合物的洗涤、干燥和蒸馏的基本操作技能。

二、实验原理

$$CH_3COOH + CH_3CH_2CH_2CH_2OH \xrightarrow{\quad H_2SO_4 \quad} CH_3COOCH_2CH_2CH_2CH_3 + H_2O$$

三、实验步骤

图 4-24　反应装置 6

反应装置如图 4-24 所示。在干燥的 50 mL 圆底烧瓶中，装入 11.5 mL 正丁醇和 7.2 mL 冰醋酸，再加入 3～4 滴浓硫酸，混合均匀，投入几粒沸石，然后安装分水器及回流冷凝管，并在分水器中预先加水至略低于支管口。加热回流，反应一段时间后把水逐渐分去，保持分水器中水层液面在原来的高度。约 40 min 后不再有水生成，表示反应完毕。停止加热，记录分出的水量。冷却后卸下回流冷凝管，把分水器分出的酯层和圆底烧瓶中的反应液一起转入分液漏斗中。用 10 mL 水洗涤，分出水层。之后用 10 mL 10%碳酸钠溶液洗涤，分出水层，最后用 10 mL 水洗涤，分出水层后，将酯层倒入小锥形瓶中，加入适量无水硫酸镁干燥。

将干燥后的乙酸正丁酯滤入干燥的 30 mL 圆底烧瓶中，加入沸石，加热蒸馏，收集 124～126 ℃的馏分。称量并计算产率。

本实验约需 4 h。

四、预习及操作过程指导

（1）根据实验目的预习相关操作。

（2）请利用互联网查出下列主要药品的物理常数，并写到预习报告中。

药品名称	分子量 （mol wt）	熔点 /(℃)	沸点 /(℃)	相对密度 (d_4^{20})	水溶解度 /(g/100 mL)
冰醋酸					
正丁醇					
乙酸正丁酯					

（3）浓硫酸在反应中起催化作用，故只需少量。

（4）本实验利用恒沸物除去酯化反应生成的水。正丁醇、乙酸正丁酯和水可以形成几种恒沸物，这些共沸物的组成和沸点如下所示。

共沸物组成	共沸点/(℃)
乙酸正丁酯 72.9%，水 27.1%	90.7 ℃
乙酸正丁酯 32.8%，正丁醇 67.2%	117.6 ℃
正丁醇 55.5%，水 44.5%	93.0 ℃
乙酸正丁酯 63.0%，正丁醇 8.0%，水 29.0%	90.7 ℃

含水的恒沸物冷凝为液体时，分为两层，上层为含水的酯和醇，下层主要是水。

（5）根据分出的总水量（注意：扣除预先加到分水器中的水量），可以粗略地估计酯化反应完成的程度。

实验 35　乙酰苯胺的制备

一、实验目的

（1）学习芳香族酰胺制备的原理和方法。

（2）练习固体有机化合物的重结晶、干燥等基本操作技能。

二、实验原理

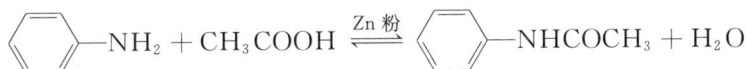

三、实验步骤

在 50 mL 圆底烧瓶上装一个分馏柱，柱顶插一支 150 ℃ 温度计，用一个小锥形瓶收集反应生成的稀醋酸溶液（见图 4-25）。

圆底烧瓶中加入 5 mL 新蒸馏过的苯胺、7.4 mL 冰醋酸和 0.1 g 的锌粉，油浴加热至沸腾。控制油浴温度，保持温度计读数在 105 ℃ 左右。经过 40～60 min，反应所生成的水（含少量醋酸）可完全蒸出。当温度计的读数发生上下波动时（有时反应容器中出现白雾），反应即达终点，停止加热。

在不断搅拌下把反应混合物趁热以细流慢慢倒入盛有 100 mL 水的烧杯中，用少量水洗涤烧瓶两遍，合并到烧杯中。继续剧烈搅拌，使烧杯充分冷却，粗乙酰苯胺成细粒状完全析出。用布氏漏斗抽滤析出的固体。固体抽干后，用 5～10 mL 冷水洗涤以除去残留的酸液。把粗乙酰苯胺放入 150 mL 热水中，加热至沸腾。如果仍有未溶解的油珠，则可补加热水，直到油珠完全溶解为止。稍冷后加入约 0.5 g 粉末状活性炭，用玻璃棒搅动并煮沸 1～2 min。趁热用预先加热好的布氏漏斗减压过滤。冷却滤液，乙酰苯胺呈无色片物晶体析出。减压过滤，尽量挤压以除去晶体中的水分。产物放在表面皿上用水蒸气加热烘干后测定其熔点。产量约为 5 g。

温度计

接引管

刺形分馏柱

锥形瓶

图 4-25　反应装置 7

四、预习及操作过程指导

（1）根据实验目的预习相关操作。

（2）请利用互联网查出下列主要药品的物理常数，并写到预习报告中。

药品名称	分子量 （mol wt）	熔点 /（℃）	沸点 /（℃）	相对密度 （d_4^{20}）	水溶解度 /（g/100 mL）
冰醋酸					
苯胺					
乙酰苯胺					

（3）芳香族酰胺通常用伯或仲芳胺与酸酐或羧酸反应制备，因为酸酐的价格较贵，所以一般选羧酸。本反应是可逆的，为提高平衡转化率，加入过量的冰醋酸，同时不断地把生成的水移出反应体系，可以使反应接近完成。为了让生成的水蒸出，而又尽可能地让沸点接近的醋酸少蒸出来，本实验采用较长的分馏柱进行分馏。实验加入少量的锌粉，是为了防止反应过程中苯胺被氧化。

（4）重结晶时，若晶体不能从过饱和溶液中析出，则可用玻璃棒摩擦烧杯内壁或加入晶种使晶体析出。

（5）切不可向沸腾的溶液中加入活性炭，以免引起暴沸。

（6）久置的苯胺因为氧化而颜色较深，使用前要重新蒸馏。因为苯胺的沸点较高，蒸馏时应选用空气冷凝管冷凝，或采用减压蒸馏。

（7）反应液冷却会析出乙酰苯胺固体，粘在烧瓶壁上不易处理，所以应趁热将反应液倒出。

（8）趁热过滤时，采用抽滤装置，但布氏漏斗要预热，抽滤过程要快，避免产品在布氏漏斗中结晶。

（9）粗乙酰苯胺进行重结晶时，在热水中加热至沸腾，若仍有未溶解的油珠，则应补加水至油珠消失。油珠是熔融状态下的含水乙酰苯胺（83 ℃时含水 13%），如果溶液温度在83 ℃以下，溶液中未溶解的乙酰苯胺以固态存在。

（10）本实验重结晶时水的用量需控制，最好使溶液在 80 ℃左右为饱和状态。

附基本操作 15：重结晶

重结晶是提纯晶态物质最常用的方法之一，它适用于那些溶解度随温度上升而明显增大的化合物，且产品中杂质含量小于 5%的体系（杂质太多可能影响结晶速度，甚至妨碍结晶的生成）。所以从反应粗产物直接重结晶是不适宜的，必须先采用其他方法进行初步提纯，如萃取、过滤、洗涤、蒸馏等，然后再用重结晶提纯。

用适当的溶剂把含有杂质的晶体物质溶解，配制成接近沸腾的浓热溶液，趁热滤去不溶性杂质，使滤液冷却析出结晶，过滤收集晶体并做干燥处理的联合操作过程称为重结晶。如果一次重结晶达不到纯化目的，还可以进行第二次重结晶，有时甚至要进行多次重结晶才能得到纯净的化合物。

一、重结晶的基本原理

重结晶是利用不同物质在同一溶剂中的溶解度差异，对含有杂质的固体化合物进行纯化的方法。

　　绝大多数固体物质的溶解度都随温度的升高而增大。在较低温度下达到饱和的溶液升高温度时就不再饱和,需再加入一定量的溶质才能达到新的饱和。反之,在较高温度下达到饱和的溶液,当降低温度时,溶质会部分析出。

　　利用溶剂对被提纯物质和杂质的溶解度的不同,使被提纯物质从过饱和溶液中析出,而杂质在热过滤时被除去或冷却后留在母液中,从而达到提纯的目的。这就是重结晶的原理。

二、重结晶的基本操作

　　1. 选择溶剂

　　重结晶的关键是选择合适的溶剂。重结晶溶剂应具备以下条件。

　　(1) 溶剂与被提纯的物质不起化学反应。

　　(2) 被提纯的物质在该溶剂中加热时溶解度大,而在冷却过程中溶解度快速减小。

　　(3) 杂质在该溶剂中要么溶解度很大,冷、热时都不会随被提纯物质析出,始终留在母液里,过滤时随母液一起除去;要么溶解度很小,在热溶剂中也不溶解,可在热过滤时除去。

　　(4) 溶剂易挥发,沸点不宜太低,也不宜太高。溶剂的沸点太低时,溶解度改变不大且不易操作;溶剂的沸点太高时,附着于晶体表面的溶剂不易除去。

　　(5) 溶剂价格低、毒性小、易回收、使用安全。

　　溶剂可以根据“相似相溶”原理选择,也可通过查阅文献选择。如果从文献中找不出合适的溶剂,可通过实验选择。具体方法为:

　　取 0.1 g 待提纯固体物质于试管中,用滴管将某一溶剂逐滴加入,不断振摇试管,注意观察是否溶解。当加入的溶剂量接近 1 mL 时,间接加热混合物使之沸腾(注意易燃溶剂着火!)。若此物质易溶于沸腾的溶剂,则表示该溶剂不适用。

　　若该物质不溶解于沸腾的溶剂中,则可逐渐添加溶剂,每次约加 0.5 mL,并继续加热使之沸腾。若加入溶剂量达 4 mL 而仍不溶解,则表示此溶剂也不适用。

　　若该物质能溶于 4 mL 以内的热溶剂中,则将试管进行冷却,观察是否有结晶体析出,必要时可用玻璃棒摩擦试管内壁,以利于结晶析出。如果浸于冷却剂中,并用玻璃棒摩擦试管内壁后,在数分钟内仍无晶体析出,则表示该溶剂仍不适用。

　　若所选择的溶剂在 1~4 mL 溶剂沸腾的情况下,能使样品全部溶解,并在冷却后能析出较多的晶体,则该溶剂可以用于该样品的重结晶。冷却时样品析出最多结晶的溶剂,就是最适用的溶剂。

　　如果很难选择到理想的单一溶剂,可以考虑选用混合溶剂。混合溶剂一般由两种能以任意比例混合的溶剂组成。其中一种溶剂对样品的溶解度较大,称为良溶剂;另一种溶剂对样品的溶解度很小,称为不良溶剂。操作时先将样品溶于沸腾或接近沸腾的良溶剂中,滤掉不溶杂质或经脱色后的活性炭,趁热在滤液中滴加不良溶剂至滤液变混浊为止,再加热或滴加良溶剂,使滤液转变为清亮,放置冷却,使结晶全部析出。如果冷却后析出油状物,则需要调整两溶剂的比例,再进行实验,或另换一对溶剂。有时也可将两种溶剂按比例预先混合好,再进行重结晶。

　　2. 重结晶的具体操作步骤

　　重结晶的具体操作步骤为:饱和溶液的制备→脱色→热过滤→冷却结晶→抽滤→晶体的干燥。

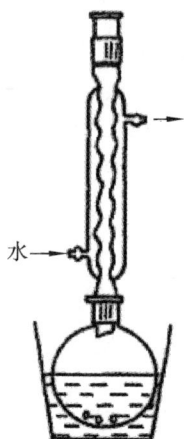

图 4-26　回流装置

（1）饱和溶液的制备。将待重结晶的样品置于适当的容器中，水作溶剂时，可用烧杯；用有机溶剂时，要用圆底烧瓶或磨口锥形瓶。把称量好的样品放入烧杯或锥形瓶或圆底烧瓶中，加入比需要量稍少的选定溶剂。若溶剂易燃或有毒时，则应装回冷凝管组成回流冷凝装置（见图 4-26）。加入沸石，然后加热（根据溶剂的沸点和易燃性选择加热装置）使溶液沸腾或接近沸腾，进行摇动。若试样还未完全溶解，再分次添加溶剂，再加热至沸腾，直至完全溶解。溶剂用量必须从两方面考虑：一方面要防止溶剂过量造成溶质的损失，另一方面要考虑到在后面饱和溶液热过滤时，因溶剂的挥发、温度下降使溶液变成过饱和，造成过滤时在滤纸上析出结晶，从而影响收率。因此，溶剂量一般比需要量多 15%～20%。

（2）脱色。若溶液中含有带色杂质或树脂物质，则会妨害结晶，并使晶体污染。为此，常用活性炭除去这些杂质，使样品脱色纯化。

加入活性炭的量应按所含杂质的多少来决定，一般所用活性炭的量为粗品重量的 1%～2%。若这些量的活性炭尚不能使溶液脱色，则可再加粗品重量 1%～2% 的活性炭重复操作一次，尽可能不要多加，因样品会被活性炭吸附造成损失。活性炭必须在样品全部溶解，溶液稍冷不沸腾后分批加入，然后再煮沸 1～2 min，立即趁热过滤。切忌将活性炭加到正在沸腾的溶液中，以免液体暴沸甚至从容器中溢出。

（3）热过滤。热过滤的目的是除去活性炭及不溶性杂质，防止样品由于温度降低而结晶析出。为了减少过滤过程中晶体损失，操作时应尽量不让热溶液温度降低，并要使热溶液尽快地通过漏斗。热过滤有两种方法，即常压过滤（重力过滤）和减压过滤（抽滤）。热过滤的装置如图 4-27 所示。

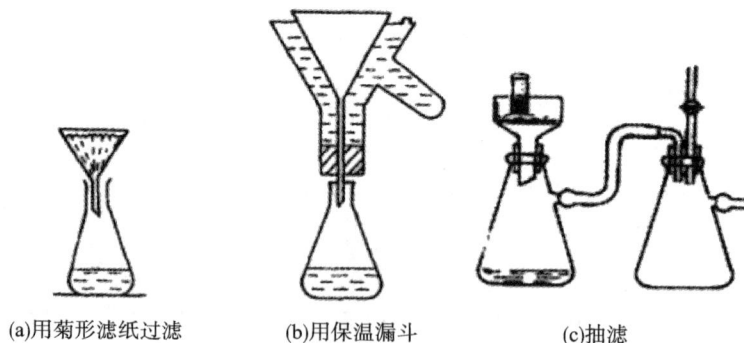

(a)用菊形滤纸过滤　　(b)用保温漏斗　　(c)抽滤

图 4-27　热过滤装置

第一种方法，如图 4-27(a) 所示，选用颈部粗而短的玻璃漏斗预热好，内放一折叠滤纸（又称菊形滤纸或扇形滤纸）。滤纸的折叠方法如图 4-28 所示。将滤纸对折，然后再对折成四份；将 2 与 3 对折成 4,1 与 3 对折成 5，如图 4-28(a) 所示；2 与 5 对折成 6,1 与 4 对折成 7，如图 4-28(b) 所示；2 与 4 对折成 8,1 与 5 对折成 9，如图 4-28(c) 所示。这时，折好的滤纸边全部向外，角全部向里，如图 4-28(d) 所示；再将滤纸反方向折叠，相邻的两条边对折即可得到图 4-28(e) 所示的形状；然后将图 4-28(f) 所示的 1 和 2 向相反的方向折叠一次，可以得到一个完好的折叠滤纸。在折叠过程中应注意,所有折叠方向要一致,滤纸中央圆心部位不要用力折,以免破裂。

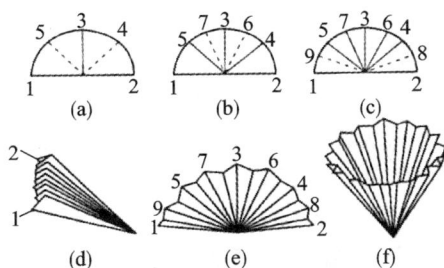

图 4-28　滤纸折叠方法

普通漏斗也可以用铁圈架在铁架台上,下面用电热套保温。

第二种方法,如图 4-27(b)所示,如热溶液的量较多,可用保温漏斗(又称热水漏斗)。保温漏斗是把玻璃漏斗放在一个金属制的热水漏斗套内。套的内壁间充水,在热滤前须将水预热。如以水为溶剂,热滤时可继续加热其侧管(如用易燃有机溶剂,在热滤前务必将火熄灭)。

第三种方法是热抽滤(又称减压热过滤或热吸滤),其装置如图 4-27(c)所示。抽滤通常用布氏漏斗,配一橡皮塞,塞在抽滤瓶上,漏斗管的下端斜口要正对抽滤瓶的侧管。瓶的侧管用厚壁橡皮管与安全瓶相连,后者再与水泵相连。布氏漏斗和抽滤瓶的大小应与热液的量相当。滤纸的大小要合适,即要比漏斗的内径略小,但要使漏斗筛板上的小孔全部盖没。如滤纸太大,就会贴到漏斗壁上,不易贴紧,会使热液从滤纸四周漏下去,造成处理的麻烦和影响结晶样品的纯度。

减压热过滤要事先把布氏漏斗在热水中预热。减压热过滤时,先用热溶剂将滤纸润湿,然后迅速将热溶液倒入布氏漏斗中,在液体抽干之前漏斗应始终保持有液体存在,此时,真空度不宜太低。

热过滤时动作要快,以免液体或仪器冷却后,晶体过早地在漏斗中析出。如发生此现象,可用少量热溶剂洗涤,使晶体溶解进入滤液中。如果晶体在漏斗中析出太多,则应重新加热溶解再进行热过滤。减压热过滤的优点是过滤快,缺点是当用沸点低的溶剂时,因减压会使热溶剂蒸发或沸腾,导致溶液浓度变大,晶体过早析出。

(4)冷却结晶。冷却结晶是使产物重新形成晶体的过程,其目的是进一步与溶解在溶剂中的杂质分离。

将上述经热滤的溶液自然冷却,溶质从溶液中析出,使杂质留在母液中。当冷却条件不同时,晶体析出的情况也不同。结晶的大小与被纯化产品的纯度亦有关系,若迅速冷却并搅拌,往往得到细小的晶体,表面积较大,吸附在表面的杂质较多。如将热液慢慢冷却,析出的结晶较大,往往有母液和杂质包在结晶内部。为了得到形状好、纯度高的晶体,应在室温下慢慢冷却至有固体出现,不宜剧烈摇动或搅拌。

(5)抽滤(减压过滤)。抽滤的目的是将留在溶剂(母液)中的可溶性杂质与样品纯净晶体(产品)彻底分离。其优点是过滤和洗涤速度快,固体与液体分离得比较完全,固体容易干燥。

减压过滤具体操作与减压热过滤大致相同,所不同的是仪器和液体都应该是冷的,所收集的是固体而不是液体。

(6) 晶体的干燥。为了保证产品的纯度,需要把纯净晶体(产品)进行干燥,彻底去除晶体上黏附的溶剂。当使用的溶剂沸点比较低时,可在室温下使溶剂自然挥发达到干燥的目的;也可将样品放在表面皿上,表面皿放在盛有水的烧杯上,通过加热烧杯产生水蒸气将其烘干。当使用的溶剂(如水)沸点比较高而产品又不易分解和升华时,可用红外灯烘干。当产品易吸水或温度较高时易发生分解,应用真空干燥器进行干燥。

实验 36　乙酰氯的制备

一、实验目的

(1) 学习乙酰氯制备的原理和方法。

(2) 练习有害气体吸收、常压蒸馏等基本操作技能。

二、实验原理

主反应　　　　　
$$3CH_3COOH + PCl_3 \longrightarrow 3CH_3COCl + H_3PO_3$$

副反应　　　　　
$$CH_3COOH + PCl_3 \longrightarrow CH_3COOPCl_2 + HCl\uparrow$$

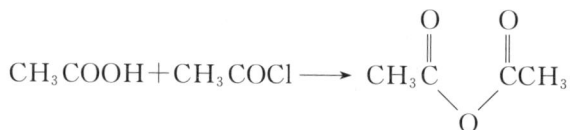
$$CH_3COOH + CH_3COCl \longrightarrow CH_3\overset{O}{\underset{}{C}} \quad \overset{O}{\underset{}{C}}CH_3$$
$$\underset{O}{}$$

$$3CH_3COCl + H_3PO_3 \longrightarrow (CH_3COO)_3P + 3HCl$$

三、实验步骤

本实验所用的仪器都要十分干燥,且装置应严密不漏气。

在 125 mL 蒸馏烧瓶上装配一个滴液漏斗,漏斗下端要伸到蒸馏烧瓶支管以下。蒸馏烧瓶的支管连接冷凝管,冷凝管末端连接一个 60 mL 蒸馏烧瓶作接收器,该蒸馏烧瓶支管通过氯化钙干燥管经一导管与气体吸收装置相连接,如图 4-29 所示。

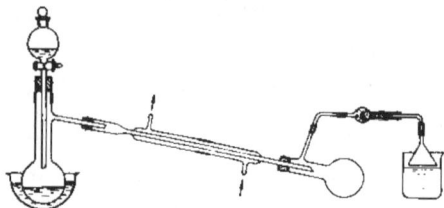

图 4-29　反应装置 8

在 125 mL 蒸馏烧瓶中放入 23 mL 新蒸馏过的冰醋酸(24 g,0.4 mol),在滴液漏斗中装入 14 mL 新蒸馏过的三氯化磷(20.5 g,约 0.26 mol),用 15~20 min 把三氯化磷滴入冰醋酸中。反应放热,蒸馏烧瓶可用冷水浴冷却,待三氯化磷全部加完后,将水浴慢慢加热到 40～50 ℃,维持此温度至氯化氢逸出很缓慢时为止,约需 0.5 h,这时反应液分为两层。然后用沸水浴加热,将上层液体完全蒸出,接收器用冰浴冷却。

把原来当作接收器的 60 mL 蒸馏烧瓶改作蒸馏器,加入 2 滴冰醋酸和几粒沸石重新进行蒸馏,收集 50～56 ℃的馏分,产量为 15～17 g。

乙酰氯为无色透明液体,具刺激臭味,bp 为 51 ℃。

四、预习及操作过程指导

(1) 根据实验目的预习相关操作。

(2) 请利用互联网查出下列主要药品的物理常数,并写到预习报告中。

药品名称	分子量 (mol wt)	熔点 /(℃)	沸点 /(℃)	相对密度 (d_4^{20})	水溶解度 /(g/100 mL)
PCl_3					
冰醋酸					
乙酰氯					

(3) 三氯化磷和乙酰氯在空气中会吸收水分而分解生成 HCl,产生白雾。因此,所用仪器必须保证干燥。同时,前述的副反应也产生 HCl,这些 HCl 可使用气体吸收装置用自来水吸收,且整个实验应在通风橱内进行。

(4) 久置的三氯化磷必须重蒸,收集 74～75 ℃馏分,以保证无分解产物。但需注意,不可蒸干,因 H_3PO_3 在较高温度下可能爆炸。

(5) 加入冰醋酸的目的是分解反应中产生的少量 $CH_3COOPCl_2$,$CH_3COOPCl_2$ 的存在会使无色透明的乙酰氯变浑浊或产生沉淀。

实验 37　丙烯酰胺的制备

一、实验目的

(1) 学习由腈水解制备酰胺的原理。

(2) 练习回流、搅拌、过滤、固体物干燥等基本操作技能。

二、实验原理

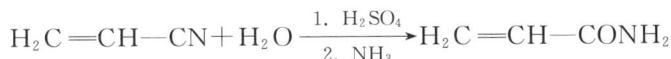

$$H_2C{=}CH{-}CN + H_2O \xrightarrow[\text{2. }NH_3]{\text{1. }H_2SO_4} H_2C{=}CH{-}CONH_2$$

三、实验步骤

在 100 mL 三口烧瓶中加入 15 g 丙烯腈、32 g 84%硫酸,装上搅拌器、回流冷凝管和一支温度计,将混合物加热至 95 ℃,在此温度下搅拌反应 2 h,丙烯腈转化为丙烯酰胺硫酸盐。

过滤,滤出的滤液转移到 100 mL 烧杯中。搅拌下缓慢滴加浓氨水中和,控制中和温度不超过 50 ℃。pH 值为 6.5 时停止中和。过滤,除去固体硫酸铵。滤液冷却至 0 ℃,丙烯酰胺结晶析出。抽滤、干燥,得丙烯酰胺成品。纯的丙烯酰胺为白色片状晶体,熔点为 84~86 ℃。

四、预习及操作过程指导

（1）根据实验目的预习相关操作。

（2）请利用互联网查出下列主要药品的物理常数,并写到预习报告中。

药品名称	分子量 （mol wt）	熔点 /(℃)	沸点 /(℃)	相对密度 (d_4^{20})	水溶解度 /(g/100 mL)
丙烯腈					
丙烯酰胺					
浓氨水					

（3）丙烯腈和丙烯酰胺均有毒、易燃,实验要注意安全。

（4）用氨水中和时温度不能太高,否则会使丙烯酰胺聚合。

实验 38　ε-己内酰胺的制备

一、实验目的

（1）学习酮肟制备的原理和方法。

（2）学习利用贝克曼重排机理制备酰胺的原理和方法。

（3）练习抽滤、固体有机物的洗涤、干燥、分液漏斗使用、减压蒸馏等基本操作技能。

二、实验原理

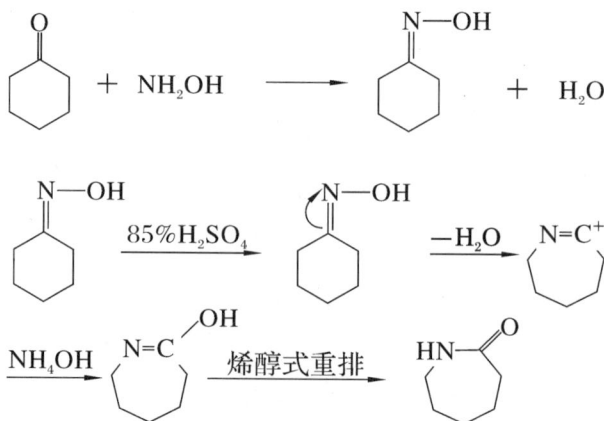

三、实验步骤

1. 环己酮肟的制备

在 250 mL 锥形瓶中，放入 50 mL 水和 7 g 羟胺盐酸盐，摇动，使之溶解。加入 7.8 mL 环己酮，摇动，使之溶解。在一烧杯中，把 10 g 结晶乙酸钠溶于 20 mL 水中，将此乙酸钠溶液滴加到上述溶液中，边加边摇动锥形瓶，即可得粉末状环己酮肟。为使反应进行得完全，用橡皮塞塞紧瓶口，用力振荡约 5 min。把锥形瓶放入冰水浴中冷却。粗产物在布氏漏斗上抽滤，用少量水洗涤，尽量挤出水分。取出滤饼，放在空气中晾干。产量为 7～8 g。产物可直接用于贝克曼重排实验。

纯环己酮肟为白色棱柱晶体，熔点为 90 ℃。

2. ε-己内酰胺的制备

在 500 mL 烧杯中放入 5 g 环己酮肟和 10 mL 85% 硫酸。用一支量程为 250 ℃ 的温度计测温，并用一根玻璃棒进行搅拌，使两者充分混合。在石棉网上用小火加热烧杯，当开始出现气泡时（约在 120 ℃），立即移去灯焰。此时发生强烈的放热反应。待冷却后将此溶液倒入 100 mL 三口烧瓶中。三口烧瓶装配有机械搅拌器、温度计和恒压滴液漏斗。用冰盐水冷却三口烧瓶，当反应液温度下降到 0～5 ℃ 时，从滴液漏斗缓慢地滴加 20% 的氨水，直至溶液对石蕊试纸呈碱性。

将反应物抽滤。滤液用二氯甲烷萃取 5 次，每次用 10 mL。合并二氯甲烷萃取液，用 5 mL 水洗涤，分去水层。在热水浴上蒸除二氯甲烷。将残余液转到 50 mL 梨形烧瓶内，用减压蒸馏法提纯。先用水泵减压蒸馏，除去残余的二氯甲烷，然后用油泵减压蒸馏。为了防止 ε-己内酰胺在冷凝管内凝结，可将接收器圆底烧瓶与克氏蒸馏头的支管直接相连，省去冷凝管。用油浴加热，收集 137～140 ℃/160 Pa(12 mmHg) 的馏分。产量约为 2.5 g。ε-己内酰胺在蒸馏烧瓶内凝结成白色结晶。

纯 ε-己内酰胺为白色片状结晶，熔点为 69～71 ℃。

四、预习及操作过程指导

（1）根据实验目的预习相关操作。

（2）请利用互联网查出下列主要药品的物理常数，并写到预习报告中。

药品名称	分子量 (mol wt)	熔点 /(℃)	沸点 /(℃)	相对密度 (d_4^{20})	水溶解度 /(g/100 mL)
环己酮					
环己酮肟					
ε-己内酰胺					
20% 氨水					

（3）贝克曼反应激烈，用大烧杯以利散热。贝克曼反应几秒钟即完成，生成棕色略稠液体。

（4）往三口烧瓶滴加氨水时，为保持反应体系与大气相通，恒压漏斗口不用塞子。

（5）开始加氨水时要缓慢滴加。中和反应温度控制在 10 ℃ 以下，避免在较高温度下 ε-己内酰胺发生水解。

实验 39　内形双环[2,2,1]-2-庚烯-5,6-二甲酸酐的制备

一、实验目的

（1）学习利用 Diels-Alder 反应制备内形双环[2,2,1]-2-庚烯-5,6-二甲酸酐的原理和方法。

（2）练习使用冰浴的基本操作技能。

二、实验原理

Diels-Alder 反应具有高度的立体专一性，这种立体专一性表现为：①共轭双烯以 s-顺式构象时才能反应；②1,4-环加成反应是立体定向的顺式加成，共轭双烯与亲双烯体的构型在反应中保持不变；③环状二烯与环状亲二烯体的加成主要生成内型(endo)而不是外型(exo)的加成产物。例如，环戊二烯与顺丁烯二酸酐的加成产物中内型体占绝对优势。

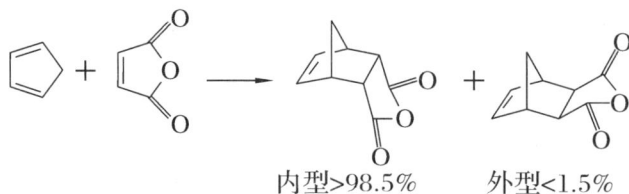

内型>98.5%　　　　外型<1.5%

三、实验步骤

在干燥的 50 mL 圆底烧瓶中，加入 2 g 顺丁烯二酸酐和 7 mL 乙酸乙酯，在水浴上温热使之溶解，然后加入 7 mL 石油醚，混合均匀后将此溶液置冰浴中冷却（此时可能有少许固体析出，但不影响反应）。加入 2 mL 新蒸的环戊二烯，在冰水浴中摇振烧瓶，直至放热反应完成，瓶中会有白色晶体析出。将反应混合物在水浴上加热使晶体重新溶解，再让其慢慢冷却，得到内形双环[2,2,1]-2-庚烯-5,6-二甲酸酐的白色针状结晶，抽滤，收集晶体，干燥后称重，产量约 2 g，熔点为 163～164 ℃。

上述得到的酸酐很容易水解为内型顺二甲酸。取 1 g 酸酐，置于锥形瓶中，加入 15 mL 水，加热至沸使固体和油状物完全溶解后，让其自然冷却，必要时用玻璃棒摩擦瓶壁促使结晶，得白色棱状结晶双环[2,2,1]-2-庚烯-5,6-二甲酸 0.5 g 左右，熔点为 178～180 ℃。

本实验需 2～3 h。

四、预习及操作过程指导

（1）根据实验目的预习相关操作。

（2）请利用互联网查出下列主要药品的物理常数，并写到预习报告中。

药品名称	分子量 （mol wt）	熔点 /（℃）	沸点 /（℃）	相对密度 （d_4^{20}）	水溶解度 /（g/100 mL）
顺丁烯二酸酐					
环戊二烯					
乙酸乙酯					
石油醚					

（3）顺丁烯二酸酐及其加成产物都易水解成相应二元羧酸，故所用全部仪器、试剂及溶剂均需干燥，并注意防止水或水汽进入反应系统。

（4）环戊二烯在室温下易聚合为二聚体，市售环戊二烯都是二聚体。二聚体在170 ℃以上可解聚为环戊二烯，方法如下：

将二聚体置于圆底烧瓶中，瓶口安装30 cm长的韦氏分馏柱，缓缓加热解聚。产生的环戊二烯单体沸程为40～42 ℃，因此需控制分馏柱顶的温度不超过45 ℃，并用冰水浴冷却接收瓶。如果这样分馏所得环戊二烯浑浊，则是因潮气侵入所致，可用无水氯化钙干燥。馏出的环戊二烯应尽快使用。如确需短期存放，可密封放置在冰箱中。

实验 40　邻氨基苯甲酸的制备

一、实验目的

（1）学习利用霍夫曼降解反应制备邻氨基苯甲酸的原理和方法。
（2）学习使用冰盐浴的基本操作技能。

二、实验原理

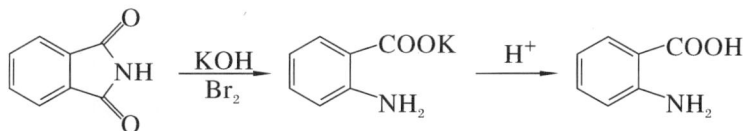

三、实验步骤

在200 mL圆底烧瓶中加入18 mL 50％的氢氧化钾溶液，在搅拌下分3批加入50 g碎冰，并将烧杯用冰盐浴冷却使温度降至−15 ℃。滴加5 g（2 mL）溴，调节滴加速度使温度不超过10 ℃。在全部溴溶解后，分批加入5 g（0.034 mol）研细的邻苯二甲酰亚胺，注意将温度保持在0 ℃以下。然后将透明反应液冷至−5 ℃，加入5 g粉末状氢氧化钾，再搅拌0.5 h。然后将溶液缓慢加热至70 ℃，加入2.5 mL 36％亚硫酸氢钠溶液，冷却、过滤，滤液应该淡而透明。向滤液中加入8～10 mL浓盐酸至溶液显中性，再加入大约6 mL冰醋酸使邻氨基苯甲酸析出。放置，过滤，用少量冷水冲洗，干燥，得邻氨基苯甲酸约4 g。

本实验需4～6 h。

四、预习及操作过程指导

（1）根据实验目的预习相关操作。

（2）请利用互联网查出下列主要药品的物理常数，并写到预习报告中。

药品名称	分子量 （mol wt）	熔点 /（℃）	沸点 /（℃）	相对密度 （d_4^{20}）	水溶解度 /（g/100 mL）
邻苯二甲酰亚胺					
邻氨基苯甲酸					
液态 Br_2					

（3）溴是易挥发、有刺激性和腐蚀性的红棕色液体，应用移液管量取，在通风橱中进行，防止溴灼伤。

（4）霍夫曼降解反应需在 0 ℃以下进行，因为在较高温度下易生成含溴的杂质以及难以除掉的树脂状物质，使产物带暗色并大大降低其产率。

（5）加入亚硫酸氢钠溶液是使过量的次溴酸钾分解。

（6）邻氨基苯甲酸既能溶于碱，也能溶于酸。加盐酸时，如果盐酸不小心过量，则可用氢氧化钾中和至中性。

（7）邻氨基苯甲酸的等电点为 pH＝3～4，为使产物完全析出，最后要加入适量的醋酸。

实验 41　乙酰乙酸乙酯的制备

一、实验目的

（1）学习利用克莱森酯缩合反应制备乙酰乙酸乙酯的原理和方法。

（2）练习无水操作、减压蒸馏等基本操作技能。

二、实验原理

$$2CH_3CO_2C_2H_5 \xrightarrow{C_2H_5ONa} Na^+(CH_3COCHCO_2C_2H_5)^-$$

$$\xrightarrow{HOAc} CH_3COCH_2CO_2C_2H_5 + NaOAc$$

副产物的形成：

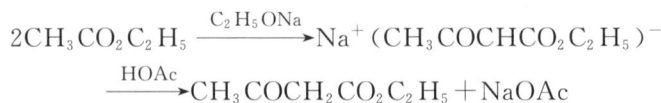

酮式　　　　　　　　烯醇式

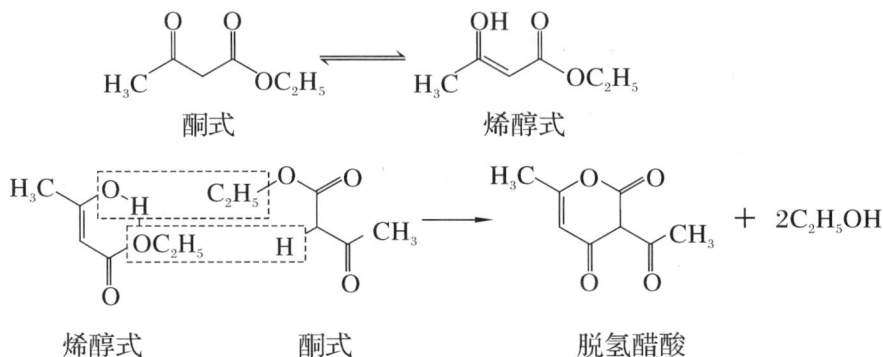

烯醇式　　　　　酮式　　　　　　　脱氢醋酸

三、实验步骤

在干燥的 100 mL 圆底烧瓶中加入 2.5 g 金属钠和 20 mL 二甲苯,装上回流冷凝管,加热使钠熔融至浮上液面。拆去冷凝管,用胶塞塞紧圆底烧瓶,用力振摇得细粒状钠珠(钠沙)。稍经放置,钠珠沉于瓶底,将二甲苯倾倒到二甲苯回收瓶中(切勿倒入水槽或废物缸,以免着火)。迅速向瓶中加入 25 mL 乙酸乙酯,重新装上冷凝管,并在其顶端装一氯化钙干燥管。微沸回流,有氢气泡逸出。如反应很慢时,可稍加温热。待激烈反应过后,改为小火加热,保持微沸状态,直至所有金属钠全部作用完为止(约需一个半小时)。此时生成的乙酰乙酸乙酯钠盐为橘红色透明溶液(有时析出黄白色沉淀)。待反应物稍冷后,在振摇下加入20 mL 50％醋酸,直至反应液呈弱酸性(约需 30 min),此时所有的固体物质都已溶解。将反应物移入分液漏斗,加入等体积的饱和氯化钠溶液,用力振摇,经放置后乙酰乙酸乙酯全部析出。分出有机层,用无水硫酸镁干燥,然后滤入蒸馏瓶,并以少量乙酸乙酯洗涤干燥剂合并入蒸馏瓶。在沸水浴上蒸去未作用的乙酸乙酯后,将瓶内剩余物移入 50 mL 梨形蒸馏瓶进行减压蒸馏。减压蒸馏时加热须缓慢,待残留的低沸物蒸出后,再升高温度,收集乙酰乙酸乙酯。产量为 6～7 g(产率为 42％～49％)。

乙酰乙酸乙酯的压力与沸点关系如下:

压力/kPa	100	10.67	6.00	5.33	3.89	2.40	1.87	1.67
沸点/(℃)	181	100	94	92	88	79	74	71

四、预习及操作过程指导

(1) 根据实验目的预习相关操作。

(2) 请利用互联网查出下列主要药品的物理常数,并写到预习报告中。

药品名称	分子量 (mol wt)	熔点 /(℃)	沸点 /(℃)	相对密度 (d_4^{20})	水溶解度 /(g/100 mL)
乙酸乙酯					
二甲苯					
金属钠					
乙酰乙酸乙酯					

(3) 克莱森酯缩合反应通常要求用乙醇钠(C_2H_5ONa)作催化剂。本实验虽然使用金属钠作缩合试剂,但真正的催化剂是钠与乙酸乙酯中残留的少量乙醇作用产生的乙醇钠,一旦反应开始,乙醇就可以不断生成并和金属钠继续作用。如果使用高纯度的乙酸乙酯和金属钠,反而不能发生缩合反应。

(4) 本实验所用仪器必须是干燥的,所用的试剂必须是无水的,需事先用干燥剂干燥。

(5) 本实验为无水操作,在加入醋酸前反应体系应绝对无水。

(6) 如钠不慎与水接触而着火,切勿往水槽丢,应用灭火毯覆盖灭火,火灾严重则使用灭火器。

（7）由于金属钠遇水易爆炸、燃烧，本实验不适宜用水浴加热。

（8）红色透明溶液析出的黄白色沉淀为乙酰乙酸乙酯的烯醇或钠盐。

（9）反应完毕后得到的橘红色透明液体中可能有黄色固体，为反应副产物脱氢醋酸。

（10）用醋酸中和时，若有少量固体未溶，可加少许水溶解，避免加入过多的酸。

（11）向反应体系中加入醋酸时要注意，若瓶内仍有钠存在，开始几滴必须小心从冷凝管上方加入，可能有火苗出现，无大碍，之后便可较快加入。

实验 42 二苄叉丙酮的制备

一、实验目的

（1）学习利用羟醛缩合反应增长碳链的原理和方法。

（2）练习电磁搅拌器的使用、重结晶等基本操作技能。

二、实验原理

羟醛缩合反应分为自身缩合和交叉羟醛缩合。无 α-H 的芳香醛和有 α-H 的脂肪族醛酮之间的交叉羟醛缩合称为 Claisen-Schmidt 缩合。在苯甲醛和丙酮的交叉羟醛缩合反应中，通过改变反应物的投料比可得到两种不同产物。

若苯甲醛和丙酮按 2∶1 的摩尔比投料，得到的产物是二苄叉丙酮：

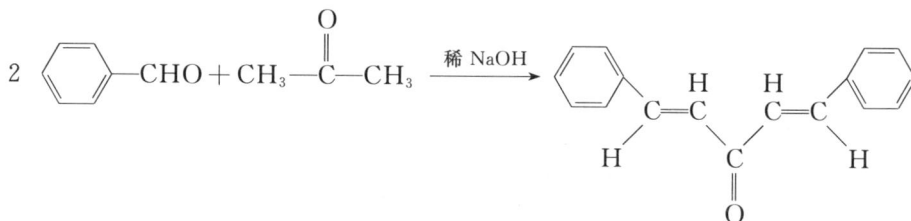

若苯甲醛和丙酮按 1∶1 的摩尔比投料，得到的产物是苄叉丙酮：

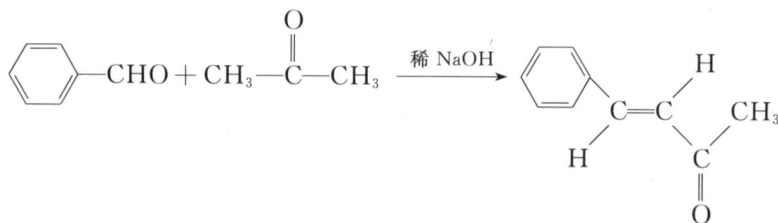

本实验完成上面的反应。

三、实验步骤

将 5.3 mL(0.05 mol)新蒸馏的苯甲醛、1.8 mL(0.025 mol)丙酮、40 mL 95％乙醇和 50 mL 10％氢氧化钠溶液在电磁搅拌下一次加入 250 mL 圆底烧瓶中，继续搅拌 20 min，抽滤，用水洗涤固体，抽干水分。用 1 mL 冰醋酸和 25 mL 95％乙醇配成的混合液浸泡、洗涤，最后再用水洗涤一次。将固体转移到 100 mL 三口烧瓶中，用无水乙醇进行重结晶。重结晶时,将饱和溶液用冰水冷到 0 ℃,使晶体充分析出,抽滤,将产品放在表面皿上用红外灯干燥,产量为 4 g,测定熔点。

纯二苄叉丙酮为淡黄色松散的片状晶体,熔点为 110～111 ℃(113 ℃分解)。

四、预习及操作过程指导

(1) 根据实验目的预习相关操作。

(2) 请利用互联网查出下列主要药品的物理常数,并写到预习报告中。

药品名称	分子量 (mol wt)	熔点 /(℃)	沸点 /(℃)	相对密度 (d_4^{20})	水溶解度 /(g/100 mL)
苯甲醛					
丙酮					
二苄叉丙酮					
乙醇					

(3) 后处理时,氢氧化钠必须除尽,否则难以重结晶。

(4) 重结晶时,若溶液颜色不是淡黄色而呈棕红色,可加入少量活性炭脱色。

(5) 烘干温度应控制在 50～60 ℃,以免产品熔化或分解。

(6) 反应温度不要太高,温度升高,副产物增多,产率下降。

实验 43　2-庚酮的制备

一、实验目的

(1) 学习利用乙酰乙酸乙酯制备其他化合物的方法。

(2) 练习无水操作、萃取、液体有机化合物的洗涤、干燥、减压蒸馏等基本操作技能。

二、实验原理

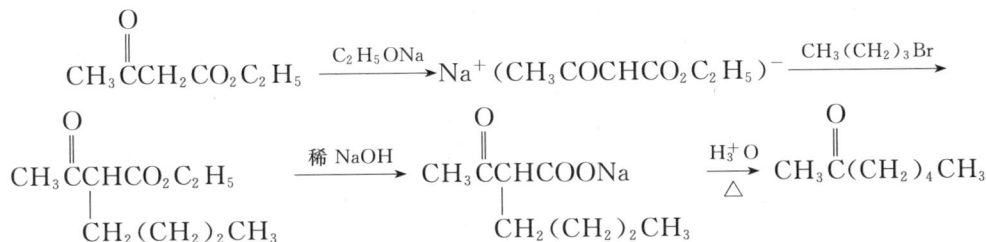

三、实验步骤

1. 正丁基乙酰乙酸乙酯的制备

在干燥的 100 mL 三口烧瓶上安装回流冷凝管和滴液漏斗,在冷凝管顶端安装氯化钙干燥管。将 1.2 g(0.1 mol)切成细条的金属钠从第三口加入瓶中,投入两粒沸石,塞住投料口。自滴液漏斗慢慢滴加 25 mL 绝对乙醇,滴加速度以维持乙醇沸腾为限。待金属钠作用完全后,加入 0.6 g 碘化钾粉末,水浴加热溶解。再加入 6.5 mL 乙酰乙酸乙酯(6.7 g,0.065 mol),加热到重新开始回流后,自滴液漏斗加入 7.6 g 正溴丁烷(5.92 mL,0.06 mol),继续回流 3 h。

反应液冷却后抽滤,并用少量乙醇洗涤溴化钠晶体。将所得滤液常压蒸去乙醇后,用 5 mL 1‰盐酸洗涤残液,在分液漏斗中分出有机层。用 5 mL 二氯甲烷萃取酸层。将二氯甲烷萃取液与有机层合并,用 4 mL 水洗涤。分出有机层,用无水硫酸镁干燥后滤除干燥剂。水浴加热蒸除二氯甲烷后减压蒸馏,收集 112～117 ℃/2133 Pa(16 mmHg)或 124～130 ℃/2666 Pa(20 mmHg)的馏分。产量为 5.5～6 g,收率为 59.0%～64.5%。

2. 2-庚酮的制备

将 25 mL 5%氢氧化钠溶液和 4.7 g(0.025 mol)正丁基乙酰乙酸乙酯加入 100 mL 三口烧瓶中室温搅拌 2.5 h。然后在持续搅拌下由滴液漏斗慢慢加入 8 mL 20%硫酸溶液,至不再大量产生二氧化碳气泡后装置改为蒸馏装置,蒸馏收集馏出液,分出油层。每次用 5 mL 二氯甲烷萃取水层两次,将萃取液与油层合并,用 5 mL 40%氯化钙溶液洗涤一次,用无水硫酸镁干燥。滤除干燥剂后蒸馏收集 145～152 ℃的馏分。产量约为 2 g(2.5 mL),收率约为 70%。

本实验需 10～11 h。

四、预习及操作过程指导

(1) 根据实验目的预习相关操作。

(2) 请利用互联网查出下列主要药品的物理常数,并写到预习报告中。

药品名称	分子量 (mol wt)	熔点 /(℃)	沸点 /(℃)	相对密度 (d_4^{20})	水溶解度 /(g/100 mL)
乙酰乙酸乙酯					
正溴丁烷					
乙醇					
2-庚酮					

(3) 本实验为无水操作,所用仪器必须是干燥的,所用的试剂必须是无水的,需事先用干燥剂干燥。

(4) 若钠不慎与水接触而着火,切勿往水槽丢,应用灭火毯覆盖灭火,火情严重则使用灭火器。

(5) 本实验需使用绝对乙醇。若乙醇中含有少量水,则会使正丁基乙酰乙酸乙酯的产量明显降低。绝对乙醇的制备方法可查阅文献。

(6) 实验中加碘化钾的作用是在溶液中与正溴丁烷发生卤素交换反应,将正溴丁烷转化为正碘丁烷,产生的正碘丁烷更易发生亲核取代反应,因而对反应起催化作用。

(7) 在回流过程中,由于生成的溴化钠晶体沉降于瓶底,会出现剧烈的崩沸现象。采用搅拌装置可避免崩沸现象。

（8）硫酸滴加时要缓慢，反应激烈会放出二氧化碳，小心冲料。

（9）2-庚酮被发现存在于成年工蜂的颈腺中，是一种警戒信息素。同时，2-庚酮也是臭蚁属蚁亚科小黄蚁的警戒信息素。当小黄蚁嗅到2-庚酮时，迅速改变行走路线，四处逃窜。2-庚酮微量存在于丁香油、肉桂油、椰子油中，具有强烈的水果香气，可用于香精。

实验 44　反式肉桂酸的光化二聚

一、实验目的

（1）学习光照下通过环加成反应合成二聚肉桂酸的原理和方法。

（2）学习光化学反应的一些基本操作技能。

二、实验原理

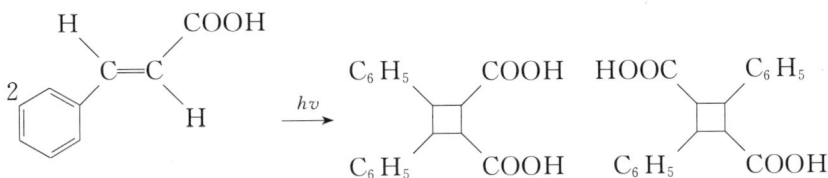

三、实验步骤

称取 3 g 反式肉桂酸放入洁净干燥的 250 mL 锥形瓶中，加入约 4 mL 四氢呋喃，在水浴上加热，同时不停地转动锥形瓶。待肉桂酸全部溶解后，移离水浴，趁热继续转动锥形瓶，使肉桂酸晶体均匀地涂在锥形瓶的内壁上。如涂层不均匀，可重复上述操作，直到涂层均匀为止。当锥形瓶内的涂层足够干燥时，把锥形瓶口朝下，夹到铁架台上，放置 30 min，使锥形瓶内的溶剂全部流出。以上操作最好在通风橱内进行。用软木塞塞住锥形瓶口，瓶口朝下，放在阳光下照射。一星期后，将瓶子转动 180°，照射瓶子的另一面。两星期后，加入 60 mL 苯以溶解没有反应的肉桂酸。用布氏漏斗抽滤，再用 45 mL 苯分三次洗涤二聚酸。产品在空气中晾干。二聚酸的收率在 50% 以上，熔点为 284～286 ℃。

四、预习及操作过程指导

（1）根据实验目的预习相关操作。

（2）请利用互联网查出下列主要药品的物理常数，并写到预习报告中。

药品名称	分子量 （mol wt）	熔点 /（℃）	沸点 /（℃）	相对密度 （d_4^{20}）	水溶解度 /（g/100 mL）
肉桂酸					
二聚肉桂酸					

（3）肉桂酸不纯时，需要进行脱色精制。

（4）也可以用 4 支 20 W 农用黑光灯照射。照射 21 h 得二聚酸 1.5 g（50%），照射 72 h

得二聚酸 2.6 g(87%)。

（5）二聚酸纯度不高时,可在乙醇中进行重结晶。

实验 45　乙酰水扬酸(阿司匹林)的制备

一、实验目的

（1）学习利用酚类的酰化反应制备乙酰水杨酸的原理和方法。

（2）掌握重结晶、减压过滤、洗涤、干燥、熔点测定等基本操作技能。

二、实验原理

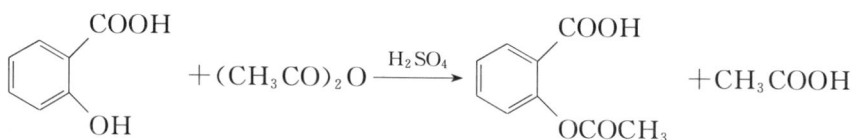

副反应:

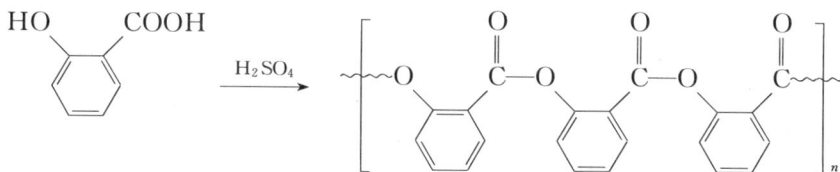

三、实验步骤

在 150 mL 的锥形瓶中加入 2 g 水杨酸、5 mL 新蒸的乙酸酐和 5 滴浓硫酸,充分摇荡锥形瓶使水杨酸全部溶解后,在水浴中加热,控制水浴温度在 80～90 ℃维持 5～10 min。取出锥形瓶,边摇边滴加 1 mL 冷水,然后快速倒入 50 mL 冷水,而后将锥形瓶立即放入冰水浴中冷却使晶体析出。若无晶体出现,则可用玻璃棒摩擦内壁促进结晶(注意:必须在冰水浴中进行)。待晶体完全析出后用布氏漏斗抽滤,用少量冰水分两次洗涤晶体,抽干,得乙酰水杨酸粗产品。

将粗产品转移到 100 mL 烧杯中,在搅拌下慢慢加入 25 mL 饱和碳酸氢钠溶液,加完后继续搅拌几分钟,直到无二氧化碳气体产生为止。抽滤,副产物聚合物被滤出,用 5～10 mL 水洗涤,将滤液倒入预先盛有 4～5 mL 浓盐酸和 10 mL 水配成溶液的烧杯中,搅拌均匀,即有乙酰水杨酸沉淀析出。用冰水冷却,使沉淀完全。减压过滤,用冷水洗涤两次,抽干水分。将晶体置于表面皿上,蒸气浴干燥,得乙酰水杨酸产品。测定熔点,并计算产量(约 1.5 g)。

取几粒结晶加入盛有 5 mL 水的试管中,加入 1～2 滴 1%的三氯化铁溶液,观察有无颜色反应。如果粗产品中有未反应的水杨酸,用 1%的三氯化铁溶液检验会显紫色。

粗产品也可用 1:1(体积比)的稀盐酸,或苯和石油醚(30～60 ℃)的混合溶剂进行重结晶。纯乙酰水杨酸为白色针状晶体,熔点为 135～136 ℃。

四、预习及操作过程指导

（1）根据实验目的预习相关操作。

（2）请利用互联网查出下列主要药品的物理常数，并写到预习报告中。

药品名称	分子量 (mol wt)	熔点 /（℃）	沸点 /（℃）	相对密度 (d_4^{20})	水溶解度 /（g/100 mL）
水杨酸					
乙酸酐					
乙酰水杨酸					

（3）乙酰水杨酸（又称阿司匹林，Aspirin）是一种非常普遍的治疗感冒的药物，具有镇痛、退热及抗风湿等功效，同时还有软化血管的作用。近年来的研究结果表明，阿司匹林能降低肠癌的发生率。

（4）在生成乙酰水杨酸的同时，水杨酸分子之间也可能发生缩合反应，生成少量的聚合物。乙酰水杨酸能与碳酸钠反应生成水溶性盐，而副产物聚合物不溶于碳酸钠溶液，利用这种性质上的差异，可把聚合物从乙酰水杨酸中除去。

（5）由于水杨酸分子内氢键的作用，水杨酸与乙酸酐直接反应需要在 150～160 ℃才能发生。加入硫酸的目的主要是为了破坏氢键，使反应在较低的温度（90 ℃）下就可以进行，而且可以大大减少副产物。

（6）反应物加料时应注意加样顺序。如果先加水杨酸和浓硫酸，水杨酸就会被氧化。

（7）乙酰水杨酸受热易分解，分解温度为 126～135 ℃。因此在烘干、重结晶、熔点测定时均不宜长时间加热。如用毛细管测熔点，可以先将热载体加热至 120 ℃左右，再放入毛细管测定。

实验 46　苯胺的制备

一、实验目的

（1）学习硝基还原制备芳胺的基本原理和方法。

（2）练习掌握铁粉还原法制备苯胺的实验操作技能。

（3）练习回流、水蒸气蒸馏、萃取等基本操作技能。

二、实验原理

三、实验步骤

在一个 250 mL 圆底烧瓶中，放置 16.3 g 铁粉（40～100 目）、20 mL 水和 1.6 mL 乙酸，用力振摇使其充分混合。安装回流冷凝管，微微加热使之微沸 5 min。稍冷，分批加入 10 g

硝基苯。由于反应放热,每次加入硝基苯时,均有一阵猛烈的反应发生,每次加完后要进行振荡,使反应物充分混合。加完硝基苯后,慢慢加热回流 0.5~1 h,并不断振荡,以使还原反应完全,此时,冷凝管回流液应不再呈现黄色。

将反应液进行水蒸气蒸馏,直到馏出液澄清为止,约收集 100 mL 馏出液。分离出有机层,水层用食盐饱和后(30~50 g),每次用 10 mL 乙醚萃取 3 次。合并有机层和乙醚萃取液,用固体 NaOH 干燥。在干燥好的有机溶液中加入少量锌粉,然后进行蒸馏,先水浴加热蒸出乙醚,再用油浴加热收集 180~185 ℃的馏分。产量为 5~6 g,产率为 69%~74%。

本实验需 6~8 h。

四、预习及操作过程指导

(1)根据实验目的预习相关操作。

(2)请利用互联网查出下列主要药品的物理常数,并写到预习报告中。

药品名称	分子量 (mol wt)	熔点 /(℃)	沸点 /(℃)	相对密度 (d_4^{20})	水溶解度 /(g/100 mL)
硝基苯					
苯胺					

(3)反应物体系里的硝基苯、盐酸互不相溶,而这两种液体与固体的铁粉接触机会又少,因此,充分振摇能使还原作用顺利进行。

(4)硝基苯的还原反应强烈放热,足以使溶液沸腾。为防止引起暴沸,应准备好冷水浴随时冷却。

(5)硝基苯为黄色油状物,如果回流液中黄色油状物消失而转变为乳白色油珠,表明反应已经完成。可用滴管吸取少量反应液于试管中,加几滴浓盐酸,观察是否有黄色油珠下沉。如果回流冷凝器内壁粘有黄色油珠,可用少量水冲下,再继续反应一段时间。还原反应必须完全,否则残留的硝基苯很难分离。

(6)苯胺毒性较大,需小心处理。它很容易透过皮肤吸收,引起青紫。一旦触及皮肤,先用水冲洗,再用肥皂和温水洗涤。

(7)在 200 ℃时,每 100 mL 水可溶解苯胺 3.4 g。为了减少苯胺的损失,根据盐析原理,加入氯化钠使溶液饱和,则溶于水中的苯胺就可呈油状析出,浮于饱和盐水之上。

(8)蒸馏时加入少量锌粉,是为了防止苯胺在高温时被氧化。新蒸出的苯胺为无色油状液体,当暴露在空气中或受光照射时,颜色会变暗。

实验 47　8-羟基喹啉的制备

一、实验目的

(1)学习用 Scraup 法制备 8-羟基喹啉的原理和方法。

(2)练习水蒸气蒸馏、抽滤、固体有机物的洗涤和干燥等基本操作技能。

二、实验原理

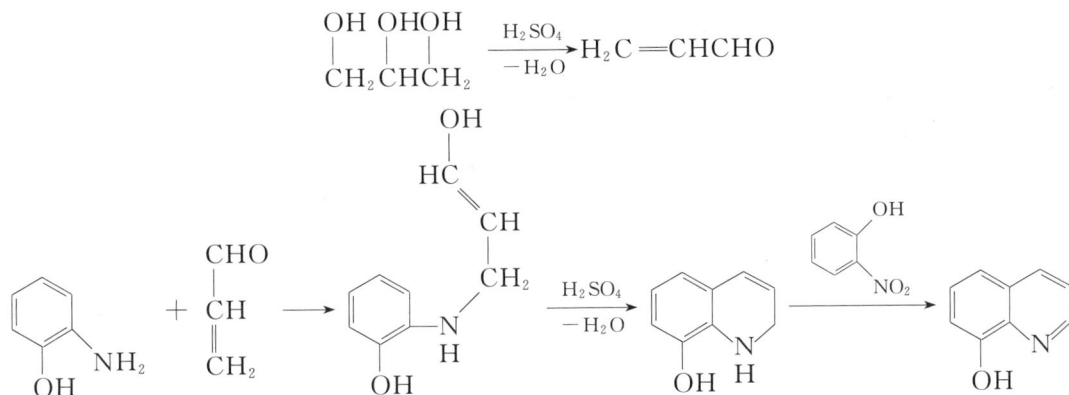

三、实验步骤

在 100 mL 三口烧瓶中加入 1.8 g 邻硝基苯酚、2.8 g 邻氨基苯酚、7.5 mL 无水甘油，剧烈振荡，使之混匀。在不断振荡下慢慢滴入 4.5 mL 浓硫酸，在冷水浴上冷却。装上回流冷凝管，用热源低强度加热，约 15 min 溶液微沸，即移开热源。反应时大量放热，待反应缓和后，继续低强度加热，保持反应物微沸回流 1 h。

冷却后加入 15 mL 水，充分摇匀，进行水蒸气蒸馏 30 min，除去未反应的邻硝基苯酚，直至馏分由浅黄色变为无色为止。待瓶内液体冷却后，慢慢滴加约 7 mL 1：1（质量比）氢氧化钠溶液，于冷水中冷却，摇匀后，再小心滴加约 5 mL 饱和碳酸钠溶液，使之呈中性。再加入 20 mL 水进行水蒸气蒸馏，蒸出 8-羟基喹啉。待馏出液充分冷却后，抽滤收集析出物，洗涤，干燥，粗产物用 4：1（体积比）乙醇水混合溶剂 25 mL 重结晶，得 8-羟基喹啉。

纯 8-羟基喹啉的熔点为 72～74 ℃。

四、预习及操作过程指导

（1）根据实验目的预习相关操作。

（2）请利用互联网查出下列主要药品的物理常数，并写到预习报告中。

药品名称	分子量 （mol wt）	熔点 /（℃）	沸点 /（℃）	相对密度 （d_4^{20}）	水溶解度 /（g/100 mL）
邻硝基苯酚					
邻氨基苯酚					
无水甘油					
8-羟基喹啉					
丙烯醛					

（3）此反应系放热反应，要严格控制反应温度以免溶液冲出容器。

（4）8-羟基喹啉既溶于碱又溶于酸而成盐，且成盐后不能被水蒸气蒸馏出来。因此，用饱和碳酸钠溶液中和时，必须小心中和，严格控制 pH 值为 7～8。当中和恰当时，瓶内析出的 8-羟基喹啉沉淀最多。

（5）粗产物用 4∶1（体积比）乙醇水混合溶剂 25 mL 重结晶时，由于 8-羟基喹啉难溶于冷水，向放置滤液中慢慢滴入去离子水，即有 8-羟基喹啉不断析出结晶。

实验 48　甲基橙的制备

一、实验目的

（1）学习用重氮化反应和偶合反应制备偶氮化合物的原理和方法。

（2）练习冰水浴、重结晶等基本操作技能。

二、实验原理

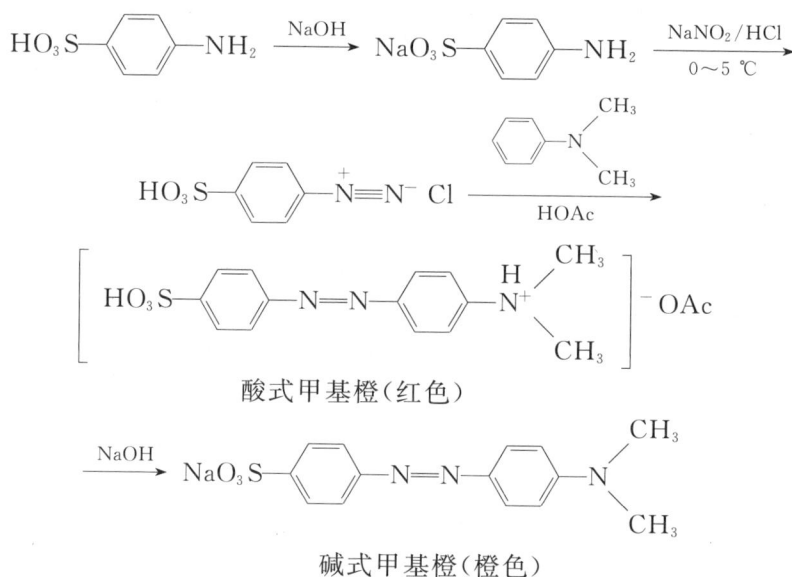

$$\text{HO}_3\text{S}-\!\!\!-\!\!\!-\text{NH}_2 \xrightarrow{\text{NaOH}} \text{NaO}_3\text{S}-\!\!\!-\!\!\!-\text{NH}_2 \xrightarrow[0\sim5\ ℃]{\text{NaNO}_2/\text{HCl}}$$

酸式甲基橙（红色）

碱式甲基橙（橙色）

三、实验步骤

1. 重氮盐的制备

在 100 mL 烧杯中，加入 2.1 g 对氨基苯磺酸和 10 mL 5％的氢氧化钠溶液，温热使结晶溶解，冷却；另在一试管中配制含 0.8 g 亚硝酸钠和 3 mL 水的溶液。将亚硝酸钠溶液加入上述烧杯中，置于冰水浴中冷却备用。向另一烧杯中加入 13 mL 冷水和 2.5 mL 浓盐酸，混匀后于冰水浴（<5 ℃）中冷却，搅拌下将第一个烧杯中的混合液慢慢加入其中，滴加完毕用淀粉碘化钾试纸检验（若不呈现蓝色，则需补加亚硝酸钠溶液），然后继续在冰水浴中搅拌5 min，使反应完全。

2. 偶合反应

在一试管中加入 1.3 mL N,N-二甲基苯胺和 1 mL 冰醋酸，振荡混匀。在搅拌下将此混合液缓慢加到上述于冰水浴冷却的重氮盐溶液中，加完后继续于冰水浴中搅拌反应10 min。然后缓缓加入约 15 mL 10％氢氧化钠溶液，直至反应物变为橙色（此时反应液为碱性），此时甲基橙粗品呈细粒状沉淀析出。

　　将反应物加热沸腾使主产物全部溶解，稍冷后，再置于冰水浴中冷却，使甲基橙晶体析出完全。再依次用少量饱和氯化钠溶液、乙醇和乙醚洗涤，压紧抽干。

　　3. 重结晶

　　粗产品用 1‰ 氢氧化钠溶液进行重结晶。待结晶析出完全后抽滤，依次用少量水、乙醇和乙醚洗涤，压紧抽干，得片状结晶，产量约为 2.5 g。

　　将少许甲基橙溶于水中，加几滴稀盐酸，然后再用稀碱中和，观察颜色变化。

四、预习及操作过程指导

　　（1）根据实验目的预习相关操作。

　　（2）请利用互联网查出下列主要药品的物理常数，并写到预习报告中。

药品名称	分子量 （mol wt）	熔点 /(℃)	沸点 /(℃)	相对密度 (d_4^{20})	水溶解度 /(g/100 mL)
二水对氨基苯磺酸					
N,N-二甲基苯胺					
甲基橙					
亚硝酸钠					

　　（3）对氨基苯磺酸为两性化合物，酸性强于碱性，它能与碱作用成盐而不能与酸作用成盐。

　　（4）重氮化过程中，应严格控制温度。反应温度若高于 5 ℃，则生成的重氮盐易水解为酚，降低产率。

　　（5）若淀粉-碘化钾试纸不显色，则需补充亚硝酸钠溶液。若亚硝酸钠溶液过量，蓝色会一直不变，这时应加入少许尿素分解过量的亚硝酸至蓝色，并能在 30 s 内褪去。

　　（6）重结晶操作要迅速，否则由于产物呈碱性，在温度高时易变质，颜色变深。用乙醇和乙醚洗涤的目的是使其迅速干燥。

实验 49　酸性橙 Ⅱ（2 号橙）染料的合成和织物的染色

一、实验目的

　　（1）学习用重氮化反应和偶合反应制备偶氮染料的原理和方法。

　　（2）练习冰水浴、重结晶等基本操作技能。

　　（3）了解偶氮染料的染色方法。

二、实验原理

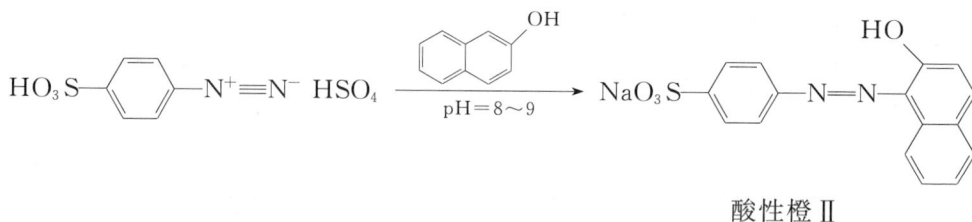

酸性橙Ⅱ

三、实验步骤

1. 重氮盐的制备

将 0.9 g 无水对氨基苯磺酸置于 50 mL 小烧杯中,加入 5％氢氧化钠溶液 5 mL,温热至溶解,放冷至室温,再加入 4 mL 10％亚硝酸钠溶液,搅拌均匀,然后置于冰盐浴中冷却至 5 ℃,在不断搅拌下滴加由 0.8 mL 浓硫酸和 10 mL 水配成的溶液,控制滴加速度,勿使反应物温度超过 10 ℃,加完后再搅拌 5 min。用碘化钾淀粉试纸检验亚硝酸钠是否过量或不足。若过量,则加尿素分解;若不足,则需补加亚硝酸钠。此时有重氮盐细小晶体析出。将重氮盐置于冰浴中冷却备用。

2. 偶合反应

在 100 mL 烧杯中放入 0.75 g β-萘酚和 10 mL 5％氢氧化钠溶液,搅拌加热至全溶后,用冰水浴冷却至 5～10 ℃。若此时溶液变混浊,可适当补加碱溶液使之溶解成清液为止。

将在冰水浴中冷却的重氮盐用 10％碳酸钠溶液中和到弱酸性(pH 值为 6,需 10％碳酸钠溶液 8～10 mL),注意勿使温度超过 10 ℃,然后分批将重氮盐加到 β-萘酚溶液中,搅拌并控制加入速度,使温度不超过 10 ℃,而且始终保持在碱性介质中反应,必要时可补加碱液,使 pH 值为 8～9,加完后再继续搅拌 5 min,析出橙色沉淀。然后在石棉网上加热至沉淀全部溶解(40～50 ℃),用冰水浴冷却至沉淀全部析出,如不析出沉淀,可加少量固体氯化钠盐析。抽干,依次用滴管滴加少量(1～2 mL)水(或 15％氯化钠溶液)和乙醇、乙醚洗涤沉淀物,再抽干后于红外灯下干燥,称重,计算收率。

酸性橙Ⅱ是红橙色固体,溶于水呈橙红色,溶于醇呈橙色,溶于硫酸溶液呈品红色。

3. 织物的染色

在 250 mL 烧杯中加入 150 mL 水、5 mL 15％硫酸钠溶液和 2 滴浓硫酸,加热到 40～50 ℃后,加入 0.2 g 酸性橙Ⅱ,搅拌使之全溶。

将各种类型纤维或织物(如纯涤纶、棉、蚕丝、羊毛等)放入染浴内,加热染浴到 90～95 ℃,在此条件下染色 5～10 min,然后将织物捞出置于烧杯中,用自来水冲洗至水中不含颜色。取出织物,夹于滤纸间吸干水分,在红外灯下展平干燥,按照染色好坏顺序贴于报告本上,比较染料对织物的染色效果,说明染料适合染何种类型纤维或织物。

四、预习及操作过程指导

(1) 根据实验目的预习相关操作。

(2) 请利用互联网查出下列主要药品的物理常数,并写到预习报告中。

药品名称	分子量 （mol wt）	熔点 /(℃)	沸点 /(℃)	相对密度 (d_4^{20})	水溶解度 /(g/100 mL)
对氨基苯磺酸					
β-萘酚					
酸性橙Ⅱ					

（3）重氮化反应要严格控制在低温下进行。重氮化反应是一个放热反应，同时大多数重氮盐极不稳定，在室温下易分解，所以重氮化反应一般要保持在 0～5 ℃进行。但芳环上有强间位定位基的伯芳胺，如对氨基苯磺酸，重氮化反应温度可在 15 ℃以下进行。这种重氮盐在 10 ℃可置于暗处 2～3 h 不分解。

（4）反应介质要有足够的酸度。重氮盐在强酸性溶液中较不活泼，过量的酸能避免副产物重氮氨基化合物的形成。通常使用的酸量要比理论量多 25％左右。

（5）避免亚硝酸钠过量。过量的亚硝酸会促进重氮盐分解，亚硝酸能起氧化和亚硝化作用，很容易与进行下一步反应所加入的化合物（如叔芳胺等）起作用，还会使反应终点难以检验。重氮化反应接近终点时，应经常用碘化钾淀粉试纸检验。若试纸不变蓝色，则表示重氮化反应还未到终点，还需补加亚硝酸钠；若试纸已显蓝色，则表示亚硝酸钠已过量，因为：

$$2HNO_2 + 2KI + 2H^+ \longrightarrow I_2 + 2NO + 2H_2O + 2K^+$$

析出的碘使淀粉变蓝，这时应加少量尿素以除去过量的亚硝酸：

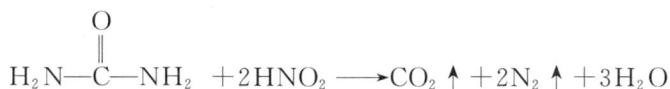

$$\underset{\overset{\|}{\underset{}{}}}{\overset{O}{H_2N-C-NH_2}} + 2HNO_2 \longrightarrow CO_2\uparrow + 2N_2\uparrow + 3H_2O$$

加尿素水溶液时，也应逐滴加入，直到碘化钾淀粉试纸不变蓝为止。

（6）反应时应不断搅拌。反应要均匀地进行，避免局部过热，以减少副反应。制得的重氮盐水溶液不宜放置过久，要及时地用于下一步的合成。

（7）芳香伯胺先和酸反应成盐溶于水中，再滴加亚硝酸钠溶液，这种方法称为顺重氮化法。而对氨基苯磺酸由于本身以内盐形式存在，不溶于无机酸，因此它很难重氮化，所以先将它溶解于碱液中，再加需要量的亚硝酸钠，然后滴加稀酸，此重氮化的方法称为倒重氮化或反重氮化法。

（8）本实验若用冰水浴冷却效果不好，可在碎冰中加入少量食盐，但温度控制在 5 ℃左右，不要超过 10 ℃，过低的温度将使重氮化反应不完全。

（9）偶合反应中，介质的酸碱性对反应影响很大。与酚类偶合宜在中性或弱碱性介质中进行，与胺类偶合宜在中性或弱酸性介质中进行。酚在碱性溶液中形成酚盐，酚盐易离解成负离子，由于 p-π 共轭效应，邻位电子云密度增加，反应易于进行。

（10）最后产物（酸性橙Ⅱ）在水中溶解度较大，不宜用过多水洗涤，改用 15％氯化钠水溶液洗涤可减少损失。用水洗涤后，应尽量抽干，再用少量乙醇、乙醚洗涤，可促使产物迅速干燥。

实验 50　7,7-二氯二环[4,1,0]庚烷的制备

一、实验目的

（1）学习卡宾在有机合成中应用的原理和方法。

（2）学习相转移催化在有机合成中的应用。

（3）练习机械搅拌器的使用、回流、萃取、减压蒸馏等基本操作技能。

二、实验原理

卡宾（又称碳烯）是一种二价碳的活性中间体，其寿命很短，一般是在反应过程中生成，然后立即参与下一步反应。由于卡宾是缺电子的，所以可与不饱和键发生亲电加成反应。

生成卡宾的途径有很多。二氯卡宾（:CCl₂）是氯仿在强碱存在下发生 α-消除反应产生的，它与环己烯加成便生成 7,7-二氯二环[4,1,0]庚烷。

$$HCCl_3 + OH^- \longrightarrow H_2O + (CCl_3)^-$$
$$\longrightarrow :CCl_2 + Cl^-$$

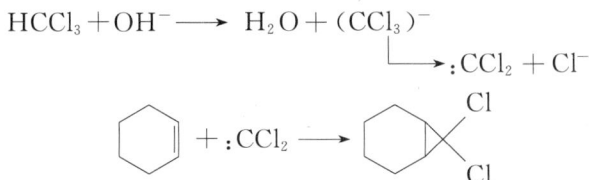

如果产生的二氯卡宾停留在水相中，就会与水作用。因此，有卡宾参与的反应通常要在无水条件下进行，否则产物的产率就很低。

为了解决氢氧化钠在水相中，氯仿在有机相中，二者不能充分接触反应，以及生成的卡宾在水相中会与水反应的问题，本实验采用相转移催化法。

本实验相转移催化的机理如下（$R_4N^+Cl^-$ 为相转移催化剂）：

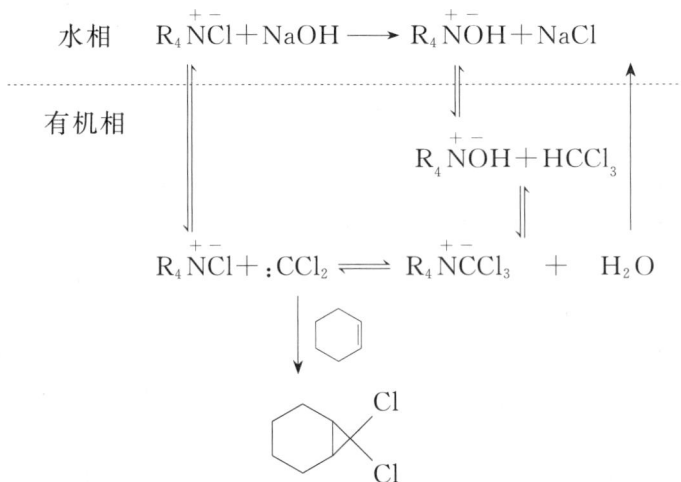

本实验所用的相转移催化剂为三乙基苄基氯化铵（TEBA）。

三、实验步骤

在 150 mL 的锥形瓶中，加入新蒸馏过的环己烯 5 mL、无乙醇的氯仿 12 mL、三乙基苄

基氯化铵 0.3～0.4 g 摇匀,再加入 50％ NaOH 水溶液 15 mL。振摇混合物数分钟,瓶内反应物形成乳浊液,反应温度自行上升至 50～60 ℃。不断振摇或搅拌混合物 15～20 min,然后让反应物自然冷却到 35 ℃左右,加蒸馏水 30 mL,将反应混合物转移至分液漏斗中,分出有机层。水层用 10 mL 乙醚萃取,合并乙醚萃取液和有机层,再用蒸馏水洗涤两次,每次用水 10 mL,分净水滴,有机层用无水硫酸钠干燥。

将干燥后的有机层转入 60 mL 梨形烧瓶中,先用热水浴蒸出乙醚和氯仿,然后改为减压蒸馏装置。用电热套或油浴加热,收集 79～80 ℃/2000 Pa 或 94～96 ℃/4666 Pa 的馏分。产量为 4.5～5 g。

7,7-二氯二环[4,1,0]庚烷为无色液体,bp 为 197～198 ℃。

四、预习及操作过程指导

(1) 根据实验目的预习相关操作。

(2) 请利用互联网查出下列主要药品的物理常数,并写到预习报告中。

药品名称	分子量 (mol wt)	熔点 /(℃)	沸点 /(℃)	相对密度 (d_4^{20})	水溶解度 /(g/100 mL)
氯仿					
环己烯					
三乙基苄基氯化铵					
7,7-二氯二环 [4,1,0]庚烷					

(3) 三乙基苄基氯化铵的制备。

在装有搅拌器、回流冷凝管、温度计的 250 mL 三口烧瓶中,加入三乙胺 13 mL、苄氯 11 mL、1,2-二氯乙烷 40 mL,搅拌,加热回流 2 h,让反应物慢慢冷却至室温,析出结晶,抽滤。用少量 1,2-二氯乙烷洗两次,在减压下除去残留的 1,2-二氯乙烷,把干燥产物研成细粉,保存在盛有无水氯化钙的干燥器中备用。

相转移催化剂也可选用四乙基氯化铵、四丁基溴化铵、三甲基十六烷基溴化铵。

(4) 氯仿遇光分解产生极毒的气体,为此在氯仿中加入少量乙醇作稳定剂。做本实验时必须除去乙醇。方法是:用等体积的水洗涤氯仿 2～3 次,再用无水氯化钙干燥后蒸馏。

(5) 若反应温度不能自行上升至 50～60 ℃,则可在热水浴上加热反应物,维持反应温度在 50～60 ℃ 15～20 min。如果反应温度高于 60 ℃,则可将反应瓶放在冰水浴中冷却。

(6) 为了节省干燥时间,可将有机层与无水硫酸钠一起振荡,直至液体呈清亮为止。

(7) 最终产物也可进行常压蒸馏,收集 195～200 ℃的馏分。

实验 51　五乙酸葡萄糖酯的制备

一、实验目的

（1）学习五乙酸葡萄糖酯制备的原理和方法。
（2）了解葡萄糖酯化反应的立体专一性以及立体异构体的构型转化。
（3）练习回流、抽滤、重结晶等基本操作技能。

二、实验原理

自然界中的 D-（＋）-葡萄糖是以环形半缩醛形式存在的,有 α 和 β 两种端基差向异构体。将葡萄糖与过量的乙酸或乙酸酐在催化剂存在下加热,所有的 5 个羟基都将被乙酰化,生成的乙酸酯也以两个异构体形式存在,分别对应于 α 和 β 形式的葡萄糖。当用无水氯化锌作催化剂时,α 葡萄糖酯为主要产物;当用无水乙酸钠作催化剂时,大部分为 β-葡萄糖酯。从立体构型来看,β 异构体比 α-异构体稳定,但在无水氯化锌催化下,β 异构体也能转化为 α-异构体。

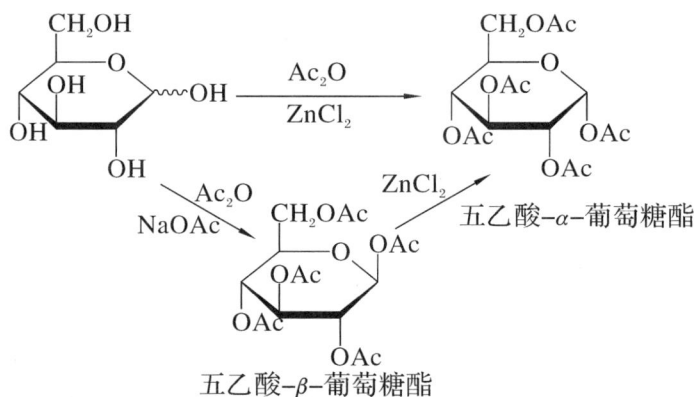

五乙酸-α-葡萄糖酯

五乙酸-β-葡萄糖酯

三、实验步骤

1. 五乙酸-α-葡萄糖酯

在 50 mL 圆底烧瓶中加入 0.70 g 无水氯化锌、12.5 mL 乙酸酐。装上回流冷凝管,在沸水浴中加热 5～10 min,慢慢加入 2.50 g 粉末状葡萄糖,轻轻摇动混合物,以便控制发生的剧烈反应,反应瓶在水浴上加热 1 h。将反应物倒入一个盛有 150 mL 冰水的烧杯中,搅拌混合物,使产生的油状物完全固化。过滤,用少量冷水洗涤。用甲醇或乙醇重结晶,一般需要重结晶两次。计算产率。

2. 五乙酸-β-葡萄糖酯

将 2.00 g 无水乙酸钠与 2.50 g 干燥的葡萄糖在一干燥的研钵中一起研碎,然后将此粉状混合物置于 50 mL 圆底烧瓶中,加入 12.5 mL 乙酸酐,装上回流冷凝管,在水浴中加热,直到成为透明溶液（约需 30 min,经常摇动）,再继续加热 1 h。将反应混合物倒入盛有

150 mL冰水的烧杯中,搅拌,放置约 10 min,直至固化为止。减压过滤,结晶用水洗涤数次,然后用 25 mL 乙醇重结晶,使其熔点达到 131～132 ℃,重结晶两次。计算产率。

3. 五乙酸-β-葡萄糖酯转化为五乙酸-α-葡萄糖酯

在 50 mL 圆底烧瓶中加入 12.5 mL 乙酸酐,迅速加入 0.25 g 无水氯化锌,装上回流冷凝管,在沸水浴中加热 5～10 min 至固体溶解。然后迅速加入 2.50 g 纯五乙酸-β-葡萄糖酯,在水浴中加热 30 min。将热溶液倒入 150 mL 冰水中,激烈搅拌以诱导油滴结晶。减压过滤,结晶用冰水洗涤数次,然后用乙醇重结晶。计算产率。

四、预习及操作过程指导

(1) 根据实验目的预习相关操作。

(2) 请利用互联网查出下列主要药品的物理常数,并写到预习报告中。

药品名称	分子量 (mol wt)	熔点 /(℃)	沸点 /(℃)	相对密度 (d_4^{20})	水溶解度 /(g/100 mL)
D-(+)-葡萄糖					
五乙酸-α-葡萄糖酯					
五乙酸-β-葡萄糖酯					
乙酸酐					
无水乙酸钠					

(3) 无水氯化锌很容易潮解,称取研碎时,操作要迅速。

(4) 在冰水中搅拌固化时要尽量将块状固体搅散,以防止固体中包藏未反应的乙酸酐而使产物在重结晶时发生水解。

实验 52　苯佐卡因的制备

一、实验目的

(1) 学习苯佐卡因制备的原理和方法。

(2) 练习硝基化合物还原制备芳胺的方法。

(3) 练习回流、抽滤等基本操作技能。

二、实验原理

苯佐卡因(Benzocaine)的化学名称为对氨基苯甲酸乙酯,是一种局部麻醉药,常制成散剂或软膏用于疮面溃疡的止痛。

苯佐卡因是重要的医药中间体,以此为基础可以合成奥索仿(Orthoform)、奥索卡因(Orhocaine)和新奥索仿(new Orthoform)等麻醉药物,此后又合成了许多优良的对氨基苯甲酸酯类的局部麻醉药,像普鲁卡因(Procaine)和许多普鲁卡因的类似物。这类麻醉药具有稳定性好、起效快、维持时间长和副作用小等优点,因而得到广泛的使用。

苯佐卡因通常以对硝基苯甲酸为原料,从对硝基苯甲酸制备苯佐卡因有两条路线:

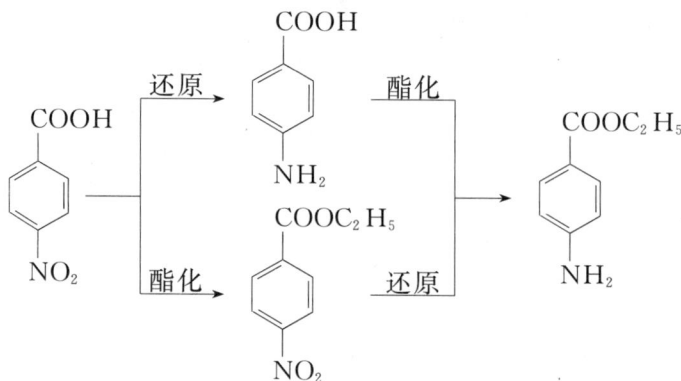

本实验选用先还原后酯化的反应路线,该方法有实验步骤少、操作方便、产率高的优点。第一步还原反应以锡粉为还原剂,在酸性介质中,把苯环上的硝基还原成氨基。还原产物对氨基苯甲酸在酸性介质中成盐酸盐溶于水溶液中,锡粉反应后生成的四氯化锡也溶于水中。反应完毕,调节反应液呈碱性,四氯化锡生成氢氧化锡沉淀可被滤除,而对氨基苯甲酸则生成羧酸氨盐仍溶于水中。

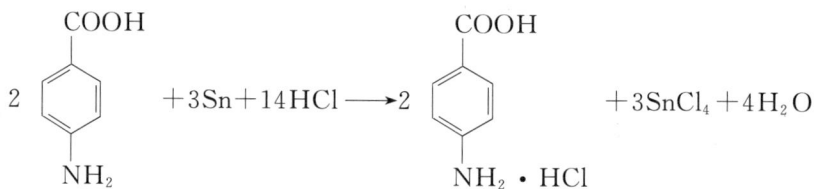

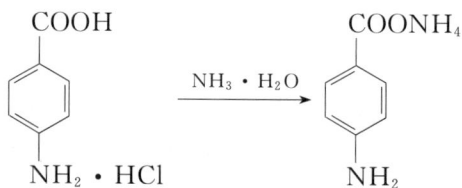

$$SnCl_4 + 4NH_3 \cdot H_2O \longrightarrow Sn(OH)_4 \downarrow + 4NH_4Cl$$

然后再用冰醋酸中和滤液,析出对氨基苯甲酸结晶:

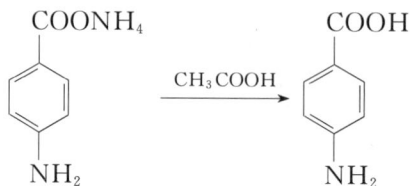

再进行酯化反应:

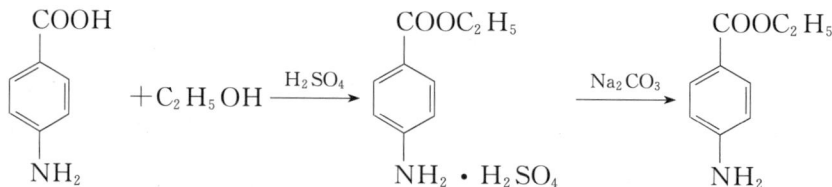

三、实验步骤

1. 还原反应

在装有温度计、冷凝管的 100 mL 三口烧瓶中,加入研细的对硝基苯甲酸 4 g(0.024 mol)、锡粉 10 g(0.084 mol),混合均匀后,分批加入 20 mL 浓盐酸,边加边摇动三口烧瓶,加料完毕,塞上瓶口,轻微加热至反应液温度达 30 ℃左右,使反应开始。为保持反应正常进行,要经常摇动反应烧瓶。随着反应的进行,温度逐渐升高,对硝基苯甲酸固体和锡粉都逐渐减少,控制反应温度最高不要超过 100 ℃。当反应接近终点时,反应液呈透明状,继续反应 10～20 min,反应结束。稍冷后,将反应液倒入 250 mL 烧杯中,留下锡块,用少量水洗涤烧瓶,并入反应液。

待反应液冷至室温,慢慢滴加浓氨水中和,边滴加边搅拌至 pH 值为 7～8,析出氢氧化锡沉淀,反应液成为稠厚的糊状。用布氏漏斗抽滤,用少许水洗涤沉淀,合并滤液和洗涤液,注意总体积不要超过 55 mL。若体积过大,可在水浴上浓缩。将滤液倒入烧杯中,在搅拌下滴加冰醋酸,至 pH 值为 4～5 为止,有大量白色沉淀析出,用布氏漏斗抽滤,得对氨基苯甲酸白色固体,晾干后称量,计算产率。保留产物,作为酯化反应的原料。

2. 酯化反应

将制得的对氨基苯甲酸 2 g(0.014 mol)放入干燥的 100 mL 圆底烧瓶中,加入 20 mL(0.34 mol)无水乙醇,缓缓滴加 3 mL(0.056 mol)浓硫酸,充分摇匀,加入 2 粒沸石,安装回流冷凝管,加热回流,需 1～1.5 h。趁热将反应液倒入盛有 85 mL 水的烧杯中。溶液稍冷后,慢慢加入碳酸钠固体粉末,边加边搅拌,使碳酸钠粉末完全溶解。当溶液的 pH 值为 7 时,慢慢滴加 10% 碳酸钠溶液,使溶液的 pH 值至 7～8。冷却溶液,析出结晶,抽滤,得固体产物。用少量冷水洗涤固体,产物晾干后称量,计算产率。

对氨基苯甲酸乙酯的熔点为 91～92 ℃。

四、预习及操作过程指导

(1) 根据实验目的预习相关操作。

(2) 请利用互联网查出下列主要药品的物理常数,并写到预习报告中。

药品名称	分子量 (mol wt)	熔点 /(℃)	沸点 /(℃)	相对密度 (d_4^{20})	水溶解度 /(g/100 mL)
对硝基苯甲酸					
对氨基苯甲酸					
对氨基苯甲酸乙酯					

(3) 还原反应中,加料次序不能颠倒,同时浓盐酸的量切不可过量,否则中和时浓氨水用量增加,最后导致溶液体积过大,造成产品损失。对硝基苯甲酸要研成粉末状。

(4) 还原反应升温时,速度不能太快。本反应为放热反应,温度不能过高,否则会发生冲料与副反应。

(5) 对氨基苯甲酸是两性物质,碱化或酸化时要小心控制碱或酸的用量。特别是在滴加冰醋时,需小心慢慢滴加,避免过量形成内盐。

（6）酯化反应所用仪器均需干燥。

（7）酯化反应滴加浓硫酸时应慢慢滴加并振摇,以免过热引起碳化。

（8）酯化反应结束后,反应液要趁热倒出,冷却后可能有苯佐卡因硫酸盐析出。

（9）最后一步中和,碳酸钠的用量要适宜。太少,产品不析出;太多,则可能引起酯水解。

实验 53　　磺胺醋酰钠的制备

一、实验目的

（1）学习磺胺基团的氨基乙酰化的原理和方法。

（2）掌握反应条件（如 pH 值、温度等）对反应的影响及反应条件的控制方法。

（3）练习机械搅拌器的安装使用、回流、抽滤、固体有机化合物的纯化等基本操作技能。

二、实验原理

磺胺醋酰钠是一种磺胺类抗菌药,常用于治疗结膜炎、沙眼及其他眼部感染。

磺胺（对氨基苯磺酰胺）磺酰胺基上的 N^1 和苯环氨基上的 N^4 均可被乙酰化,当 N^1 成单钠盐离子型时,N^1 周围电子云密度增加,反应活性增强,可主要乙酰化于 N^1 上,故可将氢氧化钠和醋酐交替加料,控制 pH 值为 12～14,保持 N^1 为钠盐时,来制取磺胺醋酰钠。

$$H_2N-\!\!\!\!\bigcirc\!\!\!\!-SO_2NH_2 \xrightarrow[NaOH]{(CH_3CO)_2O} H_2N-\!\!\!\!\bigcirc\!\!\!\!-SO_2^-\underset{Na^+}{N}-COCH_3$$

$$\xrightarrow{H^+} H_2N-\!\!\!\!\bigcirc\!\!\!\!-SO_2NH-COCH_3 \xrightarrow{NaOH} H_2N-\!\!\!\!\bigcirc\!\!\!\!-SO_2^-\underset{Na^+}{N}-COCH_3$$

三、实验步骤

1. 磺胺醋酰的制备

在附有搅拌装置、回流冷凝管的 250 mL 三口烧瓶中,加入磺胺 13 g、22.5％的氢氧化钠溶液 16 mL,搅拌,水浴逐渐升温至 50～55 ℃,待物料溶解后加入醋酐 4 mL,5 min 后加入 77％氢氧化钠溶液 2.5 mL,剩余 8 mL 醋酐与 8 mL 77％氢氧化钠溶液以每次各 2 mL 交替加入,始终维持反应液 pH 值为 12.0～14.0 为宜。加料期间,反应液温度保持在 50～55 ℃。加料完毕,继续搅拌反应 30 min。反应完毕,将反应液倾入 250 mL 烧杯中,加水 5 mL 稀释,以浓盐酸调 pH 值至 7.0。放冷,析出未反应原料磺胺,抽滤,滤饼弃去,滤液以浓盐酸调整 pH 值为 4.0～5.0,有固体析出,抽滤,将滤饼压紧抽干。滤饼以 3 倍量 10％盐酸溶解之,放置 30 min。抽滤,不溶物弃之。滤液中加少量的活性炭室温脱色 10 min,抽滤。滤液再以 40％的氢氧化钠溶液调整 pH 值至 5.0,析出磺胺醋酰粗品,抽滤,滤饼以 10 倍量的水加热,使产品溶解,趁热抽滤,滤液放冷,慢慢析出结晶。抽滤,干燥,得磺胺醋酰精品,熔点为 179～182 ℃。

2. 磺胺醋酰钠的制备

将所得磺胺醋酰精品移入 100 mL 烧杯中,以少量水浸润后,加热至 90 ℃,用滴管滴加 20％氢氧化钠至 pH 值为 7.0～8.0 恰好溶解,趁热抽滤,滤液移至烧杯中,放冷析出晶体,滤取晶体,干燥,得磺胺醋酰钠纯品。

四、预习及操作过程指导

（1）根据实验目的预习相关操作。

（2）请利用互联网查出下列主要药品的物理常数,并写到预习报告中。

药品名称	分子量 （mol wt）	熔点 /(℃)	沸点 /(℃)	相对密度 (d_4^{20})	水溶解度 /(g/100 mL)
磺胺					
醋酸酐					
氢氧化钠					

（3）乙酰化反应时,需用各种不同浓度的氢氧化钠溶液,22.5％氢氧化钠溶液是作为溶剂使用的,而 77％氢氧化钠溶液则是作为缩合剂使用的。

（4）77％氢氧化钠溶液与醋酐交替加料甚为重要,先氢氧化钠后醋酐,切勿反加。

（5）调 pH 值时应控制酸或碱的用量,切勿调来调去。

（6）在碱性条件下磺胺与醋酐发生乙酰化反应,生成主要产物磺胺醋酰钠盐,副产物磺胺钠盐和双乙酰磺胺钠盐。根据三者酸性的强弱差别,通过调 pH 值达到分离、提纯,最后得到产品。

（7）本实验调测 pH 值,需全部用精密 pH 试纸。

实验 54　玫瑰香精的制备

一、实验目的

（1）学习玫瑰香精制备的原理和方法。

（2）练习电磁搅拌器使用、冰水浴、液体有机物的洗涤和干燥、水蒸气蒸馏、抽滤、重结晶等基本操作技能。

（3）练习相转移催化的基本操作技能。

二、实验原理

玫瑰香精的化学名称为乙酸三氯甲基苯基甲酯,是具有玫瑰香气的结晶状香料,故在商业上称为"结晶玫瑰"。"结晶玫瑰"除可直接做香料外,还是一种良好的定香剂,可用作化妆品、皂用香精,更适合作粉剂化妆品(如香粉、爽身粉)。

在强碱氢氧化钾存在下,用氯仿和苯甲醛反应生成三氯甲基苯基甲醇,再用硫酸做催化剂,用乙酸酐做酰化剂进行酯化,生成乙酸三氯甲基苯基甲酯,即"结晶玫瑰"。

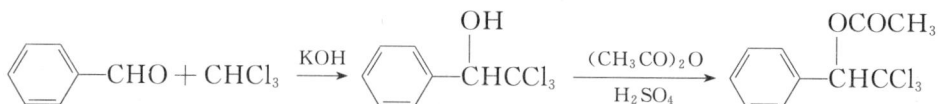

上面反应的反应物苯甲醛在浓碱作用下易发生歧化反应,而导致产率普遍不高。虽然此法反应比较稳定,反应过程易于控制,但总收率只有 50%。在 N,N-二甲基甲酰胺(DMF)溶剂中滴加 KOH 的醇溶液能有效提高产率,"结晶玫瑰"的收率可达 80%。但是 DMF 溶剂的使用会增加产品的成本。若采用相转移催化剂三乙基苄基氯化铵(TEBA),可以得到较高收率的"结晶玫瑰",而且可以简化实验操作。

本实验采用常规法和相转移催化法两种方法合成玫瑰香精。

三、实验步骤

方法一:常规法

1. 三氯甲基苯基甲醇的制备

在装有温度计、搅拌器和冷凝管的 50 mL 三口烧瓶中,加入 15 mL 苯甲醛和 18 mL 三氯甲烷,加入助溶剂甲醇 1 mL 和 DMF 20 mL,在搅拌下将反应液冷却至 10 ℃,然后分批加入 8 g KOH,在 1 h 内加完,将反应温度控制在 10~15 ℃。加完 KOH 后,在 20~30 ℃下搅拌 2 h,然后向三口烧瓶中加入 15 mL 冰水,再搅拌 1 h。将反应混合物放入 100 mL 分液漏斗中静置分层,弃去水层,有机层用 10 mL 水洗涤两次。然后将有机层移入 50 mL 锥形瓶中,加入 10 mL 水,搅拌下加入 10% 的盐酸调节 pH 值至 6~7。分去水层后,将有机层转入三口烧瓶中进行水蒸气蒸馏,以除去苯甲醛和氯仿。剩余液趁热尽可能分去水层。有机层用无水硫酸镁干燥至澄清。在进行酯化前,应注意将三氯甲基苯基甲醇充分干燥,水分的存在会影响下步的酯化反应。抽滤,滤液即为粗制三氯甲基苯基甲醇。

2. "玫瑰香精"的制备

在装有磁搅拌子、回流冷凝管和量程为 300 ℃ 温度计的 100 mL 三口烧瓶中,加入上述粗制三氯甲基苯基甲醇 14.12 g、乙酸酐 8 mL,搅拌下加入浓硫酸 1 mL,在温度为 90~110 ℃ 加热反应 3 h。反应完毕后,将反应液倒入冰水中冷却结晶,抽滤,收集晶体,用无水乙醇重结晶。纯"玫瑰香精"的熔点为 86~88 ℃。

方法二:相转移催化

在装有温度计和搅拌器的 250 mL 三口烧瓶中,加入 25 mL 三氯甲烷和 13.5 g 50% KOH 溶液或 10 g 50% NaOH 溶液,冰盐浴冷却至 0 ℃。将 0.25 g 三乙基苄基氯化铵溶于 11 mL 苯甲醛,在搅拌下慢慢加入反应瓶中,控制加料速度,使反应温度不超过 5 ℃。加毕,在 0~5 ℃ 搅拌反应 2 h。然后用 15 mL 水洗涤,再用 10% 盐酸洗至中性,蒸馏回收氯仿,有机相用饱和 NaHCO₃ 溶液洗涤除去苯甲醛,得到淡黄色黏稠液体三氯甲基苯基甲醇,粗品重 15~18 g。

将上述得到的三氯甲基苯基甲醇 18 g 和 11 g 乙酸酐加入 250 mL 三口烧瓶中,加入 1 g 硫酸(或 10 g 磷酸)为催化剂,搅拌下在 100~120 ℃ 酯化 2 h,冷却析出结晶,抽滤,滤饼即为粗品。滤液回收乙酸后,浓缩析出结晶,抽滤,将两次粗品合并,用乙醇重结晶,60 ℃ 干燥,得"玫瑰香精"14~18 g。

纯"玫瑰香精"的熔点为 86~88 ℃。

四、预习及操作过程指导

（1）根据实验目的预习相关操作。

（2）请利用互联网查出下列主要药品的物理常数，并写到预习报告中。

药品名称	分子量 （mol wt）	熔点 /（℃）	沸点 /（℃）	相对密度 （d_4^{20}）	水溶解度 /（g/100 mL）
苯甲醛					
三氯甲烷					
玫瑰香精					

（3）反应温度是第一步反应的关键之一。温度过低，反应较慢；温度较高，苯甲醛在强碱条件下易发生歧化反应。在 0～5 ℃条件下可以有效地防止苯甲醛的歧化副反应发生。

（4）相转移催化之所以能有效提高第一步反应产率，主要是相转移催化剂能有效地将极性的 OH^- 从水相带入有机相与 $CHCl_3$ 作用产生 CCl_3^-，并在有机相内与苯甲醛的羰基发生亲核加成反应。

实验 55　驱蚊剂 N,N-二乙基间甲基苯甲酰胺的制备

一、实验目的

（1）学习 N,N-二乙基间甲基苯甲酰胺制备的原理和方法。

（2）练习液体有机化合物的洗涤、干燥、减压蒸馏等基本操作技能。

二、实验原理

蚊虫除了叮咬给人带来不适之外，还是一些传染病如疟疾、黄热病、登革热、脑膜炎等疾病的传播者。人们为了驱避蚊虫，研究出了多种驱蚊剂，其中 N,N-二乙基间甲基苯甲酰胺（DEET）安全无毒，驱蚊效果好，且效力持久。试验结果表明，其在空气中的浓度达到 0.1 mmol/L，就有驱避作用，驱避作用可达 18～20 h。本实验采用的 N,N-二乙基间甲基苯甲酰胺的合成路线如下：

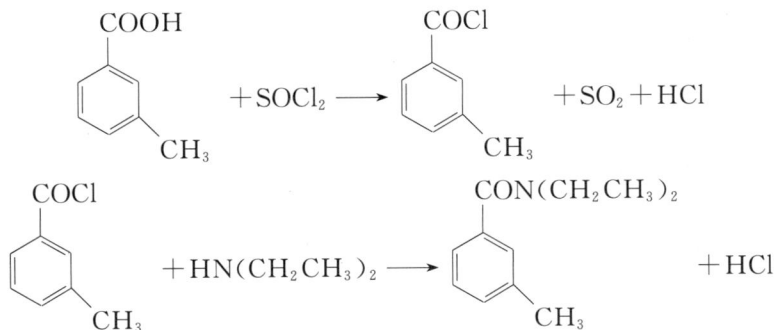

三、实验步骤

将 4.1 g 间甲基苯甲酸和 4.1 mL 亚硫酰氯置于 50 mL 三口烧瓶中。在烧瓶上装回流冷凝管,在冷凝管上接氯化氢气体吸收装置,另一口加一个配有干燥管的滴液漏斗,加入少量沸石,再将未使用的一个口塞住。缓慢加热混合物直至气体停止放出为止(约 10 min)。

将烧瓶冷却,加入 18 mL 干燥乙醚。向滴液漏斗中加入 7 mL 二乙胺溶解在 7 mL 无水乙醚中的溶液,打开滴液漏斗活塞,慢慢加入二乙胺溶液,约 20 min 加完。瓶中会充满白色气体,切勿摇动烧瓶。渐渐烧瓶内会有白色絮状物质生成,加完二乙胺后,把烧瓶中的混合物 8 mL 5%氢氧化钠溶液洗涤,转入分液漏斗。如有需要,可用少许水把沉积在冷凝管中的固体洗入烧瓶内,随后也将此溶液加入分液漏斗中。振摇分液漏斗,将醚层和水层分开。若无明显乙醚层,则大部分乙醚在反应时蒸发了,需再加入少量乙醚。醚层依次用 8 mL 5%氢氧化钠溶液、8 mL 10%盐酸溶液、10 mL 水洗涤。用无水硫酸钠干燥乙醚层,从硫酸钠中倾出溶液,在水浴上蒸去乙醚。将蒸发掉乙醚的溶液减压蒸馏(160~162 ℃/20 mmHg),得无色透明液体即 N,N-二乙基间甲基苯甲酰胺。

四、预习及操作过程指导

(1)根据实验目的预习相关操作。

(2)请利用互联网查出下列主要药品的物理常数,并写到预习报告中。

药品名称	分子量 (mol wt)	熔点 /(℃)	沸点 /(℃)	相对密度 (d_4^{20})	水溶解度 /(g/100 mL)
间甲基苯甲酸					
二乙胺					
N,N-二乙基间甲基苯甲酰胺					
亚硫酰氯					
无水乙醚					

(3)亚硫酰氯和二乙胺应在通风橱内谨慎取之。

(4)实验所用仪器必须干燥,否则亚硫酰氯会水解,影响产率。

(5)滴加二乙胺时,瓶内会充满白色气体,此时应特别注意控制二乙胺的滴加速度,待烟雾减少后再滴加。

实验 56 糖精钠的制备

一、实验目的

(1)学习多步有机合成路线的设计,以及多步有机合成实验的实施。

(2)综合练习机械搅拌器使用、回流、液体有机物的洗涤和干燥、抽滤、减压蒸馏、重结晶等基本操作技能。

二、实验原理

邻磺酰苯甲酰亚胺俗称糖精,微溶于水、乙醚和氯仿,溶于乙醇、乙酸乙酯、苯等。其钠盐——邻磺酰苯甲酰亚胺钠称为糖精钠,易溶于水,甜味为食糖的 300～500 倍,少量无毒,在人体内不分解,随尿排出,既不产生热能,也无营养价值,主要用于制糖浆、饮料等,也用以供糖尿病患者代替食糖食用。糖精钠还可用作电镀镍时的辅助光亮剂。

本实验从基本化工原料甲苯出发,经多步反应最后制得糖精钠。具体反应如下:

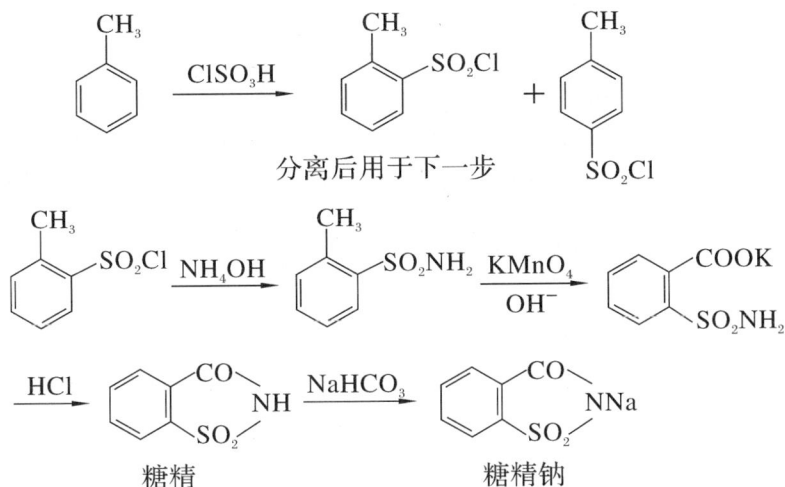

三、实验步骤

1. 邻甲苯磺酰氯

在 250 mL 的四口烧瓶上,分别安装搅拌器、温度计、滴液漏斗、回流冷凝管,并在冷凝管上口接有害气体吸收装置,以吸收氯化氢。

将四口烧瓶置于冰水浴中后,向四口烧瓶中加入 46 mL 的氯磺酸,开动搅拌器,待氯磺酸冷却至 0 ℃后,在充分搅拌下,开始自滴液漏斗慢慢滴加 25 mL 无水甲苯,滴加速度以保持反应温度不超过 5 ℃为宜。在 25～30 min 滴加完毕后,除去冰水浴,在室温下继续反应 1 h。然后在 40～50 ℃的温水浴中再加热搅拌至无氯化氢气体放出为止。取出反应瓶冷却至室温后,在搅拌下,将反应物倒入盛有 200 mL 冰和水的烧杯中(最好在通风橱内进行!),转移到分液漏斗中分出酸层,得淡黄色邻位和对位甲苯磺酰氯的混合物,再用冰水将油层洗涤两次后,转入塑料烧杯中并放入－10～－20 ℃的冰柜中冷却过夜。在冷却过程中,对甲苯磺酰氯从混合物中结晶出来,抽滤,滤饼为对甲苯磺酰氯粗品(可回收)。邻甲苯磺酰氯主要含在滤液中,滤液用 40 mL 氯仿分两次萃取,合并氯仿萃取液,经水洗后用无水硫酸镁干燥。

将干燥好滤去干燥剂的氯仿溶液,在水浴上蒸出氯仿后再改为减压蒸馏装置,蒸出产品,收集 126 ℃/1.3 kPa(10 mmHg)馏分。称重,计算产率。

纯邻甲苯磺酰氯为无色液体,沸点为 126 ℃(1.3 kPa(10 mmHg))。

2. 邻甲苯磺酰胺

在装有电动搅拌器(或磁力搅拌器)、滴液漏斗的二口烧瓶中,加入 25 mL 28% 氨水,开动搅拌器,并用滴液漏斗滴加 25 g 邻甲苯磺酰氯,在滴加时即有白色糊状物出现。继续滴加,直至加完(需 15~20 min)。继续搅拌反应 1 h,以使反应完全。

将反应混合物抽滤,用少量水洗涤,收集产品,晾干,即为邻甲苯磺酰胺粗产品。

将粗产品用水或乙醇重结晶。产物干燥后,称重,计算产率并测熔点。

纯邻甲苯磺酰胺为无色结晶,熔点为 154~155 ℃。

3. 邻磺酰苯甲酰亚胺(糖精)

在 250 mL 三口烧瓶中加入 10 g 邻甲苯磺酰胺、160 mL 水和 2.4 g 氢氧化钠,装上搅拌器和温度计。

用水浴加热三口烧瓶中的混合物至 40 ℃ 左右,开动搅拌器,使反应物全部溶解后,冷却至 35 ℃,从另一口将 19 g 高锰酸钾分批加入反应液中,每次加入时,必须待红紫色褪去后,再追加下一批,加完后,溶液的紫色不再褪,即表示反应已达到终点,全部时间需 1.5~2.0 h。

加完高锰酸钾后,继续保温在 35 ℃ 下反应 1.5 h,撤去水浴,使反应物冷却至室温后,滴加饱和亚硫酸氢钠溶液至反应液的紫色全褪去。停止搅拌,静置片刻,抽滤除去二氧化锰沉淀物,滤饼用热水洗涤 3~4 次,以使产物全部进入滤液。

将滤液用稀盐酸(1∶1)中和至 pH 值为 4。如有固体出现,可能为未反应完全的邻甲苯磺酰胺,可再抽滤除去。然后再在滤液中加入浓盐酸,直到全部固体析出,抽滤,用少量冷水洗涤、压干,即得邻磺酰苯甲酰亚胺(糖精)粗品。

粗制糖精可用水重结晶(每克粗品约需 30 mL 水)。产品干燥后称重,计算产率。

产品为白色粉末或叶状结晶,有甜味,微溶于水,其水溶液呈酸性,熔点为 228~230 ℃。

4. 邻磺酰苯甲酰亚胺钠(糖精钠)

将 5 g 邻磺酰苯甲酰亚胺放入烧杯中,加入 80 mL 水,水浴加热至 40 ℃ 左右,在不停搅拌下将 10% 的碳酸氢钠水溶液慢慢滴加其中,至溶液的 pH 值升至 7,然后加入少量活性炭,在 70~75 ℃ 的条件下加热搅拌 5~10 min,趁热抽滤。滤液在 70 ℃ 左右减压浓缩,浓缩液静置冷却至室温,即有结晶析出,抽滤后晾干,称重,计算产率。

邻磺酰苯甲酰亚胺钠(糖精钠)为无色棱状结晶。

四、预习及操作过程指导

(1) 根据实验目的预习相关操作。

(2) 请利用互联网查出下列主要药品的物理常数,并写到预习报告中。

药品名称	分子量 (mol wt)	熔点 /(℃)	沸点 /(℃)	相对密度 (d_4^{20})	水溶解度 /(g/100 mL)
甲苯					
邻甲苯磺酰氯					
对甲苯磺酰氯					

药品名称	分子量 (mol wt)	熔点 /(℃)	沸点 /(℃)	相对密度 (d_4^{20})	水溶解度 /(g/100 mL)
邻甲苯磺酰胺					
邻磺酰苯甲酰 亚胺（糖精）					
邻磺酰苯甲酰 亚胺钠（糖精钠）					
氯磺酸					

（3）氯磺酸具有很强的腐蚀性，遇水时会强烈水解而放热，有时甚至爆炸，在空气中也会冒出大量氯化氢气体。因此取用时要特别小心，并要在通风橱内量取。参与反应的反应器皿和化学试剂均需充分干燥。

（4）化学纯甲苯经无水氯化钙干燥过夜后即可使用。

（5）第三步加 2.4 g 氢氧化钠，如加热搅拌 20 min 后还有邻磺酰苯甲酰亚胺没有溶解，可以再加入少许氢氧化钠，使反应液为透明液体。

第五部分
有机化合物的提取实验

实验 57　从茶叶中提取咖啡因

一、实验目的

（1）学习从茶叶中提取咖啡因的基本原理和方法。

（2）掌握用索氏提取器提取有机物的原理和方法。

（3）练习萃取、蒸馏、升华等的基本操作技能。

二、实验原理

茶叶中含有多种生物碱，其主要成分是含量占 $1\% \sim 5\%$ 的咖啡因及含量较少的茶碱和可可豆碱。此外，茶叶中还含有 $11\% \sim 12\%$ 的丹宁酸及叶绿素、纤维素、蛋白质等物质。

咖啡因是杂环化合物嘌呤的衍生物，化学名称为 1,3,7-三甲基-2,6-二氧嘌呤，其结构式如下：

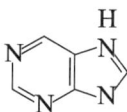

嘌呤

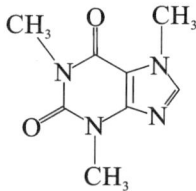

咖啡因

含结晶水的咖啡因系无色针状结晶，味苦，易溶于水、丙酮、乙醇、氯仿等，微溶于石油醚，难溶于苯和乙醚。咖啡因在 100 ℃时即失去结晶水，并开始升华，120 ℃时升华相当显著，178 ℃时升华很快。无水咖啡因的熔点为 234.5 ℃。

咖啡因具有刺激心脏、兴奋大脑神经和利尿等作用，因此可作为中枢神经兴奋剂，它也是复方阿司匹林（APC）等药物的组分之一，在医学上有重要的用途。

本实验采用氯仿为溶剂，利用索氏提取器从茶叶中提取咖啡因。经过索氏提取器的连续萃取得到富集有咖啡因的氯仿溶液，蒸出溶剂即得含咖啡因的粗产品。因其中还含有大量其他难以分离的杂质，可以利用咖啡因容易升华的性质，进行升华分离提纯。

三、实验步骤

先将滤纸做成与索氏提取器大小相适应的套袋。称取 10 g 茶叶，略加粉碎，装入纸袋中,上下端封好,装入索氏提取器(见图 5-1),烧瓶中加入 60 mL 氯仿,几粒沸石,用水浴加热,连续提取 8~10 次(提取时,溶剂蒸汽从导气管上升到冷凝管中,被冷凝成液体后,滴入提取器中,萃取出茶叶中的可溶物,此时溶液呈深草青色,当液面上升到与虹吸管一样高时,提取液就从虹吸管流入烧瓶中,这为一次提取)。茶叶每次都能被纯粹的溶剂所萃取,使茶叶中的可溶物质富集于烧瓶中。待提取器中的溶剂基本上呈无色或微呈青绿色时(萃取次数一般 8~10 次),停止提取,待提取器中的提取液刚刚虹吸下去后,停止加热。

萃取装置稍冷,把烧瓶改成蒸馏装置,水浴加热,回收大部分溶剂,当烧瓶内溶液剩下 3~5 mL 时,停止蒸馏,趁热将残液转入瓷蒸发皿中,拌入 3~4 g 生石灰粉,用玻璃棒研细,在通风橱内,用蒸汽浴将溶剂基本蒸干(见图 5-2)。再在蒸发皿上面覆盖一张事先刺了许多小孔的滤纸和一个倒扣的玻璃漏斗,漏斗口用棉花塞住,将蒸发皿在石棉网上小火徐徐加热,进行升华(见图 5-3),当发现滤纸微微泛黄时(通常需要 10~15 min),停止加热让其自然冷却至不太烫手时,小心取下漏斗和滤纸,会看到在滤纸上附着有大量无色针状晶体。用刮刀将纸上和器皿周围的咖啡因刮下。称重并测定熔点(产量约 0.1 g)。

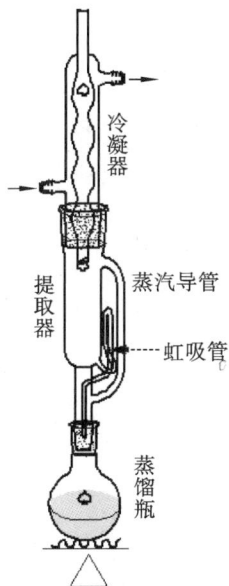

图 5-1 萃取装置   图 5-2 蒸汽干燥装置   图 5-3 升华装置

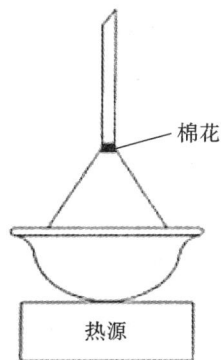

纯咖啡因熔点为 234.5 ℃。本实验需 4~6 h。

四、预习及操作过程指导

(1) 根据实验目的预习相关操作。

(2) 请利用互联网查出下列主要药品的物理常数,并写到预习报告中。

药品名称	分子量 (mol wt)	熔点 /(℃)	沸点 /(℃)	相对密度 (d_4^{20})	水溶解度 /(g/100 mL)
氯仿					
咖啡因					

（3）实验中用滤纸制作的滤纸套筒高度不要超过虹吸管,否则提取时,高出虹吸管的那部分就不能浸在溶剂中,提取效果不好。纸袋的粗细应和提取器内筒大小相吻合。太细,在提取时会漂起来;太粗,会装不进去,即使强行装进去,由于装得太紧,溶剂不易渗透,提取效果不好,甚至不能虹吸。

（4）茶叶包的上下端要封严,防止茶叶漏出,堵塞虹吸管。

（5）本实验的关键是升华,一定要小火加热,慢慢升温,徐徐加热 10～15 min。如果温度太高,加热太快,滤纸和咖啡因都会炭化变黑;如果温度太低,升温太慢,会浪费时间,咖啡因不能完全升华,影响收率。

有条件的话,最好采用带测温温度计的沙浴装置,温度控制在不超过 220 ℃,见"**附基本操作 16**"。

（6）蒸馏时不能蒸干,否则因残留液很黏而难以转移,造成损失。

（7）生石灰应研细,使其能充分吸水。拌入生石灰时要混匀,生石灰的作用除吸水外,还可中和除去部分酸性杂质(如鞣酸)。

附基本操作 16：升华

升华是指固态物质在其压强等于外界压强的条件下,不经液态直接转变为气态,或气态物质在其压强与外界压强相等的条件下,不经液态而直接转变为固态的物态转变过程。这是升华的科学定义。一般认为,升华就是固态物质不经过液态直接转变为气态,或气态物质不经过液态直接转变为固态的物态变化过程。

升华是纯化固体有机物的方法之一。利用升华可除去不挥发性杂质,或分离挥发度差别较大的固体混合物。但是,并不是所用固体有机物都可以用升华的方法来提纯,只有在其熔点温度以下具有相当高蒸气压(高于 2.7 kPa)的固态物质,才可用升华法来提纯。升华常可得到较高纯度的产物,但操作时间长,损失也较大,通常在实验室里只用于较少量(1～2 g)物质的纯化。

一、升华的原理

升华原理可根据固、液、气三相平衡图来加以说明。

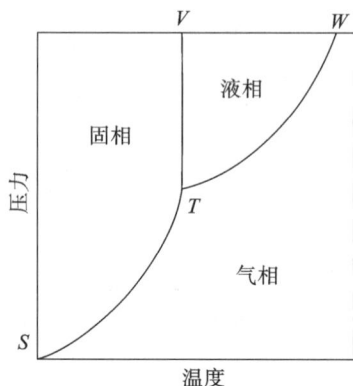

图 5-4　三相平衡图

如图 5-4 所示,S-T 表示固相与气相平衡时固体的蒸气压曲线,T-W 是液相与气相平衡时液体的蒸气压曲线,两曲线在 T 处相交,此点即为三相点。在此点,固、液、气三相可同时并存。在三相点以下,物质只有固、气两相,若降低温度,蒸气就不经过液态而直接变为固态;若升高温度,固态也不经过液态而直接变成蒸气。有些物质,常压下不易升华,但在减压下升华,可得到较满意的结果。也可采用在减压下通入少量空气或惰性气体以加快蒸发的速度。

一般升华操作皆应在熔点(严格讲应该是三相点,由于三相点与熔点的差别通常只有几分之一度,所以可用熔点近似说明)温度以下进行。若某物质在熔点温度以下具有很高的蒸气压,因而气化速率很大,就很容易地从固态直接变为蒸气,且此物质蒸气随温度降低而下降非常显著,稍降低温度即能由蒸气直接转变为固态,则此物质可容易地在常压下用升华方法来提纯。

二、升华的装置

常压升华的装置有多种样式,图 5-5 所示的是几种用沙浴加热的常压升华装置。其中 5-5(a)所示的是在铜锅中装入沙子,装有被升华物的蒸发皿放入沙子中,皿底沙层厚约 1 cm,将一张穿有许多小孔的圆滤纸平罩在蒸发皿中,距皿底 2～3 cm,滤纸上倒扣一个大小合适的玻璃三角漏斗,漏斗颈上用一小团脱脂棉松松塞住。温度计的水银泡应插到距锅底约 1.5 cm 处并尽量靠近蒸发皿底部。

加热铜锅,慢慢升温,被升华物气化,蒸气穿过滤纸在滤纸上方或漏斗内壁结出晶体。升华完成后熄灭火焰,冷却后小心地用小刀刮下晶体即得升华产品。需要注意的是沙子传热慢,温度计上的读数与被升华物实际感受到的温度也有较大差异,因而仅可作参考。若无铜锅,也可在石棉网上铺上一层 1～2 mm 厚的细沙,将升华器皿放在沙层上,如图 5-5(b)和 (c)所示。这样的装置不能插温度计,因而需十分小心地缓慢加热,密切注视蒸气上升和结晶情况,勿使被升华物熔融或烧焦。

减压条件下的升华操作与上述常压升华操作大致相同。首先将待升华物质放在吸滤管内,然后在吸滤管上配制直形冷凝管,内通冷凝水,用油浴加热,吸滤管支口接水泵或油泵,如图 5-6 所示。

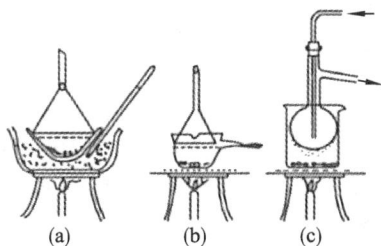

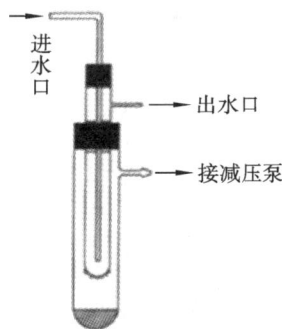

图 5-5　几种常压升华装置　　　　　　图 5-6　减压升华装置

三、注意事项

(1) 因为升华发生在物质的表面,所以应预先粉碎。必须注意冷却面与升华物质的距离应尽可能近些。

(2) 待升华物质要充分干燥,否则在升华操作时部分有机物会与水蒸气一起挥发出来,影响分离效果。

(3) 在蒸发皿上覆盖一层布满小孔的滤纸,主要是为了在蒸发皿上方形成温差层,使逸出的蒸气容易凝结在玻璃漏斗壁上,提高物质升华的收率。必要时,可在玻璃漏斗外壁敷上冷湿布,以助冷凝。

（4）无论常压或减压升华,为了达到良好的升华分离效果,加热温度应控制在待纯化物的三相点温度以下。如果加热温度高于三相点温度,就会使不同挥发性的物质一同蒸发,从而降低分离效果。一般常用水浴、油浴、沙浴等热浴进行加热较为稳妥,避免使用明火直接加热。

实验 58　从黄连中提取黄连素

一、实验目的

（1）学习从植物中提取生物碱的实验方法。

（2）认识黄连素的结构及其应用。

（3）练习萃取、减压蒸馏、抽滤等基本操作技能。

二、实验原理

黄连为我国名产药材之一,抗菌力很强,对急性结膜炎、口疮、急性细菌性痢疾、急性肠胃炎等均有很好的疗效。黄连中含有多种生物碱。除以黄连素（俗称小檗碱,berberine）为主要有效成分外,还含有黄连碱、甲基黄连碱、棕榈碱和非洲防己碱等。

黄连素是黄色针状体,微溶于水和乙醇,较易溶于热水和热乙醇中,几乎不溶于乙醚,黄连素存在下列三种互变异构体：

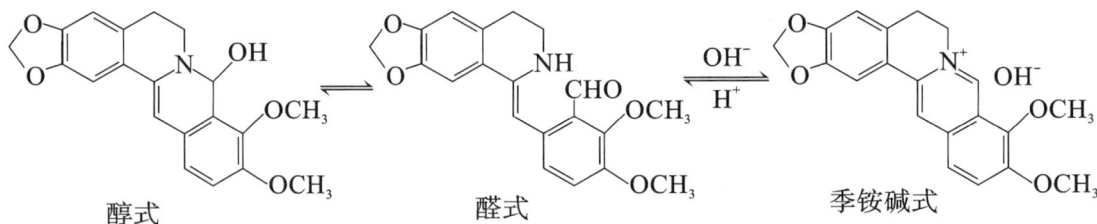

黄连素在自然界多以季铵碱的形式存在。它的盐酸盐、氢碘酸盐、硫酸盐、硝酸盐均难溶于冷水,易溶于热水,其各种盐的纯化都比较容易。

本实验的方案就是根据黄连素的溶解性特点设计的。

三、实验步骤

称取中药黄连 10 g,粉碎,放入 250 mL 圆底烧瓶中,加 95% 乙醇 100 mL,装上球形冷凝管。加热回流 0.5 h,静置浸泡 1 h,抽滤。滤渣重复上述操作 2 次,每次用 50 mL 乙醇萃取,合并所得滤液,在水泵减压下蒸出乙醇（回收）,直到残留物呈棕红色糖浆状,再加入 1% 醋酸 30～40 mL。加热溶解,抽滤,以除去不溶物,然后向溶液中滴加浓盐酸约 18 mL,至溶液变浑浊为止。放置冷却,即有黄色针状体的黄连素盐酸盐析出,抽滤、结晶,用冰水洗涤两次,再用丙酮洗涤一次,烘干后重 0.8～1.0 g。

黄连素的提纯：得到纯净的黄连素晶体比较困难,将黄连素盐酸盐加热水至刚好溶解,煮沸,用石灰乳调节 pH 值为 8.5～9.8;冷却后滤去杂质,滤液继续冷却到室温以下,即有游离的黄连素(针状体)析出,抽滤,将结晶体在 50～60 ℃下干燥。纯黄连素熔点为 145 ℃。

本实验需 4～6 h。

四、预习及操作过程指导

(1)根据实验目的预习相关操作。

(2)请利用互联网查出下列主要药品的物理常数,并写到预习报告中。

药品名称	分子量 (mol wt)	熔点 /(℃)	沸点 /(℃)	相对密度 (d_4^{20})	水溶解度 /(g/100 mL)
乙醇					
黄连素					

(3)后两次提取可适当减少乙醇用量和缩短浸泡时间。用索氏提取器连续提取,效果最好。

(4)黄连素盐酸盐结晶时,最好用冰水冷却。

(5)黄连素盐酸盐结晶时,若晶形不好,可用水重结晶一次。

实验 59　从果皮中提取果胶

一、实验目的

(1)学习用酸提法从植物中提取果胶的原理和操作方法。

(2)练习萃取、脱色、过滤等基本操作技能。

二、实验原理

果胶(pectic substances)是一种植物胶,主要以不溶于水的原果胶形式存在于植物中。当用酸从植物中提取果胶时,原果胶被酸水解形成可溶性果胶。果胶又叫果胶酯酸,其主要成分是半乳糖醛酸甲酯及少量半乳糖醛酸通过 1,4-苷键连成的高分子化合物,结构片断示意图如下:

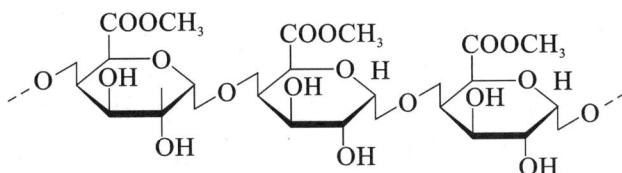

果胶为粉末状物质,黄或白色,无臭,尝起来具黏稠感。果胶可用于制备果酱、果冻或作为胶状食物的结冻剂,软糖,饮料食品添加剂,微生物培养基,亦可作为保护剂等。

果胶不溶于乙醇,在提取液中加入等体积乙醇时,可使果胶沉淀下来而与其他杂质分离。

三、实验步骤

将精选的柑橘皮粉碎至 2～3 mm,用 60 ℃左右的热水洗涤两次,除去糖类等杂质,洒上乙醇晾干 24 h。称取 100 g 晾干后的物料,置于 3000 mL 烧瓶中,加 1500 mL 蒸馏水,并用盐酸将其 pH 值调至 2.2。加热至 75 ℃,在此温度下水解 20 h,此时果胶原水解并溶解在酸性溶液中,过滤,弃去滤渣,滤液用乙醇或丙酮初次沉淀出果胶,用水洗涤,加水溶解粗果胶,加 2 g 活性炭,于 70 ℃下脱色 1 h,趁热过滤,将滤液置 75 ℃下减压浓缩至约 70 mL 时,加乙醇再沉淀出果胶,过滤,用稀乙醇洗涤,沉淀物经低温真空干燥,得胶状果胶。粉碎后即得果胶成品,产量 21 g。

四、预习及操作过程指导

（1）根据实验目的预习相关操作。

（2）请利用互联网查出下列主要药品的物理常数,并写到预习报告中。

药品名称	分子量 (mol wt)	熔点 /(℃)	沸点 /(℃)	相对密度 (d_4^{20})	水溶解度 /(g/100 mL)
乙醇					
果胶					

（3）制备果胶必须保持低温,整个过程温度不宜高于 75 ℃,否则颜色会变深。

（4）果胶为高分子糖类,黏度大,成形较难,应用真空喷淋干燥可得粉状物质,通常得粗粒状成品。

实验 60　菠菜色素的提取和分离

一、实验目的

（1）通过菠菜色素的提取和分离,了解天然物质的分离提纯方法。

（2）通过柱色谱和薄层色谱分离操作,深入了解微量有机物色谱分离鉴定的原理。

二、实验原理

绿色植物（如菠菜）叶中含有叶绿素（绿色）、胡萝卜素（橙色）和叶黄素（黄色）等多种天然色素。

叶绿素存在两种结构相似的形式,即叶绿素 a（$C_{55}H_{72}O_5N_4Mg$）和叶绿素 b（$C_{55}H_{70}O_6N_4Mg$）,其差别仅是叶绿素 a 中一个甲基被甲酰基所取代,从而形成叶绿素 b。它们都是吡咯衍生物与金属镁的配合物,是植物进行光合作用所必需的催化剂。植物中叶绿素 a 的含量通常是叶绿素 b 的 3 倍。尽管叶绿素分子中含有一些极性基团,但大的烃基结构使它易溶于醚、石油醚等一些非极性的溶剂。

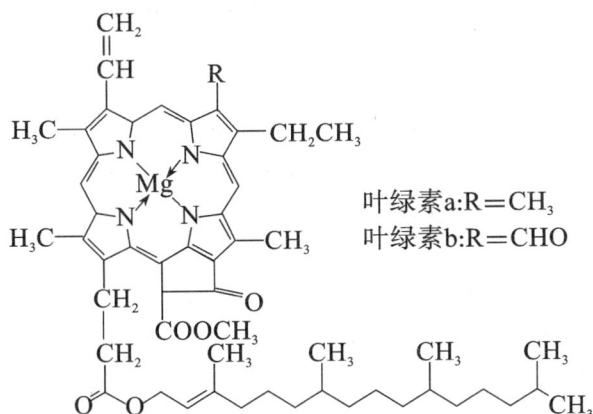

叶绿素a:R＝CH₃
叶绿素b:R＝CHO

胡萝卜素(C₄₀H₅₆)是具有长链结构的共轭多烯。它有三种异构体,即 α-胡萝卜素、β-胡萝卜素和 γ-胡萝卜素,其中 β-胡萝卜素含量最多,也最重要。在生物体内,β-胡萝卜素受酶催化氧化形成维生素 A。目前 β-胡萝卜素已可进行工业生产,可作为维生素 A 使用,也可作为食品工业中的色素。

叶黄素(C₄₀H₅₆O₂)是胡萝卜素的羟基衍生物,它在绿叶中的含量通常是胡萝卜素的 2 倍。与胡萝卜素相比,叶黄素较易溶于醇,而在石油醚中溶解度较小。

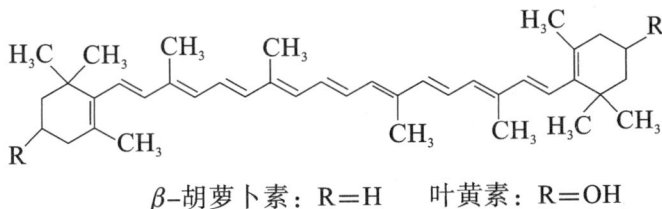

β-胡萝卜素：R＝H　　　叶黄素：R＝OH

本实验从菠菜中提取上述几种色素,并通过薄层色谱鉴定和柱色谱分离。

三、实验步骤

1. 菠菜色素的提取

称取 30 g 洗净后的新鲜(或冷冻)的菠菜叶,用剪刀剪碎并与 30 mL 甲醇拌匀,在研钵中研磨约 5 min,然后用布氏漏斗抽滤菠菜汁,弃去滤渣。

将菠菜汁放回研钵,用 3∶2(体积比)的石油醚(60～90 ℃)-甲醇混合液萃取两次,每次 30 mL,每次须加以研磨并且抽滤。合并深绿色萃取液,转入分液漏斗,用水洗涤两次,每次 5 mL,以除去萃取液中的甲醇。洗涤时要轻轻旋荡,以防止产生乳化。弃去水-甲醇层,石油醚层用无水硫酸钠干燥后滤入圆底烧瓶,在水浴上蒸去大部分石油醚至体积约为 10 mL 为止。

2. 薄层色谱

取四块显微载玻片,用硅胶 G 加 0.5% 羧甲基纤维素调制后制板,晾干后在 110 ℃ 活化 1 h。

展开剂:(a) 石油醚-丙酮(体积比为 8∶2);
　　　　(b) 石油醚-乙酸乙酯(体积比为 6∶4)。

取活化后的色谱板,点样后,小心放入预先加好选定展开剂的层析缸内,盖好瓶盖。待展开剂上升至规定高度时,取出色谱板,在空气中晾干,用铅笔做出标记,并进行测量,分别计算出 R_f 值。

分别用展开剂(a)和(b)展开,比较不同展开剂的展开效果。观察斑点在板上的位置并排列出胡萝卜素、叶绿素和叶黄素的 R_f 值的大小次序。注意更换展开剂时,必须干燥层析缸,不允许前一种展开剂带入后一种展开剂。

3. 柱色谱

在色谱柱中,加 3 cm 高的石油醚。另取少量脱脂棉,先在小烧杯中用石油醚浸湿,挤压以驱除气泡,然后放在层析柱底部,轻轻压紧,塞住底部。将 10 g 色谱用中性氧化铝(150～160 目)从玻璃漏斗中缓缓加入色谱柱,必要时用橡胶塞或洗耳球轻轻地在色谱柱的周围敲击,使氧化铝装得平整致密。然后加入石油醚,待石油醚从底部旋塞出口处流出、色谱柱中氧化铝上面石油醚还有 1～2 mm 高时,将上面制得的菠菜色素溶液用滴管小心地加到色谱柱的顶部。待色素全部进入柱体后,在柱顶小心加入约 1.5 cm 高度的无水硫酸钠,此后开始加洗脱剂(石油醚-丙酮,体积比 9:1),色谱即开始进行,用锥形瓶收集。当第一个有色成分即将滴出时,改为试管收集,得橙黄色溶液,这就是 β-胡萝卜素溶液。约用洗脱剂 50 mL。

用石油醚-丙酮(体积比为 7:3)作洗脱剂,分出第二个黄色带,它是叶黄素。再用丁醇-乙醇-水(体积比为 3:1:1)洗脱叶绿素 a(蓝绿色)和叶绿素 b(黄绿色)。

四、预习及操作过程指导

(1) 根据实验目的预习相关操作。

(2) 请利用互联网查出下列主要药品的物理常数,并写到预习报告中。

药品名称	分子量 （mol wt）	熔点 /(℃)	沸点 /(℃)	相对密度 （d_4^{20}）	水溶解度 /(g/100 mL)
石油醚(60～90 ℃)					
甲醇					
丙酮					
乙酸乙酯					

(3) 叶黄素易溶于醇,而在石油醚中溶解度较小,从嫩绿菠菜得到的提取液中,叶黄素含量很少,柱色谱中不易分出黄色带。

(4) β-胡萝卜素的测定:将柱色谱最先分离出的橙黄色溶液,稀释后加到 1 cm 的比色皿中,以石油醚作空白溶剂,用 721 分光光度计测定 400～600 nm 范围内的吸收,分别在 481 nm($\varepsilon=123027$)、453 nm($\varepsilon=141254$)有最大吸收。

实验 61　从红辣椒中分离红色素

一、实验目的

(1) 学习从红辣椒中提取天然色素的原理和方法。

（2）练习薄层色谱和柱色谱的基本操作技能。

二、实验原理

辣椒红色素是一种存在于成熟红辣椒果实中的四萜类橙红色色素，属于类胡萝卜素类色素。其中极性较大的红色组分主要是辣椒红素和辣椒玉红素，占总量的50%～60%；另一类是极性较小的黄色组分，主要成分是β-胡萝卜素和玉米黄质。辣椒红色素不仅色泽鲜艳，热稳定性好，而且耐光、耐热、耐酸碱、耐氧化，无毒副作用，是高品质的天然色素，被广泛用于食品、化妆品、保健药品等行业。

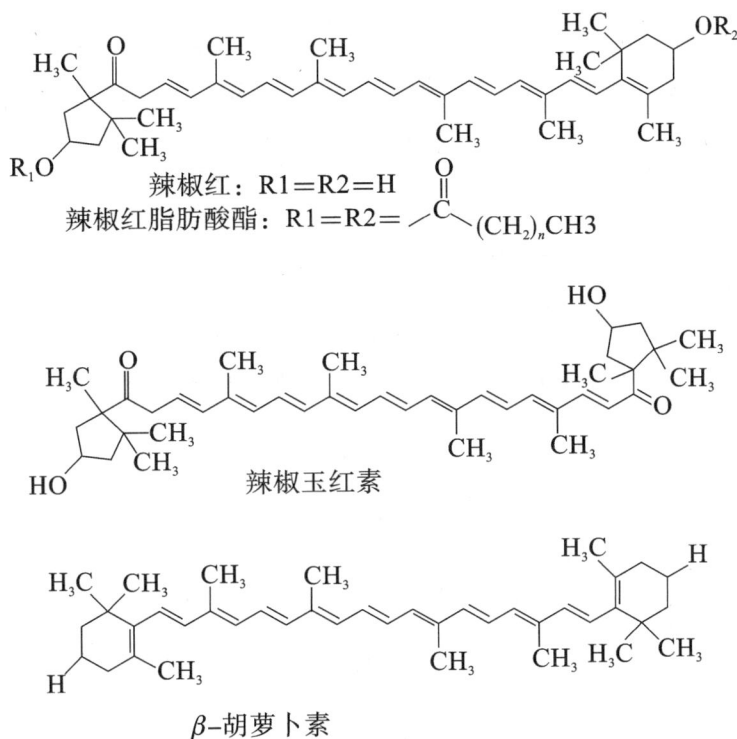

辣椒红：R1=R2=H
辣椒红脂肪酸酯：R1=R2=（CH$_2$)$_n$CH3

辣椒玉红素

β-胡萝卜素

这些色素可以通过色谱法加以分离。

本实验以二氯甲烷作萃取剂，从红辣椒中提取辣椒红色素，然后用薄层色谱分析，确定各组分的R_f值，再经柱色谱分离，分段收集并蒸除溶剂，即可获得各个单组分。

三、实验步骤

1. 提取和浓缩

将干的红辣椒剪碎研细，称取 1 g 放入 50 mL 圆底烧瓶中，加两粒沸石，加 10 mL CH$_2$Cl$_2$，装上回流冷凝管，70～80 ℃水浴加热回流提取 30 min，冷却至室温后抽滤。将所得滤液蒸发回收二氯甲烷，蒸馏浓缩至干即为混合色素的粗品，称重，计算收率。

2. 柱层析分离

（1）装柱：选取内径 1.5 cm、长 30 cm 的色谱柱，洗净，干燥，放一小块脱脂棉在其底部，然后慢慢加入色谱硅胶 10 g，同时用一段木条轻轻敲柱，以利于硅胶均匀沉降，至硅胶顶面不再下降为止,装柱完毕。

(2)拌样:取一洁净、干燥的蒸发皿称重,然后在蒸发皿中放入 0.2 g 色谱硅胶,将装有硅胶的蒸发皿置于水浴上,滴入辣椒色素提取液并拌匀,挥发干溶剂至蒸发皿恒重。

(3)上样:将样品轻轻倒入柱顶部(注意不能破坏柱顶面),敲打色谱柱至样品带厚薄均匀,表面平滑,然后再在样品带上轻轻铺一层石英砂及一块脱脂棉,以保护样品带。

(4)色谱分离:缓缓倒入 CH_2Cl_2(或氯仿)进行洗脱,在层析柱下端用试管分段接收洗脱液,每段收集 2 mL。用薄层层析法检验各段洗脱液,将相同组分的接收液合并,蒸发浓缩,收集红色素。

3. 辣椒红色素的鉴定

(1)薄层色谱的制备:取 6 块载玻片洗净,干燥,平铺于台面,称薄层用硅胶 GF_{254} 2 g 于小烧杯内,按 1 g 硅胶和 3 mL 蒸馏水的比例加水,用玻璃棒将硅胶与水充分混匀,均匀地倒在备好的载玻片上,再轻轻抖动载玻片,使硅胶铺平,晾干后于 105 ℃ 活化 30 min,或 80 ℃ 烘 2 h,冷却后放入干燥器备用,制备时也可加入约 1% 的羧甲基纤维素钠。

(2)取三块硅胶薄层板,画好起始线,用平口毛细管点样。每块板上点两个样,其中一个是混合色素浓缩液,另一个分别是第一、第二、第三色带。用体积比为 1:3 的石油醚-二氯甲烷混合液或石油醚-丙酮混合液作展开剂展开。展开后记录各斑点的大小、颜色并计算其 R_f 值,比较各色带的 R_f 值,如有标准品辣椒红的脂肪酸酯、辣椒玉红素和 β-胡萝卜素对照,指出各色带是何化合物,观察各色带点样展开后是否有新的斑点产生,即可知道柱层析分离是否达到了预期效果。

四、预习及操作过程指导

(1)根据实验目的预习相关操作。

(2)请利用互联网查出下列主要药品的物理常数,并写到预习报告中。

药品名称	分子量 (mol wt)	熔点 /(℃)	沸点 /(℃)	相对密度 (d_4^{20})	水溶解度 /(g/100 mL)
二氯甲烷					
石油醚(60~90 ℃)					
辣椒红					
辣椒红脂肪酸酯					
辣椒玉红素					
β-胡萝卜素					

(3)装柱过程不能间断,装好的色谱柱不应有气泡、裂痕。

(4)吸附剂的量一般不超过色谱柱长度的 3/4。

(5)装好的柱子其吸附剂的顶面一定要平。

(6)上样时,样品厚度要一致,表面平整。

实验 62　从毛发中提取胱氨酸

一、实验目的

(1) 学习从毛发中提取胱氨酸的原理和方法。

(2) 练习机械搅拌器的使用、回流、熔点和旋光度测定等基本操作技能。

二、实验原理

毛发(包括人发、鸡鸭毛、猪毛等)都是天然的角蛋白质,属于 α 角蛋白质,由多种 α 氨基酸组成,用盐酸水解后,即可得到混合氨基酸溶液。其中 L-胱氨酸的含量最高,约占各种 α-氨基酸总量的 18%。

胱氨酸是白色晶体,熔点为 $260\sim261$ ℃,等电点为 5.0,比旋光度 $[\alpha]_D^{20}=-223.4°$($C=1,1$ mol/L 盐酸中),溶于水(在 20 ℃时溶解度为 0.01,100 ℃时为 0.1),难溶于乙醇、乙醚等有机溶剂,易溶于热碱、热酸中,在热碱中易分解。胱氨酸是一种重要的医药和医药原料,它可治疗白细胞减少症、冠心病,具有防止肝硬化和脂肪肝、促进毛发生长、防止皮肤老化等功能。胱氨酸的结构式为

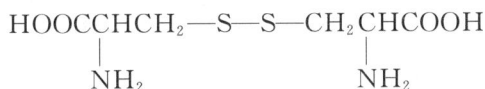

$$\underset{\text{NH}_2}{\text{HOOCCHCH}_2}\text{—S—S—CH}_2\underset{\text{NH}_2}{\text{CHCOOH}}$$

通过水解毛发提取胱氨酸时,为了高效率提取胱氨酸,要严格控制水解条件。影响毛发水解的因素较多,如水解液中酸的浓度、水解温度以及水解时间等。一般来说,酸的浓度高有利于加速水解,否则水解速度慢。水解过程中温度的把握要适中,温度太低会延长水解时间,温度高能缩短水解时间,但加剧对胱氨酸的破坏,一般以 110 ℃为宜。另外,要控制水解时间,正确判断水解终点。如果水解时间过短,则水解不完全;如果水解时间过长,则氨基酸容易被破坏。采用缩二脲试验可确定水解终点。缩二脲在碱性介质中与二价铜盐反应生成有粉红色或紫色的配合物,观察到显色,试验呈阳性。

蛋白质及其分解产物多肽也会发生缩二脲阳性反应,形成的铜配合物的颜色取决于被肽键所结合的氨基酸数目。例如,三肽显紫色,四肽或多肽显红色,而氨基酸及二肽只显蓝色,此为缩二脲的阴性反应。所以只有当毛发水解液呈阴性反应,水解近终点。

三、实验步骤

将头发放在 500 mL 烧杯中,加入少许洗发精和 150 mL 温热水,不断搅拌,洗净毛发中的油脂,倾滗弃去洗涤液,再用清水反复洗涤数次,然后晒干。

在 500 mL 三口烧瓶上装置搅拌器、回流冷凝管和温度计。在瓶中称取 50 g 洗净晒干的头发,再加入 100 mL 30% 的盐酸,边搅拌边加热至 110 ℃左右。10 min 后,头发溶解。在此温度搅拌水解 8 h。用缩二脲试验检验是否水解完全。

用一试管取 0.5 mL 毛发水解液,加入 0.5 mL 10% 氢氧化钠水溶液,再加 1 滴 2% 硫酸铜溶液。振摇后,若溶液显粉红色或紫色,则表明水解不完全。再加入少量盐酸溶液,继续

搅拌水解直至检验水解液对硫酸铜呈阴性反应。

水解结束后,停止加热,溶液中加入活性炭,加热微沸片刻,趁热过滤。取 2 mL 滤液作氨基酸鉴定用。剩余的滤液用 30% 氢氧化钠中和,中和时,保持温度在 50 ℃ 左右,并不断搅拌,不时测试 pH 值,当 pH 值达到 3.0 时,慢慢滴加碱,直到 pH 值到 4.8~5.0 为止。继续搅拌 20 min,若 pH 值不再变化,则停止加碱。在室温下静置、冷却、结晶,使 L-胱氨酸析出,抽滤后得到 L-胱氨酸粗品。

将粗产物放入 250 mL 圆底烧瓶中,加入 70 mL 30% 盐酸,加热使粗产物溶解,然后加入 1 g 活性炭,装上回流冷凝管,加热回流 20 min。趁热过滤,用少量稀盐酸洗涤滤饼,洗涤液与滤液合并。若滤液黄色较深,则加入活性炭再脱色一次。

将无色澄清的滤液用 12% 氨水中和至 pH=4,在室温下静置、冷却结晶,过滤。所得晶体用少量热水洗涤(除去酪氨酸),然后依次用少量乙醇、乙醚淋洗一遍,抽干后即得产物 L-胱氨酸。干燥后称重,计算产率。测熔点和旋光度。

四、预习及操作过程指导

(1) 根据实验目的预习相关操作。

(2) 请利用互联网查出下列主要药品的物理常数,并写到预习报告中。

药品名称	分子量 (mol wt)	熔点 /(℃)	沸点 /(℃)	相对密度 (d_4^{20})	水溶解度 /(g/100 mL)
胱氨酸					
硫酸铜					
盐酸					
氢氧化钠					

(3) 头发水解速度取决于盐酸的用量、浓度及水解温度。温度低于 105 ℃ 时水解速度慢,可加浓盐酸(35%~37%)回流约 5 h,水解就能完全。氯化氢和水组成的恒沸点混合物(含盐酸 20.2%)的沸点为 108.5 ℃。

(4) 用氢氧化钠或氨水中和前,最好在减压下将多余的盐酸蒸出,这样便可减少中和时碱的用量。

(5) 胱氨酸在碱性介质(即使在稀的碳酸钠溶液)中很不稳定,易于分解,因此中和操作时要避免呈碱性。胱氨酸在乙酸钠溶液中稳定,所以最好用它来中和。但考虑到乙酸钠的价格较贵,本实验仍采用氢氧化钠和氨水,只要操作时小心,将碱慢慢加入并充分搅拌,还是可以避免分解的。

(6) 氨水中和后产物不宜长时间放置。如果延长放置时间,则酪氨酸也随之析出,产品质量大为下降。

实验 63 从橙皮中提取柠檬烯

一、实验目的

（1）学习从植物中提取精油的原理和方法。

（2）练习水蒸气蒸馏、萃取、减压蒸馏等基本操作技能。

二、实验原理

植物组织中含有许多挥发性物质，这些挥发性成分的混合物统称为精油，它们大都有使人愉悦的香味。从柠檬、橙子和柚子等水果的果皮中提取的精油 90% 以上是柠檬烯。

柠檬烯又称苧烯，是一种单环萜，分子中有一个手性中心。其 S-(-)-异构体存在于松针油、薄荷油中；R-(＋)-异构体存在于柠檬油、橙皮油中；外消旋体存在于香茅油中。R-(＋)-柠檬烯通常也称为 d-柠檬烯：

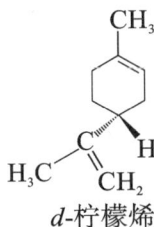

d-柠檬烯

本实验首先采用水蒸气蒸馏法将柠檬烯从橙皮中提取出来，然后用二氯甲烷从提取液中萃取，最后蒸去二氯甲烷即获得精油。可通过测定其折光率、比旋光度以及气相色谱法了解其中柠檬烯的纯度和含量。

三、实验步骤

将 2～3 个橙子皮剪成细碎的碎片，投入 250 mL 三口烧瓶中，加入约 30 mL 水，安装成水蒸气蒸馏装置。松开 T 形管下口的止水夹，加热水蒸气发生器至水沸腾，T 形管口有大量水蒸气冒出时，拧紧止水夹，打开冷凝水，水蒸气蒸馏开始进行，可观察到在馏出液的水面上有一层很薄的油层。当馏出液收集 60～70 mL 时，松开止水夹，然后停止加热。

将馏出液加入分液漏斗中，每次用 10 mL 二氯甲烷萃取 3 次。合并萃取液，置于干燥的50 mL 锥形瓶中，加入适量无水硫酸钠干燥 0.5 h 以上。

将干燥好的溶液滤入 50 mL 蒸馏瓶中，用水浴加热蒸馏。二氯甲烷基本蒸完后，改用水泵减压蒸馏以除去残留的二氯甲烷。最后瓶中只留下少量（几滴至十几滴）橙黄色液体即为橙油。

测定橙油的折光率、比旋光度，并与纯物质比较。有条件的可用气相色谱测定橙油中柠檬烯的含量。

四、预习及操作过程指导

（1）根据实验目的预习相关操作。

（2）请利用互联网查出下列主要药品的物理常数，并写到预习报告中。

药品名称	分子量 （mol wt）	熔点 /（℃）	沸点 /（℃）	相对密度 （d_4^{20}）	水溶解度 /（g/100 mL）
d-柠檬烯					
二氯甲烷					

（3）橙皮最好用新鲜的。如没有，干的也可提取，但效果较差。

（4）本实验所得的橙油量较少，因此以上每步处理要非常小心，否则可能得不到产品。

（5）测定比旋光度时可将多人所得的柠檬烯合并起来，用 95％乙醇配成溶液进行测定，将纯柠檬烯配成同样的浓度测定，然后进行比较。

第六部分

应用新实验技术的实验

实验 64　微波辐射法制备查尔酮

一、实验目的

(1) 了解利用微波辐射促进有机化合物合成的原理和方法。

(2) 学习利用微波辐射法制备查尔酮的方法。

(3) 学习微波反应器的操作技能。

二、实验原理

微波是频率在 300 MH～300 GHz,波长在 1～1000 mm 范围内的电磁波。微波除了在无线电通信领域应用之外,日常家庭使用最多的就是加热。在化学合成中应用微波技术直到 20 世纪 80 年代初期才开始,研究发现在微波辐射条件下进行酯化、水解、氧化等反应,反应速度都得到了不同程度的加快。

现在微波技术在有机合成反应领域应用范围更广了,反应速度与常规方法相比,有的能加快数倍、数十倍,甚至成百上千倍。对于微波辐射能够加快反应速度的机理,目前存在着两种观点。

一种观点认为:虽然微波是一种内加热,具有加热速度快、加热均匀无梯度、无滞后效应等特点,但微波应用于化学反应仅仅是一种加热方式,与传统加热反应并无区别。他们认为,微波对化学反应的加速主要归结为对极性有机物的选择加热,即微波的致热效应。

另外一种观点则认为:微波对化学反应的作用,一是使反应物分子运动剧烈,温度升高;二是微波场对离子和极性分子的洛仑兹力作用使得这些粒子之间的相对运动具有特殊性,且与微波的频率、温度及调制方式密切相关,因而微波加速化学反应的机理非常复杂,存在致热和非致热两重效应。有研究工作者通过对乙酸甲酯的水解动力学的研究,发现微波能降低该反应的活化能,加快水解反应速度。

总的来说,利用微波辐射促进有机化学反应具有清洁、高效、节能、污染少等特点,为有机合成开辟了一个新的领域。

查尔酮的合成,属于交叉羟醛缩合反应,在微波辐射促进下,反应时间大大缩短,收率显著提高。

三、实验步骤

将 2.2 g 氢氧化钠溶解在 10 mL 水中,冷却后倒入 100 mL 三口烧瓶中,加入 20 mL 乙醇摇匀,再加入 4.2 mL 苯乙酮,安装微波搅拌装置,用冰浴冷却。在滴液漏斗中倒入 4.0 mL 苯甲醛与 10 mL 乙醇的混合溶液,开启搅拌。

微波合成仪的反应参数设置:在开门状态下,设置预定方案(程序)。

1. 按"预置"键

当"工步"为"1"时,根据光标的闪动依次设定反应温度为 30 ℃(按 0、3、0)、反应时间为 15 min(按 0、1、5)、微波功率为 200 W(按 2,在功率表处有功率大小的显示)。

2. 按"确定"键二次

仪器上会显示刚才设置的数据,检查所设置的数据正确后,再按一次"确定"键,当"方案"处的光标闪动时(约需几秒钟),关门,按"运行"键,微波合成仪开始运行。

以 1 滴/秒的速度滴加苯甲醛的乙醇溶液,反应结束后,按"停止"键,打开微波合成仪的门,取出反应烧瓶,减压抽滤,尽量抽干母液,用水洗涤滤饼至滤液为中性,取出产物放在干净的表面皿上晾干,得到淡黄色的固体查尔酮。

四、预习及操作过程指导

(1) 根据实验目的预习相关操作。

(2) 请利用互联网查出下列主要药品的物理常数,并写到预习报告中。

药品名称	分子量 (mol wt)	熔点 /(℃)	沸点 /(℃)	相对密度 (d_4^{20})	水溶解度 /(g/100 mL)
苯甲醛					
苯乙酮					
查尔酮					
乙醇					

(3) 微波反应仪器早年都是进口的,现在国产微波反应仪器也渐渐多了起来,但是型号和功能五花八门、不一而足。比如有的带搅拌功能,有的不带搅拌功能;有的可以加装加料和冷凝装置,有的不可以;有的带功率调节,有的不带。但基本上都带有"程序设定",对许多反应来说,只要仪器能够设定"温度"和"时间",就可以选用该仪器。当然,功能越多,仪器越好用。

(4) 微波泄露会对健康造成伤害,使用者要规范操作,做好防护。

实验 65　微波辐射法合成淀粉接枝丙烯酸吸水性树脂

一、实验目的

(1) 学习利用微波辐射法合成淀粉接枝丙烯酸吸水性树脂的原理和方法。

（2）学习微波反应器的操作技能。

二、实验原理

微波加热技术由于加热均匀、热效率高、有选择性、无滞后效应、可以避免环境升温等优点，具有传统的外加热无法比拟的优越性。在高聚物合成及其加工过程中，采用微波加热技术可以解决反应器局部过热及黏附器壁的问题，大大提高聚合转化率。

吸水性树脂是一种含有亲水性基团，带有一定交联度的功能高分子材料，具有吸水率高、保水性好、能增稠等特点，目前已广泛应用于农业、工业、建筑、医药、食品等领域。

淀粉接枝丙烯酸合成高吸水性树脂，由于淀粉具有资源丰富、价格低廉、再生性强、产物可自行分解进入良性的生态循环而减轻环境污染等优势，具有广泛的应用前景。

淀粉接枝吸水性树脂按其接枝共聚原理，可分为离子型接枝共聚和自由基型接枝共聚，目前多采用自由基型接枝共聚。通过自由基引发剂，先在淀粉大分子上产生初自由基，然后引发接枝单体进行接枝共聚，使接枝单体以一定的聚合度接枝到淀粉分子上，从而在淀粉的分子链上引入高聚物分子链。

由于丙烯酸单体的反应活性比其钠盐大，直接进行接枝共聚反应难以控制，容易得到均聚物，而不是接枝产物。为了便于控制，需要中和部分丙烯酸，使之形成丙烯酸-丙烯酸钠盐混合单体，这样可以使单体的平均活性降低，减少均聚反应，提高接枝率和接枝效率。一般中和度为80%时，效果最好。

传统的淀粉接枝丙烯酸吸水树脂的制备工艺较复杂、生产周期长、成本较高。采用微波法不仅反应时间短、耗能少，还能提高反应速度和产物的吸水能力。

三、实验步骤

1. 淀粉糊化

在250 mL烧杯中加入10 mL蒸馏水，再加入5 g淀粉（玉米淀粉或红薯淀粉均可），搅拌下温热到60 ℃糊化，冷却至室温。

2. 中和丙烯酸

在100 mL锥形瓶中加入20 mL丙烯酸，在冰水浴冷却下，慢慢加入23 mL 25%的NaOH溶液（中和度为63%），冷却至室温，将其加入上述糊化的淀粉糊中，搅拌至完全分散，没有颗粒。

3. 加引发剂

在50 mL的小烧杯中，加入5 mL蒸馏水，再加入0.1 g过硫酸铵，摇动至完全溶解，将其加入上述混合液中，搅拌均匀，加入搅拌磁子，准备微波反应。

4. 微波反应

（1）通电：将微波反应器插上电源，打开电源和风机开关，电源指示灯和风机指示灯点亮。将盛有样品的烧杯放入正中间，插入热电偶，开启磁力搅拌器，调节转速使溶液稳定旋转。

（2）设定：长按设定键2 s，进入设定状态。通过左移和右移键选择需要修改的参数；通过增加或减少键修改所选参数的值。本实验要求：第一段：50 ℃，100 s，4 挡；第二段 60 ℃，100 s，4 挡；第三段 70 ℃，100 s，4 挡；其他段时间为 0。设定完后，再长按设定键返回到正常显示状态。

（3）运行：点击启动键，反应器开始运行。"当前状态"为"正在运行……"。测量温度和输出功率开始变化，"运行时间"开始计时。如果反应温度超过设定温度，蜂鸣器会报警，"当前状态"为"超温报警"。点击左移或右移键，可使蜂鸣器消音。当三段运行完后，反应器停止工作，"当前状态"为"停止运行"。蜂鸣器鸣叫 30 s，点击左移或右移键可使蜂鸣器消音。

（4）结束：打开反应器门，稍冷却，取出烧杯和聚合物。用湿毛巾擦洗干净热电偶，在开门状态下，让风机把废气吹跑，再关闭反应器门和电源开关。

5．烘干

即时将聚合物取出，放在培养皿中，在烘箱中（70 ℃）烘至不粘手后，用剪刀剪成小颗粒，再在烘箱中（70 ℃）烘干至恒重。取少量聚合物粉碎用于测吸水率。

6．测吸水率

在 250 mL 烧杯中加入 200 mL 蒸馏水，称取 0.2 g 树脂在搅拌下均匀地分散到水中，不能有大的胶体颗粒出现。待其吸水至全透明的凝胶状（需 3～4 h），用 100 目的筛网滤去未吸收的水，称重，计算其吸水率。

四、预习及操作过程指导

（1）根据实验目的预习相关操作。

（2）请利用互联网查出下列主要药品的物理常数，并写到预习报告中。

药品名称	分子量 （mol wt）	熔点 /（℃）	沸点 /（℃）	相对密度 （d_4^{20}）	水溶解度 /（g/100 mL）
淀粉					
丙烯酸					
过硫酸铵					

（3）请参阅"实验 65　微波辐射法制备查尔酮"的预习指导。

实验 66　超声波辐射法制备 2-甲基-1-苯基-2-丙醇

一、实验目的

（1）了解和掌握超声波辐射有机合成实验的原理和方法。

（2）学会利用超声波辐射合成 2-甲基-1-苯基-2-丙醇的方法。

二、实验原理

关于超声波辐射促进有机反应的原理，一个普遍接受的观点是：空化现象（cavitation）可能是化学效应的关键，即在液体介质中微泡的形成和破裂会伴随能量的释放。空化现象所产生的瞬间内爆有强烈的振动波，产生短暂的高能环境（据计算在毫微秒的时间间隔内可达 2000～3000 ℃ 和几百个大气压）。这些能量可以用来打开化学键，促使反应的进行，同时也可通过声波的吸收,介质和容器的共振性质引起的二级效应,如乳化作用、宏观的加热效应等来促进化学反应的进行。突出的例子是有金属参与的反应。通常有金属参加的反应有两种情况:一是金属作为反应物在反应过程中被消耗掉;二是金属作为反应催化剂。不论哪种情况,通常都会因为金属表面污染而影响反应活性,因而在使用前都要预先清洗,如制备格氏试剂时用碘除去镁表面的氧化膜等。超声波的作用使得在有金属参加的反应中不再需预先清洗,另外也使得金属表面形成的产物和中间体得以及时"除去",使得金属表面保持"洁净",这比通常的机械搅拌要有效得多。多年来的研究表明,超声波作用产生如下优良的效果:加速反应或者允许较差的条件;相比使用通常方法,能减少所要求的步骤;能利用较粗糙的试剂;引发反应或者缩短诱导期。

2-甲基-1-苯基-2-丙醇具有微甜、清香的药草花香味,有玫瑰等新鲜花香气息,广泛应用于日化和食用香精中。它的合成是以氯化苄为主要原料,将氯化苄与镁作用制得格氏试剂,然后与丙酮加成得复合物,再经水解得到原醇。文献报道,在该化合物的合成工艺中采用乙醚作溶剂进行合成,但由于乙醚对格氏试剂与丙酮的加成复合物的溶解性较小,使反应物变得黏稠导致搅拌困难,同时氯化苄非常活泼,在乙醚溶液中使格氏试剂易发生偶联反应。因此,为了使反应容易进行,减少副反应偶联产物的生成,人们将溶剂更换为四氢呋喃,后又经研究更换为苯和四氢呋喃作溶剂。但无论怎样反应中所用的溶剂都必须经无水处理,即反应所用溶剂都必须是绝对无水的,这样才能达到合成格氏试剂的要求。另外,实验中所用的苯有毒,四氢呋喃价格较高,这都是该实验方案存在的不足。

根据超声波辐射作用的原理,本实验采用超声波辐射技术,利用市售的无水乙醚作溶剂合成苄基氯化镁格氏试剂,再与丙酮反应制备 2-甲基-1-苯基-2-丙醇,使反应的条件不再那么苛刻,产率能达到或超过文献值。

合成路线:

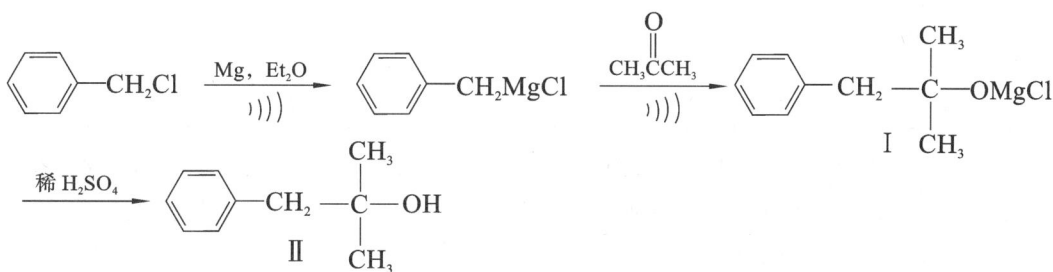

三、实验步骤

将 250 mL 两口烧瓶安放在高功率数控超声波清洗槽中,清洗槽内加入水(5~8 cm 高),两口烧瓶上分别安装回流冷凝管和恒压滴液漏斗。两口烧瓶中加入 0.7 g(28.8 mmol)镁屑和 5 mL 无水乙醚(最好是新开瓶的),再自恒压滴液漏斗滴入含 3.2 mL(27.5 mmol)氯化苄和 10 mL 无水乙醚的混合液约 1 mL。超声波辐射作用 1~2 min 后停止,向瓶内加入一小粒碘晶体,反应即被引发(若不反应,则可用温水浴温热),液体微微沸腾,碘的颜色逐渐消失。当反应缓慢时,开始滴加氯化苄和无水乙醚的混合液,并适当间歇式进行超声波辐射作用,滴加完混合液体后,再继续超声波辐射作用 5 min 左右,以使反应完全。这

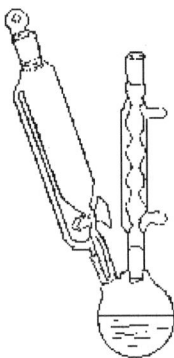

图 6-1　反应装置 9

样即得到了灰黑色的苄基氯化镁格氏试剂(如发现还有大量金属镁屑没反应完,可再继续超声波辐射作用一会,直到看不到大量金属镁屑)。向上述格氏试剂的反应液中缓慢滴加 2.0 mL(27.5 mmol)丙酮和 13 mL 无水乙醚的混合溶液,在此期间,不时地进行间歇式超声波辐射作用,并不时地补加无水乙醚溶剂。滴加完后,再继续超声波辐射作用 10 min 左右,直到看不到灰黑色的苄基氯化镁为止,以使反应完全。这样就得到了灰白色的加成物Ⅰ。撤去超声波清洗器,并将反应瓶置于冰水浴中,在搅拌下,滴加 20%的硫酸溶液(约 25 mL)直到灰白色沉淀溶解,溶液变成澄清透明为止。此时加成物Ⅰ分解成 2-甲基-1-苯基-2-丙醇(Ⅱ)。将上述混合液分出醚层,用适量无水碳酸钾干燥 30 min,水浴蒸去溶剂乙醚,水泵减压蒸馏蒸去低沸点杂质,最后用油泵减压蒸馏,收集 94~96 ℃/10 mmHg 馏分,得无色或微带浅黄色的液体。熔点为 23~25 ℃,折光率 n_D^{20} 为 1.513~1.515。

四、预习及操作过程指导

(1) 根据实验目的预习相关操作。

(2) 请利用互联网查出下列主要药品的物理常数,并写到预习报告中。

药品名称	分子量 (mol wt)	熔点 /(℃)	沸点 /(℃)	相对密度 (d_4^{20})	水溶解度 /(g/100 mL)
氯化苄					
丙酮					
无水乙醚					
2-甲基-1-苯基 -2-丙醇					

(3) 以上超声波辐射作用时,超声波清洗器中水温不得超过 25 ℃。如果水温达到 25 ℃,则应暂停超声波辐射作用,直到水温下降 2 ℃左右再开始。这也是实验步骤中要求间歇式超声波辐射作用的原因。

(4) 本实验虽然有超声波辐射辅助,但还是要求无水操作,因此所有反应仪器和反应试剂都必须是无水的。

(5) 因实验用到乙醚,实验过程中不能有明火。

(6) 市面上所售的各型高功率数控超声波清洗槽都能满足实验要求。

实验 67　超声波辐射法制备 4-硝基苯甲酸乙酯

一、实验目的

(1) 学习超声波辐射促进有机合成的基本原理。

（2）学习超声波辐射辅助有机合成的实验技术。

二、实验原理

4-硝基苯甲酸乙酯(4-ethyl-nitrobenzoate)是一种高效杀菌剂,可用于防止皮革制品霉变,也是生产苯佐卡因的中间体。通常,4-硝基苯甲酸乙酯的合成多采用浓硫酸催化法,此方法副产物多且对设备腐蚀严重,废酸排放污染环境。采用超声波辐射法合成 4-硝基苯甲酸乙酯能有效地克服这些不足。由此可见,以超声波辐射促进有机合成反应是一种简便、有效、安全、环保的绿色有机合成技术。

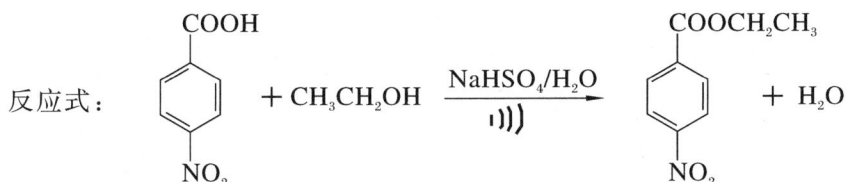

反应式：

$$\text{4-O}_2\text{N-C}_6\text{H}_4\text{-COOH} + CH_3CH_2OH \xrightarrow[)))]{NaHSO_4/H_2O} \text{4-O}_2\text{N-C}_6\text{H}_4\text{-COOCH}_2CH_3 + H_2O$$

三、实验步骤

在 50 mL 圆底烧瓶中加入 2 g 4-硝基苯甲酸、1 g 一水合硫酸氢钠和 10 mL 无水乙醇。然后在圆底烧瓶上配置回流冷凝管,并置于高功率数控超声波清洗槽中,使圆底烧瓶底部处于超声器正上方大约 3 cm 处,再向清洗槽内注入清水,使槽内水位略高于烧瓶内反应物液面。

加热升温至 60 ℃,调节超声波功率为 80 W,超声波辐射 1 h 关闭超声器,停止反应。取出圆底烧瓶,稍冷却后将溶液倒入烧杯中,加入少量水(约 5 mL),用 5% 碳酸钠水溶液调节pH 值至 7.5～8。充分冷却后过滤、水洗、干燥、称重、测熔点,并计算产率。

4-硝基苯甲酸乙酯为淡黄色晶体,mp 为 57 ℃。

四、预习及操作过程指导

（1）根据实验目的预习相关操作。

（2）请利用互联网查出下列主要药品的物理常数,并写到预习报告中。

药品名称	分子量 （mol wt）	熔点 /(℃)	沸点 /(℃)	相对密度 (d_4^{20})	水溶解度 /(g/100 mL)
4-硝基苯甲酸					
无水乙醇					
4-硝基苯甲酸乙酯					

（3）超声波清洗槽在使用前,先向清洗槽中注入水,然后开启超声波清洗仪,检验其是否正常运行。

（4）$NaHSO_4 \cdot H_2O$ 在酯化反应中作催化剂,也可用无水硫酸氢钠,只是剂量相应减少。

（5）扬声器发出的超声波通过高密度液体介质传播能效更高、更均匀。因此,必须将烧瓶浸入超声波清洗槽水中,使反应物受到有效的超声波辐射作用。

（6）用水银温度计或酒精温度计测量超声波清洗槽内的温度时,应先关闭超声波清洗器,否则因超声波作用温度计易受损。

（7）当使用超声波功率较高时,超声器会发出一些尖利的声波使人耳膜不舒服,可使用耳塞将耳朵塞上;或在超声波辐射反应期间采取间断观察的方法以避免实验者长时间遭受超声波的刺激。

（8）本实验也可在不同的超声波功率下进行反应,随着超声波功率增大（如 120 W、160 W、200 W）,产率有所增加。反应时间也可进一步延长,但当反应时间超过 1 h 后,反应产率变化不大。

使用超声波辅助反应时应注意,不同的反应,超声条件也不同,如功率、辐射时间、反应温度等。

实验 68　电解法制备碘仿

一、实验目的

（1）学习有机电解合成的基本原理和方法。
（2）学习电化学合成的基本操作技能。

二、实验原理

有机电解合成（electroorganic synthesis）是利用电解反应来合成有机化合物的技术。有机电解合成技术以其无污染、节能、转化率高、产物分离简单等优点,日益为化学、化工界所重视。

有机电解合成技术是 1849 年由柯尔贝（Kolbe）发明的,但是直到 1965 年该技术才被应用到大规模的工业生产中。接下来的半个多世纪,有机电解合成技术有了长足的发展,并且应用有机电解合成技术进行有机反应,条件温和、易于控制,在反应中所消耗的试剂主要是干净的"电子试剂",在保护环境、建立绿色家园的呼声愈来愈高涨的今天,有机电解合成方法也就愈来愈受到青睐。

碘仿（Iodoform）,为黄色有光泽片状结晶,又称黄碘,在医药和生物化学中作防腐剂和消毒剂。碘仿可以由乙醇或丙酮与碘的碱溶液作用而制得,也可用电解法制备。本实验以石墨碳棒作电极,直接在丙酮-碘化钾溶液中进行电解反应,十分方便地制取碘仿。

反应式　　　　　　　　阴极　$2H^+ + 2e \longrightarrow H_2$

　　　　　　　　　　　阳极　$2I^- - 2e \longrightarrow I_2$

$$I_2 + 2OH^- \rightleftharpoons IO^- + I^- + H_2O$$

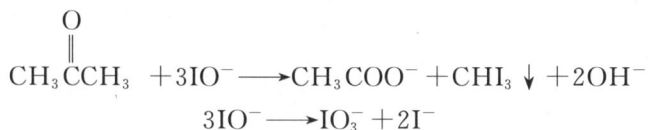

$$CH_3\overset{\displaystyle O}{\overset{\|}{C}}CH_3 + 3IO^- \longrightarrow CH_3COO^- + CHI_3 \downarrow + 2OH^-$$

$$3IO^- \longrightarrow IO_3^- + 2I^-$$

三、实验步骤

用 150 mL 烧杯作电解槽,以两根石墨棒作电极,垂直地固定在安放于烧杯杯口上端的有机玻璃板上(见图 6-2)。两电极间距约为 3 mm(注意,两电极靠得太近易发生短路现象)。

电极下端距烧杯底 1~1.5 cm,以便磁力搅拌器搅拌。电极上端经过可变电阻、电流换向器及安培计与直流电源(电流 $I \geqslant 1$ A,可调电压 0~12 V)相连接(见图 6-3)。

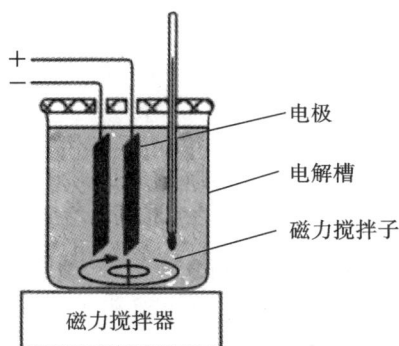

图 6-2　电解池示意图　　　　　　图 6-3　电解反应线路图

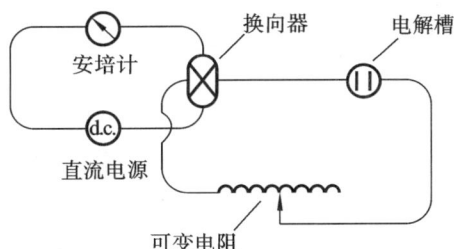

向电解槽中加入 100 mL 蒸馏水、3.3 g 碘化钾,经充分搅拌后使固体溶解,然后加入 1 mL 丙酮。打开磁力搅拌器,接通电源,将电流换向器调至 1 A。在电解过程中,电极表面会逐渐蒙上一层不溶性产物使电解电流降低。这时,可以通过换向器改变电流方向,使电流强度保持恒定。随着反应的进行,电解液 pH 值逐渐增大至 8~10。反应过程中,电解液温度维持在 20~30 ℃。电解 1 h,切断电源,停止反应。

电解液经过滤,收集碘仿晶体。黏附在烧杯壁和电极上的碘仿可用水洗入漏斗,滤干,再用水洗一次,即得粗产物。

粗产物可用乙醇作溶剂进行重结晶。产物经干燥后称量、测熔点并计算产率。

纯碘仿为亮黄色晶体,mp 为 119 ℃。

四、预习及操作过程指导

(1) 根据实验目的预习相关操作。

(2) 请利用互联网查出下列主要药品的物理常数,并写到预习报告中。

药品名称	分子量 (mol wt)	熔点 /(℃)	沸点 /(℃)	相对密度 (d_4^{20})	水溶解度 /(g/100 mL)
丙酮					
碘仿					
碘化钾					

(3) 从旧电池中拆出石墨棒作电极,其中以选用 1 号电池的碳棒为宜,电极表面积越大,反应速度也越快。

(4) 为了减少电流通过介质的损失,在不发生短路的前提下,两电极应尽可能地靠近。

（5）也可以采用人工搅拌，但要小心，不要触动电极。

（6）如果没有配置换向器，则可以暂时切断电源，用清水洗净电极表面后再接通电源继续电解。

实验 69　　电解法制备二十六烷

一、实验目的

（1）学习柯尔贝电解反应的基本原理。

（2）练习电化学合成的基本操作技能。

二、实验原理

在柯尔贝有机电解合成反应中，一般以水或甲醇作溶剂，在水中电解时，宜采用高浓度羧酸溶液，并掺入少量钠盐，反应温度保持在室温，以铂箔作电极，在高电流密度下进行反应。由于甲醇是良好的有机溶剂，对于许多有机酸而言，甲醇是比较合适的溶剂。在以甲醇为溶剂的电解反应中，通常将羧酸溶于含有一定量甲醇钠的甲醇中，在铂箔电极间电解。电解时，羧酸根（$RCOO^-$）趋至阳极，在那里放出二氧化碳，发生烷基偶联反应。钠离子在阴极还原后，再与溶剂反应生成甲醇钠，使电解反应继续进行，直至原料全部参与反应。产物的碳原子数正好是原来脂肪酸分子中烷基碳原子数的 2 倍。本实验就是利用柯尔贝反应原理来制取二十六烷。

反应式　　　　　$$2CH_3(CH_2)_{12}COO^- \xrightarrow{-2e} CH_3(CH_2)_{24}CH_3 + 2CO_2$$

三、实验步骤

取 0.1 g 金属钠溶于 45 mL 甲醇中，并将此溶液倒入圆柱形（高 7 cm，直径 4 cm）电解槽中（也可用 100 mL 烧杯代替）。

再加入 5 g 十四酸，待其溶解后，插入铂箔电极，其电极的面积约为 3 cm×2 cm，两电极的间距可保持在 3 mm 左右（千万不要碰到一起，以防短路）。

电极经过可变电阻、电流换向器及安培计与直流电源相连接（电流 $I \geqslant 1$ A，可调电压 0～12 V，见图 6-3）。

开启搅拌器，接通电源，将电流调至 1 A，并注意随时调整，尽量保持电流恒定。在电解过程中，电极表面会逐渐蒙上一层不溶性沉积物，使电流降低。此时，可用换向器改变电流的方向（约 15 min 换向一次）。在电解过程中，电解槽外用冷水浴冷却，使反应温度保持在 25 ℃左右。

当电解液呈微碱性时（pH＝7.5～8，可用精密 pH 试纸检测），关闭电源，用几滴醋酸中和电解槽内反应物，然后在减压（可用水泵）下蒸出大部分溶剂。

将剩余物倒入水中，用乙醚萃取 3 次（3×10 mL）。合并萃取液并依次用 5％氢氧化钠水溶液和水洗涤，经无水硫酸镁干燥后蒸除溶剂。

剩余物用石油醚重结晶，干燥、称重并测熔点，计算产率。二十六烷 mp 为 57～58 ℃。

四、预习及操作过程指导

（1）根据实验目的预习相关操作。

（2）请利用互联网查出下列主要药品的物理常数，并写到预习报告中。

药品名称	分子量 （mol wt）	熔点 /（℃）	沸点 /（℃）	相对密度 （d_4^{20}）	水溶解度 /（g/100 mL）
十四酸					
甲醇					
乙醚					
二十六烷					

（3）欲弃去的钠屑切不可投入水槽，应置入异丙醇中处理。

（4）蒸除乙醚时切忌用明火！

（5）如果反应不完全，用碱洗涤时，会有十四酸钠析出，过滤除去即可。

第七部分
有机化合物的性质实验

实验 70　烃类的性质

一、实验目的

掌握烃的性质以及烃类化合物的鉴别方法。

二、实验原理

烷烃分子中含 C—H 键与 C—C 键,是饱和的碳氢化合物,一般条件下不与强酸、强碱、强氧化剂作用,在特殊条件下(高温或光照)可发生取代反应。

烯烃与炔烃分子含有 C═C 和 C≡C 键,是不饱和碳氢化合物,易发生加成反应和氧化反应。RC≡CH 型的炔烃,因其含有活泼氢,可和一价银离子或亚铜离子生成灰白色的炔化银或红色炔化亚铜沉淀。

芳香烃分子结构具有封闭的共轭体系,性质稳定,通常不发生加成反应,但容易发生取代反应。芳环对一般氧化剂是稳定的,但苯的同系物容易被氧化,且氧化总是发生在侧链上。

三、实验步骤

1. 烃的性质

(1) 与溴的作用。取两支试管,各装入石油醚(或液状石蜡油)1 mL,再取一支试管装入环己烯 1 mL,另加入 5 滴 1％溴的四氯化碳溶液,边加边摇荡,试管口放一湿润蓝色石蕊试纸,并观察液层颜色,两者有什么不同? 为什么? 将装石油醚的两支试管,一支放黑暗处,一支放日光下,20 min 后观察两支试管反应有什么不同。

(2) 与高锰酸钾溶液的作用。取石油醚(或液状石蜡油)、环己烯各 1 mL,分别放在两支试管中,各加入等体积的 5％碳酸钠溶液,然后加入 5％ KMnO₄ 溶液 1～2 滴,振荡,观察溶液的颜色,比较两者有什么不同。为什么?

(3) 炔烃的性质。

①将乙炔气体通入盛有 1 mL 1％溴的四氯化碳溶液的试管中,观察溴的颜色变化。

②将乙炔气体通入盛有 1 mL 0.5％ KMnO₄ 溶液的试管中,观察结果。

③将乙炔气体再通入装有 2 mL AgNO₃ 的氨溶液的试管中(AgNO₃ 的氨溶液可通过在 1 mL 5％AgNO₃ 溶液中加入氨水直至生成的沉淀恰好溶解为止制得),观察析出的沉淀。静置,倾弃上层清液,在沉淀中加入 6 mol/L HNO₃ 1 mL,加热使乙炔银分解。

④将乙炔通入盛有 2 mL 氯化亚铜的氨溶液中,观察有无沉淀生成,记录实验结果。

（4）芳烃的性质。

①在两支干燥试管中分别加入 10 滴苯和甲苯,再分别加入 2 滴 3% 溴的四氯化碳溶液,摇动试管,各加少量的铁粉,摇动并观察现象。若无变化,则可在水浴中加热,再观察现象,并比较反应速度。

②在两支干燥试管中分别加入苯和甲苯 1 mL,再分别加入 10 滴 1% 溴的四氯化碳溶液,剧烈振荡,试管口里放一蓝色石蕊试纸并用塞子塞紧,在强光下放数分钟,观察苯和甲苯与溴作用有何不同。

③芳烃的氧化作用。取 0.5% KMnO₄ 溶液和 6 mol/L H₂SO₄ 各 10 滴,混合后用水稀释至 5 mL,平均分装在两支试管中,分别加入苯、甲苯各 5 滴,用力振荡后,在水浴中观察颜色变化。比较苯与甲苯有什么不同。可得出什么结论?

四、预习及操作过程指导

（1）溴化氢不溶于四氯化碳,它在空气中有白色烟雾,能使湿的蓝色石蕊试纸变红。依此现象可与不饱和烃的加成反应相区别。

（2）炔化银和炔化铜等炔烃金属衍生物在干燥时,极易分解爆炸,故必须在实验完成后先加浓硝酸破坏沉淀,再洗试管;或者加稀硝酸和稀盐酸加热分解。

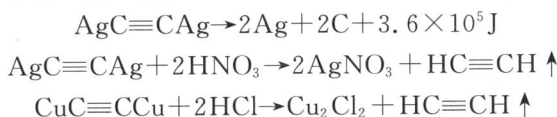

$$AgC \equiv CAg \rightarrow 2Ag + 2C + 3.6 \times 10^5 J$$
$$AgC \equiv CAg + 2HNO_3 \rightarrow 2AgNO_3 + HC \equiv CH \uparrow$$
$$CuC \equiv CCu + 2HCl \rightarrow Cu_2Cl_2 + HC \equiv CH \uparrow$$

（3）乙炔的制备:取电石(即碳化钙)5 g,放置于 100 mL 蒸馏烧瓶中,瓶口上装一滴管(滴管内先装好水),又在瓶的侧管口用橡皮管连接一尖头玻璃管。在需用乙炔时就可由滴管滴入几滴水(注意:水不能加多,因碳化钙分解放出大量的热,瓶子会炸裂!),把产生的气体通入待检验的液体中。

实验 71　卤代烃的性质

一、实验目的

（1）了解不同结构卤代烃反应活性的差异。

（2）学习卤代烃鉴别方法。

二、实验原理

卤代烃分子中的 C-X 键比较活泼,X 可以被—OH、—NH₂、—CN 等取代,也可与硝酸银的醇溶液作用,生成不溶性的卤化银沉淀。

烃基的结构和卤素的种类是影响反应的主要因素,分子中卤素活泼性越大,反应进行得就越快。各种卤代烃的活泼性顺序如下:

R-I > R-Br > R-Cl;

$RCH=CHCH_2X$、$PhCH_2X$、R_3CX > $(CH_3)_2CHX$ > R-X > $RCH=CHX$、PhX

各种卤代烃与硝酸银-乙醇溶液反应，反应速度有很大的差别，在室温下 $RCH = CHCH_2X$、$PhCH_2X$、R_3CX 是能立刻产生卤化银沉淀的卤代化合物；在室温下无明显反应，但加热后能产生沉淀的卤代烃有 RCH_2X、R_2CHX；在加热下也无卤化银沉淀生成的卤代烃有 ArX、$RCH = CHX$、HCX_3。

三、实验步骤

1. 相同烃基上不同卤素活性的比较

取三支洁净、干燥的小试管，各加入 0.5 mL 硝酸银-乙醇溶液，然后分别加入 2～3 滴 1-氯丁烷、1-溴丁烷、1-碘丁烷，振荡后观察现象。将不反应的试管放在水浴中缓缓加热数分钟，再观察有什么现象产生。

2. 不同烃基上的氯原子活性比较

取三支洁净、干燥的小试管，各加入 1 mL 硝酸银-乙醇溶液，再分别加入 5 滴苄氯、1-氯丁烷、氯苯，振荡后静置 5 min，观察现象。将不反应的试管放入水浴中缓缓加热，冷却后，观察有无沉淀析出，然后在沉淀物中加 1 滴稀硝酸，观察沉淀是否溶解。

3. 与碘化钠丙酮溶液作用

取三支洁净、干燥的小试管，各加入 1 mL 15% 碘化钠的无水丙酮溶液，再分别加入 2～3 滴 1-氯丁烷、2-氯丁烷、2-氯-2-甲基丙烷，混匀，必要时将试管在 50 ℃ 左右水浴中加热片刻，记录生成沉淀所需时间。

4. 与稀碱作用

（1）不同烃基的影响：分别取 10～15 滴 1-氯丁烷、2-氯丁烷、2-氯-2-甲基丙烷、氯化苄、氯苯加入洁净、干燥的小试管中，再各加入 1～2 mL 5% 氢氧化钠溶液，振荡后静置，小心取水层数滴并加入同体积稀硝酸酸化，然后用 2% 硝酸银溶液检验有无沉淀。若无沉淀，则可在水浴中小心加热再观察，记录它们的活泼性次序。

（2）不同卤原子的影响：分别取 10～15 滴 1-氯丁烷、1-溴丁烷、1-碘丁烷加入洁净、干燥的小试管中，再各加入 1～2 mL 5% 氢氧化钠溶液，振荡后静置，小心取水层数滴，如上法用稀硝酸酸化后，用 2% 硝酸银溶液检验，记录活泼性次序。

四、预习及操作过程指导

（1）根据实验目的预习卤代烃的相关性质。

（2）实验用的试管必须用蒸馏水洗净并干燥。

（3）与稀碱作用实验中，用硝酸银检验游离卤素离子存在前，需加硝酸中和过量的碱，直至溶液呈酸性，以免硝酸银在碱性条件下生成氧化银沉淀，影响判断结果。

实验 72　醇、酚、醚的性质

一、实验目的

（1）熟悉醇、酚、醚的化学性质。

（2）学习醇、酚、醚的鉴别方法。

二、实验原理

醇、酚、醚都是烃的含氧衍生物，由于氧原子所连的基团（原子）不同而具有不同的化学性质。

有机物在水及有机溶剂中的溶解度受结构中的极性基团、非极性基团等因素影响。一条经验规律是"结构相似者互溶"。

醇类化合物含有羟基，可与金属钠、氢卤酸、有机酸及氧化剂等作用，生成醇钠、卤代烃、酯及氧化成醛、酮、羧酸等。

卢卡斯试剂与伯、仲、叔醇的反应速度不同，可用于鉴别各种醇。

多元醇与铜离子作用生成深蓝色配合物，而一元醇不能，这也是重要鉴别反应之一。

酚具有弱酸性，其酸性比碳酸弱。

各种酚与三氯化铁作用，生成不同颜色的配合物，可用于酚的鉴别，苯酚与溴水作用生成三溴苯酚的白色沉淀。

三、实验步骤

1. 醇钠的生成和水解

在试管中加无水乙醇 0.5 mL，再加入洁净的金属钠一小粒，观察反应放出的气体和试管的加热情况。随着反应的进行，试管内溶液逐渐变稠。当钠完全溶解后，冷却，试管内凝成固体，呈胶状。然后滴加水直到固体消失，再滴入 1 滴酚酞试液，观察并解释发生的现象。

2. 醇的氧化

取试管 3 支，分别加入正丁醇、仲丁醇、叔丁醇各 3 滴，再取试管 1 支，加 3 滴蒸馏水做对照。然后各加入稀硝酸 1 mL 和 5% 重铬酸钾溶液 2～3 滴，振摇，观察并解释发生的变化。

3. 与卢卡斯试剂的反应

取 3 支洁净试管，分别加入 5 滴正丁醇、仲丁醇、叔丁醇。在 50～60 ℃ 水浴中预热片刻，然后同时向 3 支试管中加入卢卡斯试剂各 1 mL，振摇，静置，注意观察并解释所发生的现象。

4. 甘油与氢氧化铜的反应

取洁净试管 2 支，各加入 5% 的 NaOH 1 mL 和 10% 的 $CuSO_4$ 溶液 10 滴，摇匀。然后分别加入工业乙醇 1 mL 和甘油 1 mL，振摇，观察变化。然后往深蓝色溶液中滴加浓盐酸到酸性，观察并解释发生的变化。

5. 苯酚的弱酸性实验

取蓝色石蕊试纸一小片，放在表面皿上，用蒸馏水湿润，在试纸上加 1 滴 2% 苯酚溶液，观察并解释发生的变化。另取洁净试管 2 支，各加苯酚少许和水 1 mL，振摇，观察现象。往一支试管中加 5% 的 NaOH 溶液数滴，振摇，观察现象；往另一支试管中加饱和碳酸氢钠溶液 1 mL，振摇，观察并解释发生的变化。

6. 溴与苯酚的反应

在洁净试管中加 2% 苯酚溶液 2 滴，逐滴滴加饱和溴水，振摇，直至白色沉淀生成，观察并解释发生的变化。

7. 酚与三氯化铁的反应

取洁净试管 3 支,分别加 2%苯酚溶液、2%邻苯二酚溶液和 2%苯甲醇溶液数滴,再各加 1%三氯化铁溶液 1 滴,振摇,观察并解释发生的变化。

8. 酚的氧化反应

在试管中加入 2%的苯酚溶液 10 滴,加 5%的 NaOH 溶液 5 滴,最后加 0.5%的 KMnO$_4$ 溶液 2~3 滴,观察并解释发生的变化。

9. 醚生成锌盐的反应

取干燥大试管 2 支,一支加浓硫酸 2 mL,另一支加浓盐酸 2 mL,都放在冰浴中冷却到 0 ℃。再取 2 支试管各加乙醚 1 mL,也放在冰浴中冷却。然后在冷却和振摇下,分次把冷的乙醚分别加到上述两试管中去,摇匀。观察现象,注意是否还有乙醚的气味。然后往上述两试管中,各倒入冰水 5 mL,振摇,观察现象,注意是否重现乙醚气味。解释这些现象。

四、预习及操作过程指导

(1)卢卡斯试剂的配制方法见附录 4。不多于 6 个碳原子的醇溶于卢卡斯试剂并且相互反应,生成不溶解的氯代烷,出现浑浊,静置后分层。

(2)在酚与三氯化铁的反应中,后者不宜多加,否则三氯化铁的颜色将掩盖反应所产生的颜色,在酚的含量较低时尤其如此。

(3)乙醚生成锌盐是放热反应,乙醚的沸点低,为避免乙醚挥发,实验时冷却很有必要。

(4)醇的溶解性实验中因为所用的醇都是无色液体,需要仔细观察不相溶两相之间的分界面。

(5)从煤油中取出金属钠,用滤纸擦去钠块上的煤油,用刀片切去氧化表面,切取绿豆粒大小的一块金属钠进行实验,切下的金属钠氧化表面不可乱放,一定要放回金属钠瓶中,反应完毕后用镊子取出残留金属钠,放回金属钠瓶中,未取出残存金属钠之前不可加水,否则会引起爆炸,是非常危险的。

实验 73　　醛、酮的性质

一、实验目的

(1)熟悉醛、酮的主要化学性质。

(2)学习醛、酮的鉴别方法。

二、实验原理

醛和酮称为羰基化合物,羰基的存在,使醛和酮能发生亲核加成反应及 α-氢的卤代反应。羰基化合物与苯肼或 2,4-二硝基苯肼的亲核加成反应,生成黄色或橙红色的苯腙或 2,4-二硝基苯腙的沉淀,该反应可作为检验醛、酮的定性实验。

醛和脂肪族甲基酮与亚硫酸氢钠的加成产物,溶于水而不溶于饱和亚硫酸氢钠溶液,以白色结晶沉淀析出。

具有 $\overset{\overset{\displaystyle O}{\parallel}}{CH_3C—}$ 结构的醛、酮，以及能被氧化成这种结构的化合物都能有碘仿反应。

具有 α-氢的醛、酮可发生羟醛缩合反应，无 α-氢的醛则可发生歧化反应。

醛很容易被氧化成含同数碳原子的羧酸，酮则很难被氧化。因此，可用斐林试剂、本尼迪克特试剂、托伦试剂等弱的氧化剂来区别醛和酮。

酮不与希夫试剂反应，醛与希夫试剂反应生成紫红色的产物，并且只有甲醛与希夫试剂的加成物溶液在加入浓硫酸后紫色不褪去。

三、实验步骤

1. 醛和酮的共性反应

（1）与亚硫酸氢钠的作用。

在 4 支干燥的试管中各加入 2 mL 新配制的饱和亚硫酸氢钠溶液，然后分别滴加 1 mL 苯甲醛、乙醛、丙酮和环己酮试样，用力振荡后，将试管放在冰水浴中冷却数分钟，观察是否有晶体析出及沉淀析出的相对速度。必要时加入酒精 1～2 mL，并用玻璃棒摩擦试管内壁。

（2）与 2,4-二硝基苯肼的反应——腙的生成。

取 3 支试管，各加入 5 滴 2,4-二硝基苯肼试剂，然后再分别加入 1 滴甲醛、乙醛和丙酮，用力振荡试管，静置片刻后，观察有无结晶析出。若无沉淀生成，则可微热半分钟再振荡，冷却后再观察现象，并注意其颜色。

（3）碘仿反应。

取 5 支小试管，分别加入甲醛、乙醛、丙醛、异丙醇和丙酮各 3 滴，再各加入 10 滴碘溶液，这时溶液呈深红色。然后分别逐滴加入 5% NaOH 溶液至碘液颜色恰好消失为止，观察有何变化并嗅其气味（能否嗅到碘仿的气味）。若无沉淀生成，则可把试管放到 50～60 ℃的水浴中，温热几分钟再观察，并比较结果。

2. 醛的特殊性质

（1）银镜反应。

在 4 支洁净的试管中各加入 1 mL 硝酸银-氨溶液，然后再分别加入甲醛、乙醛、丙酮及苯甲醛 3～4 滴，振荡混匀后静置片刻，观察有何变化。如果没有变化，则把试管放在 50～60 ℃的水浴上温热几分钟，再观察有无银镜生成。

（2）斐林（Fehling）反应。

在 4 支试管中分别加入斐林溶液 I 及斐林溶液 II 各 5 滴，摇匀后再分别加入甲醛、乙醛、丙酮及苯甲醛 2 滴，振荡，将 4 支试管一起放在沸水浴中加热 3～5 min，注意观察颜色的变化以及是否有红色沉淀析出。

（3）希夫（Schiff）实验。

在 4 支试管中各加入 1 mL 希夫试剂，再分别滴加甲醛、乙醛、丙酮及苯乙酮试样各 2 滴，振荡摇匀，放置数分钟。然后分别向溶液中逐滴加入浓硫酸，边滴边摇，观察现象。

四、预习及操作过程指导

（1）配制硝酸银-氨溶液时，过量的氨水会降低试剂的灵敏度，故不宜多加。

（2）做银镜反应时，若试管不干净，金属银呈黑色细粒状沉淀，不呈现银镜。试验完毕后，应加少量硝酸，立刻煮沸洗去银镜。

（3）斐林溶液呈深蓝色，与醛共热后溶液依次有下列颜色变化：蓝色→绿色→黄色→红色，芳醛不能与斐林溶液反应。

实验 74　羧酸及其衍生物的性质

一、实验目的

（1）熟悉羧酸及其衍生物的主要化学性质。

（2）学习羧酸及其衍生物的鉴别方法。

二、实验原理

含有羧基（COOH）的化合物称为羧酸，羧酸典型的化学性质是具有酸性，并且酸性比碳酸强，故羧酸不仅溶于氢氧化钠溶液，而且也能溶于碳酸氢钠溶液。饱和一元羧酸中，甲酸酸性最强，而低级饱和二元羧酸的酸性又比一元羧酸的强。羧酸能与碱作用生成盐，与醇作用生成酯。甲酸和草酸还具有较强的还原性，甲酸能发生银镜反应。草酸能被高锰酸钾氧化，此反应常用于定量分析。

羧酸衍生物都含有酰基结构，具有相似的化学性质。在一定条件下，羧酸衍生物都能发生水解、醇解、胺解等反应，其活泼性顺序为：酰卤＞酸酐＞酯＞酰胺。

三、实验步骤

1. 酸性

取洁净试管 2 支，各加入蒸馏水 1 mL，再分别加入醋酸 5 滴和甲酸 5 滴，分别用玻璃棒蘸取少许溶液加在 pH 试纸上，观察现象。在剩余的溶液中加入几滴甲基橙试剂，观察现象。

2. 成盐反应

取洁净试管 2 支，各加入苯甲酸 0.2 g 和硬脂酸 0.1 g，再各加水 1 mL，观察是否溶解；然后再加入 10%NaOH 溶液数滴，振摇，观察是否溶解；最后加浓 HCl 数滴，观察现象并说明原因。

3. 酯化反应

取试管 1 支，加入无水乙醇 2 mL，在振摇后慢慢加入 1 mL 浓 H_2SO_4 和 1 mL 冰醋酸，在 60～70 ℃水浴中加热 10 min，稍冷后，加水 5 mL，观察液面情况并闻其气味。

4. 甲酸和草酸的还原性

（1）取试管 2 支，分别加甲酸 0.5 mL 和草酸 0.2 g，再各加稀 H_2SO_4 1 mL 和 0.5% 的 $KMnO_4$ 溶液 0.5 mL，加热至沸，观察现象。

（2）取托伦试剂 2 mL，置于洁净试管中，加甲酸 5～6 滴，放在 85～95 ℃的水浴中加热，观察现象。

5. 羧酸衍生物的性质

(1) 水解和醇解。

①取试管 3 支,各加 3 mL 蒸馏水和 2~3 滴乙酰氯、乙酸酐、乙酰胺,振摇,观察其变化。用石蕊试剂试验每支试管中的内容物和生成的气体,并说明原因。

②取试管 3 支,各加入无水乙醇 1 mL,再分别加入 1 mL 乙酰氯、苯甲酰氯和醋酸酐,振摇,静置 2 min(后两者可加热 2~3 min),然后加 2 mL 饱和 NaCl 溶液,醋酸酐中尚需加 10% 的 NaOH 中和,振摇,观察有无分层并闻其气味,进行比较分析。

(2) 缩二脲反应。

在干燥试管中放入脲少许,在酒精灯上加热,使脲先熔化,然后放出氨,变稠,凝固。放冷后加入 1~2 mL 温水,使其溶解。加几滴 10% NaOH 溶液,再加 1 滴 5% 的 $CuSO_4$ 溶液,注意出现的颜色变化,并解释其现象。

6. 乙酰乙酸乙酯的性质

(1) 具有酮的性质。

与 2,4-二硝基苯肼的加成反应:取 2,4-二硝基苯肼试剂 1 mL,加入乙酰乙酸乙酯 3~4 滴,振摇片刻,观察现象。

(2) 具有烯醇的性质。

与三氯化铁和溴水的反应:取水 2 mL,加乙酰乙酸乙酯 3~4 滴,振摇后加 1% 的三氯化铁溶液 2~3 滴,反应液呈紫红色,再加溴水数滴,反应液变为无色,但放置片刻后又显紫红色。解释上述变化过程。

7. 乙酰水杨酸与三氯化铁的反应

取洁净试管 2 支,各加入 1% 的三氯化铁溶液 1~2 滴,再加水 1 mL,然后分别加入少许水杨酸和乙酰水杨酸晶体,振摇,观察和解释颜色的变化。

四、预习及操作过程指导

(1) 乙酰氯与水、乙醇反应都十分剧烈,有时会有爆破声,滴加时要小心,以免液体飞溅。

(2) 酰卤一般都有催泪性,苯甲酰卤尤其,故有关实验应在通风橱内或室外进行。

(3) 乙酰乙酸乙酯与三氯化铁的呈色反应,是因为其烯醇式与三氯化铁生成了紫红色的配位化合物。加溴水后,溴与烯醇式结构中的碳-碳双键加成,然后脱去 1 分子 HBr,使烯醇式转变为酮式的溴化衍生物。烯醇即不再存在,原与三氯化铁所呈的颜色也就消失了。但酮式与烯醇式间存在互变动态平衡。为了恢复已被破坏了的平衡状态,又有一部分酮式转变为烯醇式,与原已存在于反应液中的三氯化铁作用而呈紫红色。

实验 75　胺 的 性 质

一、实验目的

(1) 熟悉胺类化合物的主要性质。

(2) 学习胺类化合物的鉴别方法。

二、实验原理

胺是具有碱性的一类化合物,可与酸作用生成盐。

伯胺、仲胺、叔胺与酰化剂的反应各不相同,这些反应可用于鉴别伯胺、仲胺及分离叔胺。

酰氯和酸酐能在胺的分子中引进酰基,此反应称为酰化反应,酰氯和酸酐称为酰化剂。

兴斯堡反应可用来区别伯胺、仲胺、叔胺。

亚硝酸与脂肪族及芳香族的伯胺、仲胺、叔胺分别有不同的反应。这是一些很重要的反应及鉴别方法。

芳香族伯胺与亚硝酸作用生成重氮盐,重氮盐能与酚及芳胺发生偶合作用,生成有色的偶氮化合物。

三、实验步骤

1. 胺的碱性

在洁净试管中加 1 mL 水和 2 滴苯胺,振摇,观察是否溶解。然后滴加浓盐酸 1～2 滴,振摇,观察是否溶解。再用 10% 的 NaOH 溶液中和,观察并解释产生的现象。

(1)苯胺与溴水的反应。在试管中加水 5 mL,加苯胺 1 滴,振摇使其溶解。取出 2 mL,放在另一试管中,逐滴加入饱和溴水,观察并解释所发生的变化。

(2)取上述剩余的苯胺水溶液,加饱和重铬酸钾溶液 3 滴、稀 H_2SO_4 10 滴,振摇,观察并解释发生的变化。

(3)胺与亚硝酸钠的反应。取 3 支大试管,编号,分别加入苯胺、N-甲基苯胺和 N,N-二甲基苯胺各 5 滴,然后各加入 1 mL 浓 HCl 和 2 mL 水。另取试管 3 支,各加入 0.3 g 亚硝酸钠晶体和 2 mL 水,振摇使其溶解,并把所有试管放在冰浴中冷却到 0 ℃。

1♯试管:往其中慢慢滴加亚硝酸钠溶液,不断振摇,直到取出反应液 1 滴,滴在碘化钾-淀粉试纸上,出现蓝色,停止滴加亚硝酸钠溶液,加入数滴 β-萘酚碱性溶液,析出橙红色沉淀。

2♯试管:往其中慢慢滴加亚硝酸钠溶液,有黄色固体或黄色油状物析出,加碱到碱性而不变色。

3♯试管:按同法加入亚硝酸钠溶液,有黄色固体生成,加碱到碱性,固体变绿色。

解释上述一系列变化,并归纳出相应的结论。

3. 胺的鉴别(兴斯堡反应)

取试管 3 支,分别加苯胺、N-甲基苯胺、N,N-二甲基苯胺各 3～5 滴,再各加 10% 的 NaOH 溶液 2 mL、苯磺酰氯 3～4 滴,塞住管口,用力振荡后,在酒精灯上微热(不要煮沸)。冷却,过滤,滤渣加水 5 mL,溶解表示是苯磺酰胺的钠盐。再在溶液中加 6 mL 的 HCl 使其呈酸性,用玻璃棒摩擦管壁,析出沉淀者为伯胺;滤渣不溶于水者,加浓盐酸 5 滴,用力振荡后溶解者为叔胺;滤渣中加浓盐酸仍然不溶者为仲胺。

四、预习及操作过程指导

(1)苯胺难溶于水,苯胺的盐酸盐易溶于水,其硫酸盐难溶于水。

（2）亚硝酸不稳定，所以临用时以亚硝酸钠和盐酸反应生成。芳香族伯胺的重氮化反应，如反应已达终点，即有亚硝酸过剩，它使碘化钾氧化成碘，碘使淀粉呈蓝色，所以可用碘化钾淀粉试纸检查重氮化反应的终点。

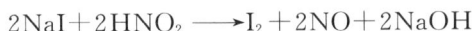

$$2NaI + 2HNO_2 \longrightarrow I_2 + 2NO + 2NaOH$$

（3）β-萘酚溶液的配制方法：把 5 g β-萘酚溶于 5 mL 5% 的 NaOH 溶液中。

（4）N,N-二甲基苯胺中，HCl 不能多加，加多了产物呈红棕色，这是由于亚硝基 N,N-二甲基苯胺转变成醌式结构物的缘故。

（5）N,N-二甲基苯胺和苯磺酰氯共热，有时能生成蓝色或紫色染料。

实验 76　糖的性质

一、实验目的

（1）熟悉碳水化合物的主要化学性质。

（2）学习碳水化合物的一般鉴别方法。

二、实验原理

所有碳水化合物都能发生莫立许反应，所以此反应是鉴别碳水化合物的常用方法。

酮糖与谢里瓦诺夫试剂反应比醛糖快 10～20 倍，利用此反应可区别酮糖和醛糖。

单糖和低聚糖可与氢氧化铜作用生成深蓝色配合物，可使氢氧化铜沉淀溶解。

所有还原性糖，都能还原弱氧化剂如斐林试剂、托伦试剂，以及与苯肼试剂生成脎。根据成脎的时间、形状和熔点可鉴定糖。

淀粉遇碘变蓝，是鉴定淀粉的一个很灵敏的方法。

低聚糖和多糖在酸或碱的催化下都能水解，最终产物都是单糖。

三、实验步骤

1. 糖的还原性

（1）与斐林试剂的反应。取斐林溶液 A 和 B 各 2.5 mL 混合均匀后，分装于 5 支试管，编号，放在水浴中温热。再分别滴入 2% 的葡萄糖溶液、2% 的果糖溶液、2% 的麦芽糖溶液、2% 的蔗糖溶液、2% 的淀粉糊各 5 滴，摇匀，放在水浴中加热到 100 ℃，2～3 min，观察并解释发生的变化。

（2）与本尼迪克特试剂的反应。取试管 5 支，编号。各加本尼迪克特试剂 1 mL，用小火微微加热到沸腾，再分别加入上述的糖溶液和淀粉糊各 5 滴，摇匀，放在沸水中加热 2～3 min，观察并解释发生的变化。

（3）与托伦试剂的反应。取洁净的试管 5 支，编号。各加托伦试剂 2 mL，再分别加入上述的各种糖溶液和淀粉糊各 5 滴，把试管放在 60～80 ℃ 的热水浴中加热数分钟，观察并解释发生的变化。

2. 糖的颜色反应

（1）莫立许反应。取试管 5 支，编号，分别加入 10% 的葡萄糖溶液、10% 的果糖溶液、

10％的麦芽糖溶液、10％的蔗糖溶液和 10％的淀粉糊各 1 mL,再各加 2 滴莫立许试剂,摇匀。把盛有糖液的试管倾斜成 45°,沿管壁慢慢加入浓硫酸 1 mL,使硫酸与糖液之间有明显的分层,观察两层之间的颜色变化。数分钟内如无颜色出现,可在水浴上温热再观察变化(注意不要振动试管)并加以解释。

(2)谢里瓦诺夫反应。取试管 5 支,编号,各加谢里瓦诺夫试剂 1 mL,再分别加入上述 2％的各种糖溶液和淀粉糊各 5 滴,摇匀,浸在沸水中加热 2 min,观察并解释发生的变化。

3. 淀粉与碘的反应

往试管中加 4 mL 水、1 滴碘溶液和 1 滴 2％的淀粉糊,观察颜色变化。将此溶液稀释到浅蓝色,加热,再冷却,观察并解释发生的变化。

4. 生成糖脎的反应

取试管 4 支,编号,分别加入 10％的葡萄糖溶液、10％的果糖溶液、10％的麦芽糖溶液、10％的蔗糖溶液各 10 滴,再各加水 10 滴、苯肼试剂 10 滴、15％的醋酸钠 10 滴,混合均匀。在沸水中加热,不断振摇,记录成脎的时间(如在 20 min 后尚无晶体析出,待放冷后再观察),观察并解释发生的变化。上述混合物慢慢冷却后,各取出 1 滴放在载玻片上,以低倍显微镜观察并绘出结晶体的形状。

5. 蔗糖与淀粉的水解

(1)在试管中加入 10％的蔗糖溶液 4 mL、浓盐酸 1 滴,摇匀,放在沸水中加热 3~5 min,放冷,取出 2 mL,用 10％的 NaOH 溶液中和至弱酸性,加本尼迪克特试剂 1 mL,摇匀,放在水浴中加热,观察并解释发生的变化。

(2)在试管中加入 2％的淀粉糊 4 mL、浓盐酸 2 滴,摇匀,放在沸水中加热,取出少许,用碘溶液试验不变色;取出 2 mL,用 10％的 NaOH 溶液中和至弱碱性,加本尼迪克特试剂 1 mL,摇匀,放在水浴中加热,观察并解释发生的变化。

四、预习及操作过程指导

(1)本尼迪克特试剂的配制方法见附录 4。这是斐林试剂的改进,它较稳定,可以储存,不必临时配制,本尼迪克特试剂遇还原糖时反应灵敏。

(2)莫立许反应很灵敏,但不专一,不少非糖物质也能得阳性结果,所以反应阳性不一定是糖,而反应阴性则肯定不是糖。糖与无机酸作用生成糠醛及其衍生物,莫立许试剂中的 α-萘酚与它起缩合反应而生成紫色化合物。

(3)谢里瓦诺夫试剂是间苯二酚的盐酸溶液,配制方法见附录 4。与己糖共热时,先生成 5-羟甲基糠醛,后者与间苯二酚缩合生成红色化合物。由于在同样条件下,5-羟甲基糠醛的生成速度,酮糖比醛糖快 15~20 倍,所以在短时间内,酮糖已呈红色,而醛糖还未变化,可以用来鉴别酮糖。

(4)在糖脎反应中加入醋酸钠,使盐酸苯肼转变为醋酸苯肼,后者是弱酸强碱的盐,容易水解生成苯肼,而与糖反应生成糖脎。苯肼的毒性较大,操作时应小心,如不慎触及皮肤,应先用稀醋酸洗,之后用水洗。糖脎都是黄色结晶,不同的糖析出糖脎的时间不同,如果糖为 2 min,葡萄糖为 4~5 min,麦芽糖冷却后才析出,蔗糖需转化后才生成糖脎,约需 30 min。成脎反应不仅是还原糖,也是所有 α-羟基酮的共同特性。

实验 77　氨基酸和蛋白质的性质

一、实验目的

（1）熟悉氨基酸和蛋白质的重要化学性质。

（2）学习氨基酸与蛋白质的鉴别方法。

二、实验原理

氨基酸含有氨基和羧基，是两性化合物，具有等电点。

除了甘氨酸外，其余氨基酸都含有手性碳原子，具有旋光性。

氨基酸是组成蛋白质的基础，可以与一些试剂发生颜色反应。

蛋白质是高分子化合物，在酸、碱或酶的作用下可以水解，水解最终产物为各种氨基酸，其中以 α-氨基酸为主。

蛋白质为两性物质，遇酸或碱都能成盐，在等电点时溶解度最小，容易沉淀析出。遇到某些试剂可发生沉淀反应，有些沉淀加水处理可以复溶，称之为可逆沉淀；有些沉淀加水不能复溶，称之为不可逆沉淀。

蛋白质能与许多试剂发生特殊的颜色反应，据此可检验某种蛋白质的存在。

三、实验步骤

1. 蛋白质的沉淀作用

（1）盐析作用。取 1 mL 蛋白液于试管中，加入等体积的饱和硫酸铵溶液，振荡，观察现象。倾出 1 mL 混合液于另一支试管中，加 1～2 mL 水振荡，观察变化，并与加水前的现象比较。

（2）与重金属盐的作用。各加 1 mL 蛋白液于 2 支试管中，一支试管中滴加 1% 硫酸铜溶液，另一支试管中滴加 0.5% 醋酸铅溶液，边加边振荡，直到生成絮状沉淀为止（滴加试剂不要过多，以免沉淀吸附盐离子而起胶溶作用，致使沉淀溶解）。各倾出一半于另 2 支试管中，各加 1 mL 水，观察变化，并与加水前的现象比较。

（3）与生物碱试剂的作用。各加入 1 mL 蛋白液于 2 支试管中，一支试管中滴加饱和苦味酸溶液，另一支滴加饱和鞣酸溶液，直到生成沉淀为止。各倾出一半于另 2 支试管中，各加入 1 mL 水，观察沉淀的变化，并与加水前的现象比较。

（4）加热沉淀蛋白质。取一支试管，加 2 mL 蛋白液，放入沸水浴中加热 5～10 min，直到沉淀为止，倾出一半，加 1 mL 水，与加水前的现象比较。

（5）与有机酸作用。取 2 支试管，各加 5 滴蛋白液，再分别加入 4 滴 10% 三氯乙酸、5 滴 0.5% 磺酸基水杨酸，充分摇荡，观察现象。

（6）与无机酸作用。取 3 支试管，各加 5 滴蛋白液，再分别加 4 滴浓硫酸、浓盐酸、浓硝酸，不要摇动，观察白色沉淀出现。然后继续分别滴加 4 滴浓硫酸、浓盐酸、浓硝酸，摇匀，观察现象。

2. 两性及等电点

（1）取一支试管，加 0.1 g 酪氨酸和 2 mL 水，摇匀，观察是否溶解。边摇边滴加 10％氢氧化钠溶液至弱碱性（pH＝8～9，用石蕊试纸检验），观察现象。在试管里放一片石蕊试纸，边摇边滴加 15％盐酸至溶液呈微酸性，注意溶液变浑浊。继续滴加 15％盐酸，观察试管中有何变化。

（2）取一支试管，加蛋白质溶液，边摇边滴加 1％盐酸至溶液变浑浊，继续滴加 1％盐酸，观察有何变化。再边摇边滴加 1％氢氧化钠溶液至浑浊，继续滴加 1％氢氧化钠溶液，观察现象。

（3）取 3 支试管，分别加 5 mL pH＝3.0、pH＝4.6、pH＝7 的缓冲溶液，再各滴加 10 滴酪蛋白溶液，摇匀，观察现象。

3. 蛋白质和氨基酸的颜色反应

（1）缩二脲反应。

①取 1 mL 蛋白液于试管中，加入 1 mL 10％氢氧化钠溶液，然后加 3 滴 0.5％硫酸铜溶液（勿过量，以免产生蓝色的氢氧化铜，遮盖反应颜色），振荡后静置，观察现象。

②取 1 mL 5％味精溶液于试管中，代替蛋白液重复上述操作，观察现象。

（2）水合茚三酮反应。

①取 1 mL 蛋白液于试管中，加入 2 滴 0.2％水合茚三酮溶液，混匀，在沸水浴中加热 5 min，冷却后观察现象。

②取 1 mL 5％味精溶液于试管中，代替蛋白液重复上述操作，观察现象。

（3）黄蛋白反应。

①取 1 mL 蛋白液于试管中，滴加 8～10 滴浓硝酸，混匀，加热煮沸 1～2 min，观察变化。

②剪一些指甲或头发分别放入 2 支试管中，各加入数滴浓硝酸，观察颜色变化。

（4）乙醛酸的反应。

取 1 mL 蛋白液于试管中，加入 1 mL 冰醋酸（其中常混有乙醛酸）或乙醛酸，振荡混匀后，倾斜试管，小心沿试管壁加入 1 mL 浓硫酸，注意勿使两液相混，观察两液层之间出现紫颜色的环。

（5）醋酸铅反应。

取 0.5 mL 5％醋酸铅溶液加于试管中，逐滴加入 20％氢氧化钠溶液，边滴加边振荡，直到产生的氢氧化铅正好溶解为止。再加入 4～5 滴蛋白液，振荡，小心加热后，观察现象。

四、预习及操作过程指导

（1）重金属在浓度很小时就能沉淀蛋白质，与蛋白质形成不溶于水的类似盐的化合物。因此，蛋白质是许多重金属中毒时的解毒剂。

（2）生物碱试剂不可多加，因为所有沉淀均能溶于过量的试剂中。

（3）酪蛋白又叫乳酪素、干酪素，由于分子中含有磷酸，呈弱酸性，能溶于强碱和浓酸，但几乎不溶于水。

酪蛋白溶液的配制：称 0.25 g 纯酪蛋白，加入 30 mL 蒸馏水及 3 mL 5％氢氧化钠，置于沸水浴中搅拌，使之溶解，再用 6％醋酸中和至中性。

第八部分

实验习题集锦

一、判　断　题

下列判断题,对的打"√",错的打"×"。

1. 蒸馏沸点 140 ℃ 以上的有机化合物时,应使用空气冷凝管。

2. 使用气体吸收装置的合成实验,反应完毕时,先拆去火源。

3. 冷凝管通水方向不能由上而下,主要是因为冷凝效果不好。

4. 蒸馏操作中加热后有馏出液出来时,才发现冷凝管未通水,应马上通水防止产品损失。

5. 蒸馏操作中加热速度越慢越好。

6. 分馏效果的好坏与操作条件有直接关系,其中最主要的是控制馏出液流出速度,不能太快,否则达不到分离要求。

7. 温度计水银球下限应和蒸馏头侧管的上限在同一水平线上。

8. 熔点管底部未完全封闭,有针孔,测得的熔点偏高。

9. 用蒸馏法测定沸点,馏出物的馏出速度影响测得沸点值的准确性。

10. 用蒸馏法测沸点,温度计的位置不影响测定结果的可靠性。

11. 用蒸馏法测沸点,烧瓶内装被测化合物的多少影响测定结果。

12. 测定纯化合物的沸点,用分馏法比蒸馏法准确。

13. Abbe 折光仪在使用前后应用蒸馏水洗净。

14. 毛细管法测熔点时,一根装有样品的毛细管可连续使用,测定值为多次测定的平均值。

15. 在沸点测定实验中,如果加热过猛,则测出的沸点会升高。

16. 用蒸馏、分馏法测定液体化合物的沸点,馏出物的沸点恒定,此化合物一定是纯化合物。

17. 如果温度计水银球位于支管口之上测定沸点时,将使数值偏高。

18. 液体的蒸气压只与温度有关,即液体在一定温度下具有一定的蒸气压。

19. 在蒸馏低沸点液体时,选用长颈蒸馏瓶;而蒸馏高沸点液体时,选用短颈蒸馏瓶。

20. 纯净的有机化合物一般都有固定的熔点。

21. 微量法测定沸点时,当毛细管中有一连串气泡放出时的温度即为该物质的沸点。

22. 有固定熔点的有机化合物一定是纯净物。

23. 不纯液体有机化合物沸点一定比纯净物的高。

24. 对于那些与水共沸腾时会发生化学反应的或在 100 ℃ 左右时蒸气压小于 1.3 kPa 的物质,水蒸气蒸馏仍然适用。

25. 沸点是物质的物理常数,相同的物质其沸点恒定。

26. 水蒸气蒸馏时,先把 T 形管上的夹子关闭,用火把发生器里的水加热到沸腾。

27. 进行化合物的蒸馏时,可以用温度计测定纯化合物的沸点,温度计的位置不会对所测定的化合物产生影响。

28. 测定有机物熔点的实验中,在低于被测物质熔点 10～20 ℃ 时,加热速度控制在每分钟升高 5 ℃ 为宜。

29. 熔点管不干净,测定熔点时不易观察,但不影响测定结果。

30. 样品未完全干燥,测得的熔点偏低。

31. 样品中含有杂质,测得的熔点偏低。

32. A、B 两种晶体的等量混合物的熔点是两种晶体的熔点的算术平均值。

33. 样品管中的样品熔融后再冷却固化仍可用于第二次测熔点。

34. 熔点管壁太厚,测得的熔点偏高。

35. 液体有机化合物的干燥一般可以在烧杯中进行。

36. 在使用分液漏斗进行分液时,上层液体经漏斗的下口放出。

37. 用分液漏斗分离与水不相溶的有机液体时,水层必定在下,有机溶剂在上。

38. 薄层层析中,只有当展开剂上升到薄层前沿(离顶端 5～10 mm)时,才能取出薄板。

39. 在薄层吸附色谱中,当展开剂沿薄板上升,被固定相吸附能力小的组分移动慢。

40. 在薄层吸附色谱中,当展开剂沿薄板上升,被固定相吸附能力强的组分移动快。

41. 在薄层色谱实验中,点样次数越多越好。

42. 在薄层色谱实验中,吸附剂厚度不影响实验结果。

43. 薄层色谱可用于化合物纯度的鉴定以及有机反应的监控,但不能用于化合物的分离。

44. 化合物的比移值是化合物特有的常数。

45. 当偶氮苯进行薄层层析时,板上出现两个点,可能的原因为样品不纯。

46. 在薄层层析过程中,点样时,样品之间需保持一定的距离,且样品点不能靠近板边缘。

47. 将展开溶剂配好后,可将点好样品的薄层板放入溶剂中进行展开。

48. 在薄层层析时,点样毛细管的粗细不影响层析结果。

49. 在进行薄层层析时,展开剂不能超过点样线。

50. 薄层色谱属于吸附色谱中的一种。

51. 两个化合物的 R_f 值相同,说明是同一个化合物。

52. 薄层层析中,点样量的多少对层析结果没有影响。

53. 用柱层析分离有机化合物时,当洗脱剂极性固定时,极性大的化合物先被洗脱。

54. 高效液相色谱属于吸附色谱中的一种。

55. 在进行柱层析操作时,填料装填得是否均匀与致密对分离效果影响不大。

56. 在柱色谱中,溶解样品的溶液的多少对分离效果没有影响。

57. 柱子装填好后,向柱中加入样品溶液时,可以采用倾倒的方法。

58. 柱色谱不能用于监控有机合成反应的进程。

59. 在进行柱层析时，为了避免填料从柱中漏出，堵塞所用的棉花要多些。

60. 在合成液体化合物操作中，最后一步蒸馏仅仅是为了纯化产品。

61. 饱和食盐水洗涤溶液的作用是干燥溶液，吸收水分，平衡 pH 到中性。

62. 韦氏（Vigreux）分馏柱，又称刺形分馏柱，它是一根每隔一定距离就有一组向上倾斜的刺状物，且各组刺状物间呈螺旋状排列的分馏管。

63. 用干燥剂干燥完的溶液应该是清澈透亮的。

64. 干燥液体时，干燥剂用量越多越好。

65. 具有固定沸点的液体一定是纯粹的化合物。

66. 分馏时，要使有相当量的液体沿柱流回烧瓶中，即要选择合适的回流比，使上升的气流和下降液体充分进行热交换，使易挥发组分尽量上升，难挥发组分尽量下降，分馏效果更好。

67. 用蒸馏法测定沸点，馏出物的馏出速度影响测得沸点值的准确性。

68. 在蒸馏已干燥的粗产物时，蒸馏所用仪器均需干燥无水。

69. 在进行常压蒸馏、回流、反应时，可以在密闭的条件下进行操作。

70. 球形冷凝管一般使用在蒸馏操作中。

71. 进行水蒸气蒸馏时，蒸汽导管的末端要插到接近容器的底部。

72. 进行水蒸气蒸馏时，一般在烧瓶内剩少量液体时方可停止。

73. 水蒸气蒸馏时安全玻璃管不能插到水蒸气发生器底部。

74. 在制备正溴丁烷时，先加正丁醇或溴化钠都可以。

75. 硫酸洗涤正溴丁烷粗品，目的是除去未反应的正丁醇及副产物 1-丁烯和正丁醚。

76. 在正溴丁烷的合成实验中，蒸馏出的馏出液中正溴丁烷通常应在下层。

77. 在合成正丁醚的实验中，用氢氧化钠溶液进行洗涤主要是中和反应液中多余的酸。

78. 合成正丁醚的过程中，在分水器中加入饱和食盐水的目的是降低正丁醇和正丁醚在水中的溶解度。

79. 采用分水器装置合成正丁醚，其反应液的温度在 135 ℃左右。

80. 在合成正丁醚的实验中，分水器中应事先加入一定量的水，以保证未反应的正丁醇顺利返回烧瓶中。

81. 制备正丁醚的实验中，加入浓硫酸后，如果不充分摇动会引起反应液变黑。

82. 在减压蒸馏时，要先抽真空后再加热。

83. 在蒸馏乙醚时，可用明火加热。

84. 减压蒸馏选用平底烧瓶装液体的量既不应超过其容积的 −2/3，也不应少于 1/3。

85. 减压蒸馏装置停电瞬间，整个系统还是处于真空状态，没有危险。

86. 减压蒸馏时，需蒸馏液体量不超过容器容积的 1/2。

87. 乙醚制备实验中，温度计水银球应插入液面以下。

88. 减压蒸馏完毕后，即可关闭真空泵。

89. 在进行正丁醚的合成中，加入浓硫酸后要充分搅拌。

90. 减压蒸馏是分离和提纯有机化合物的常用方法之一。它特别适用于那些在常压蒸馏时未达沸点即已受热分解、氧化或聚合的物质。

91. 减压蒸馏时,不得使用机械强度不大的仪器(如锥形瓶、平底烧瓶、薄壁试管等)。必要时,要戴上防护面罩或防护眼镜。

92. 合成醇类化合物时,醇的干燥剂可用无水氯化钙。

93. 用氯仿萃取水溶液时,水层在下层。

94. 萃取也是分离和提纯有机化合物常用的操作之一,仅用于液体物质。

95. 萃取操作中,每隔几秒钟需将漏斗倒置(活塞朝上),打开活塞,目的是使内外气压平衡。

96. 依照分配定律,既节省溶剂又能提高萃取的效率,应用一定量的溶剂一次加入进行萃取。

97. 用同样体积溶剂萃取时,分多次萃取和一次萃取效率相同。

98. 若用苯萃取水溶液,苯层在下。

99. 萃取某些含有碱性或表面活性较强的物质时,常会产生乳化现象。

100. 环己酮的氧化可以采用高锰酸钾作为氧化剂。

101. 当要从反应液中提取环己酮,可以进行水蒸气蒸馏,但馏出物不能收集过多,以免造成损失。

102. 在肉桂酸的制备中,水蒸气蒸馏的目的是为了蒸出肉桂酸。

103. 在肉桂酸的制备中,水蒸气蒸馏的目的是为了蒸出苯甲醛。

104. 在苯甲醛和乙酸酐进行反应时,苯甲醛中含有少量苯甲酸不影响反应。

105. 在肉桂酸制备的后处理过程中,可以使用常规的 pH 试纸。

106. 制备乙酸乙酯和苯甲酸乙酯的实验装置是相同的。

107. 在乙酸乙酯的制备中,为提高转化率通常加入过量乙醇。

108. 用活性炭对有机物脱色时,不能在溶液沸腾时加入。

109. 重结晶操作是为了使固液分离。

110. 在乙酰苯胺的制备中,加入锌粉的目的是防止暴沸。

111. 在乙酰苯胺的制备中,要用到分馏柱。

112. 重结晶实验中,加入活性炭的目的是脱色。

113. 活性炭可在极性溶液和非极性溶液中脱色,但在乙醇中的效果最好。

114. 进行乙酰苯胺的重结晶中,一般来说,热滤液迅速冷却可以得到较纯的晶体。

115. 重结晶过程中,可用玻璃棒摩擦容器内壁来诱发结晶。

116. 苯胺在进行酰化反应时,可以快速将温度升至 100 ℃进行反应。

117. 用有机溶剂进行重结晶时,把样品放在烧瓶中进行溶解。

118. 在乙酰苯胺的制备过程中,可以加入过量苯胺来进行反应。

119. 在重结晶操作中,溶解样品时要判断是否存在难溶性杂质,可以先热过滤,再对滤渣进行处理。

120. 制备乙酰苯胺的反应完成后,待反应液冷却后再进行处理。

121. 当制备乙酰苯胺的反应时,只需使用温度计控制好温度,可以不使用刺形分馏柱。

122. 在合成乙酰苯胺时,苯胺过量有利于反应产率的提高。

123. "相似相溶"是重结晶过程中溶剂选择的一个基本原则。

124. 有机化合物升华中加热温度要控制在熔点以下。

125. 凡固体有机化合物都可以采用升华的方法来进行纯化。

126. 升华过程中,始终都需用小火直接加热。

127. 升华前必须把待精制的物质充分干燥。

128. 在茶叶咖啡因的提取中,生石灰的作用是干燥和吸附色素。

129. 升华只能适用于那些在高温下有足够大蒸气压力(高于 2.666 kPa(20 mmHg))的固体物质。

130. 所有醛类物质都能与 Fehling 试剂发生反应。

131. 所有与 α-萘酚的酸性溶液反应呈正性结果的都是糖类物质。

二、选 择 题

下列选择题有的为单选题,有的为多选题,请选出正确答案。

1. 化学实验中经常使用的冷凝管有直形冷凝管、球形冷凝管、空气冷凝管及刺形分馏柱等,刺形分馏柱一般用于(　　　)。

A. 沸点低于 -140 ℃的液体有机化合物的沸点测定和蒸馏操作中

B. 沸点大于 -140 ℃的有机化合物的蒸馏操作中

C. 回流反应即有机化合物的合成装置中

D. 沸点差别不太大的液体混合物的分离操作中

2. 蒸馏沸点在 140 ℃以上的物质时,需选用(　　　)冷凝管。

A. 空气　　　　　B. 直形　　　　　C. 球形　　　　　D. 蛇形

3. 常用的分馏柱有(　　　)。

A. 球形分馏柱　　　　　　　　　B. 韦氏(Vigreux)分馏柱

C. 填充式分馏柱　　　　　　　　D. 直形分馏柱

4. 由于多数的吸附剂都强烈吸水,因此,通常在使用时需在(　　　)条件下,烘烤 30 min。

A. 100 ℃　　　　　B. 105 ℃　　　　　C. 110 ℃　　　　　D. 115 ℃

5. 为防止钢瓶混用,全国统一规定了瓶身、横条以及标字的颜色,例如,氧气瓶身是(　　　)。

A. 红色　　　　　B. 黄色　　　　　C. 天蓝色　　　　　D. 草绿色

6. 欲获得零下 10 ℃的低温,可采用(　　　)冷却方式。

A. 冰浴　　　　　　　　　　　　B. 食盐与碎冰的混合物(1∶3)

C. 六水合氯化钙结晶与碎冰的混合物　　D. 液氨

7. 测定熔点时,使熔点偏高的因素是(　　　)。

A. 试样有杂质　　B. 试样不干燥　　C. 熔点管太厚　　D. 温度上升太慢

8. 用熔点法判断物质的纯度,主要是观察(　　　)。

A. 初熔温度　　　　B. 全熔温度　　　　C. 熔程长短　　　　D. 三者都不对

9. Abbe 折光仪在使用前后,棱镜均需用(　　　)洗净。

A. 蒸馏水　　　　　B. 乙醇　　　　　C. 氯仿　　　　　D. 丙酮

10. 化合物中含有杂质时,会使其熔点(　　　),熔点距(　　　)。

A. 下降,变窄　　　　　B. 下降,变宽　　　　　C. 上升,变窄　　　　　D. 上升,变宽

11. 测定熔点时,使熔点偏低的因素是(　　　)

A. 装样不结实　　　　　B. 试样不干燥　　　　　C. 熔点管太厚　　　　　D. 样品研得不细

12. 进行简单蒸馏时,冷凝水应从(　　　)。蒸馏前加入沸石,以防暴沸。

A. 上口进,下口出　　　　B. 下口进,上口出　　　　C. 无所谓从哪进水

13. 熔点测定时,试料研得不细或装得不实,将导致(　　　)。

A. 熔距加大,测得的熔点数值偏高　　　　　　B. 熔距不变,测得的熔点数值偏低

C. 熔距加大,测得的熔点数值不变　　　　　　D. 熔距不变,测得的熔点数值偏高

14. 测定熔点时,温度计的水银球部分应放在(　　　)。

A. 提勒管上下两支管口之间　　　　　　B. 提勒管上支管口处

C. 提勒管下支管口处　　　　　　　　　D. 提勒管中任一位置

15. 某化合物熔点为 250～280 ℃时,应采用(　　　)热浴测定其熔点。

A. 浓硫酸　　　　　B. 石蜡油　　　　　C. 磷酸　　　　　D. 水

16. 薄层色谱中,硅胶是常用的(　　　)。

A. 展开剂　　　　　B. 吸附剂　　　　　C. 萃取剂　　　　　D. 显色剂

17. 薄层色谱中,Al_2O_3 是常用的(　　　)。

A. 展开剂　　　　　B. 萃取剂　　　　　C. 吸附剂　　　　　D. 显色剂

18. 在色谱中,吸附剂对样品的吸附能力与(　　　)有关。

A. 吸附剂的含水量　　　　　　B. 吸附剂的粒度

C. 洗脱溶剂的极性　　　　　　D. 洗脱溶剂的流速

19. 在合成反应过程中,利用(　　　)来监控反应的进程,最便利最省时。

A. 柱色谱　　　　　B. 薄层色谱　　　　　C. 纸色谱

20. 色谱在有机化学上的重要用途包括(　　　)。

A. 分离提纯化合物　　　　　　B. 鉴定化合物

C. 确定化合物的纯度　　　　　D. 监控反应

21. 对于酸碱性化合物可采用(　　　)来达到较好的分离效果。

A. 分配色谱　　　　　B. 吸附色谱　　　　　C. 离子交换色谱　　　　D. 空间排阻色谱

22. 在进行硅胶薄层层析中,R_f 值比较大,则该化合物的极性(　　　)。

A. 大　　　　　B. 小　　　　　C. 差不多　　　　　D. 以上都不对

23. 根据分离原理,硅胶柱色谱属于(　　　)。

A. 分配色谱　　　　　B. 吸附色谱　　　　　C. 离子交换色谱　　　　D. 空间排阻色谱

24. 在用吸附柱色谱分离化合物时,洗脱溶剂的极性越大,洗脱速度越(　　　)。

A. 快　　　　　B. 慢　　　　　C. 不变　　　　　D. 不可预测

25. 用无水硫酸镁干燥液体产品时,下面说法不对的是(　　　)

A. 由于无水 $MgSO_4$ 是高效干燥剂,所以一般干燥 5～10 min 就可以了

B. 干燥剂的用量可视粗产品的多少和混浊程度而定,用量过多,由于 $MgSO_4$ 干燥剂的表面吸附,会使产品损失

C. 用量过少,$MgSO_4$ 便会溶解在所吸附的水中

D. 一般干燥剂用量以摇动锥形瓶时，干燥剂可在瓶底自由移动，一段时间后溶液澄清为宜

26. 在环己烯的制备实验中，环己烯和水的分离应采取(　　)方法。

A. 常压蒸馏　　　　B. 减压蒸馏　　　　C. 水蒸气蒸馏　　　　D. 分液

27. 鉴别苯酚和环己醇可用下列哪个试剂？(　　)

A. 斐林试剂　　　　B. 托伦试剂　　　　C. 羰基试剂　　　　D. $FeCl_3$ 溶液

28. 下列化合物与 Fehling 试剂不反应的是(　　)。

A. 甲醛　　　　　　B. 乙醛　　　　　　苯甲醛　　　　　　D. 丙酮

29. 减压蒸馏操作前，需估计在一定压力下蒸馏物的(　　)。

A. 沸点　　　　　　B. 形状　　　　　　C. 熔点　　　　　　D. 溶解度

30. 在蒸馏装置中，温度计水银球的位置不符合要求会带来不良的结果，下面说法错误的是(　　)。

A. 如果温度计水银球位于支管口之下，若按规定的温度范围集取馏分时，则按此温度计位置集取的馏分比要求的温度偏低，并且将有一定量的该收集的馏分误认为后馏分而损失

B. 如果温度计水银球位于支管口之上，蒸气还未达到温度计水银球就已从支管流出，测定沸点时，将使数值偏低

C. 若按规定的温度范围集取馏分，则按此温度计位置集取的馏分比规定的温度偏高，并且将有一定量的该收集的馏分误作为前馏分而损失，使收集量偏少

D. 如果温度计的水银球位于支管口之下或液面之上，测定沸点时，数值将偏低

31. 当加热后已有馏分出来时才发现冷凝管没有通水，应该(　　)。

A. 立即停止加热，待冷凝管冷却后，通入冷凝水，再重新加热蒸馏

B. 小心通入冷凝水，继续蒸馏

C. 先小心通入温水，然后改用冷凝水，继续蒸馏

D. 继续蒸馏操作

32. 蒸馏时加热的快慢，对实验结果的影响正确的是(　　)。

A. 蒸馏时加热过猛，火焰太大，易造成蒸馏瓶局部过热现象，使实验数据偏高

B. 蒸馏时加热过猛，火焰太大，易造成蒸馏瓶局部过热现象，使实验数据偏低

C. 加热太慢，蒸气达不到支口处，不仅蒸馏进行得太慢，而且因温度计水银球不能被蒸气包围或瞬间蒸气中断，读数偏低

D. 以上都不对

33. 蒸馏瓶的选用与被蒸液体量的多少有关，通常装入液体的体积应为蒸馏瓶容积的(　　)。

A. 1/4～2/3　　　　B. 1/3～1/2　　　　C. 2/3～1/2　　　　D. 1/3～2/3

34. 当混合物中含有大量的固体或焦油状物质，通常的蒸馏、过滤、萃取等方法都不适用时，可以采用(　　)将难溶于水的液体有机物进行分离。

A. 回流　　　　　　B. 分馏　　　　　　C. 水蒸气蒸馏　　　　D. 减压蒸馏

35. 水蒸气蒸馏应用于分离和纯化时，其分离对象的适用范围为(　　)。

A. 从大量树脂状杂质或不挥发性杂质中分离有机物

B. 从挥发性杂质中分离有机物

C. 从液体多的反应混合物中分离固体产物

36. 在水蒸气蒸馏操作时,要随时注意安全管中的水柱是否发生不正常的上升现象,以及烧瓶中的液体是否发生倒吸现象。一旦发生这种现象,应(　　),方可继续蒸馏。

A. 立刻关闭夹子,移去热源,找出发生故障的原因

B. 立刻打开夹子,移去热源,找出发生故障的原因

C. 加热圆底烧瓶

37. 硫酸洗涤正溴丁烷粗品,目的是除去(　　)。

A. 未反应的正丁醇　　　　　　　　　　B. 1-丁烯

C. 正丁醚　　　　　　　　　　　　　　D. 水

38. 下列哪一个实验应用到气体吸收装置?(　　)

A. 环己酮　　　　　B. 正溴丁烷　　　　C. 乙酸乙酯　　　　D. 正丁醚

39. 正溴丁烷的制备中,第二次水洗的目的是(　　)。

A. 除去硫酸　　　　B. 除去氢氧化钠　　　C. 增加溶解度　　　D. 稀释体系

40. 正溴丁烷制备过程中产生的 HBr 气体可以用(　　)来吸收。

A. 水　　　　　　　B. 饱和食盐水　　　　C. 95% 乙醇　　　　D. NaOH 水溶液

41. 正溴丁烷最后一步蒸馏提纯前采用(　　)做干燥剂。

A. Na　　　　　　　B. 无水 $CaCl_2$　　　　C. 无水 CaO　　　　D. KOH

42. 粗产品正溴丁烷经水洗后油层呈红棕色,说明含有游离的溴,可用少量(　　)洗涤以除去。

A. 亚硫酸氢钠水溶液　　　　　　　　　B. 饱和氯化钠水溶液

C. 水　　　　　　　　　　　　　　　　D. 活性炭

43. 正丁醚的合成实验,加入 0.6 mL 饱和食盐水在分水器的目的是降低(　　)在水中的溶解度。

A. 正丁醇和正丁醚　　　　　　　　　　B. 正丁醇

C. 正丁醚　　　　　　　　　　　　　　D. 乙酰苯胺

44. 在合成正丁醚的实验中,为了减少副产物丁烯的生成,可以采用(　　)方法。

A. 使用分水器　　　B. 控制温度　　　　C. 增加硫酸用量　　　D. 氯化钙干燥

45. 正丁醚合成实验是通过(　　)装置来提高产品产量的。

A. 熔点管　　　　　B. 分液漏斗　　　　C. 分水器　　　　　D. 脂肪提取器

46. 在合成正丁醚的反应中,反应物倒入 10 mL 水中,是为了(　　)。

A. 萃取　　　　　　B. 色谱分离　　　　C. 冷却　　　　　　D. 结晶

47. 减压蒸馏时要用(　　)作接收器。

A. 锥形瓶　　　　　B. 平底烧瓶　　　　C. 圆底烧瓶　　　　D. 以上都可以

48. 减压蒸馏中毛细管起到很好的作用,以下说法不对的是(　　)。

A. 保持外部和内部大气连通,防止爆炸　　B. 成为液体沸腾时的气化中心

C. 使液体平稳沸腾,防止暴沸　　　　　　D. 起一定的搅拌作用

49. 蒸馏过程中,由于某种原因中途停止加热,再重新开始蒸馏时,关于沸石说法不对的是(　　)。

A. 因为原来已经加入了沸石,可以不补加沸石,以免引起剧烈的暴沸,甚至使部分液体冲出瓶外,有时会引起着火、爆炸

B. 沸石为多孔性物质,它在溶液中受热时会产生一股稳定而细小的空气泡流,这一泡流以及随之而产生的湍动,能使液体中的大气泡破裂,成为液体分子的气化中心,从而使液体平稳地沸腾,防止了液体因过热而产生的暴沸

C. 中途停止蒸馏,再重新开始蒸馏时,因液体已被吸入沸石的空隙中,再加热已不能产生细小的空气流

D. 如果加热后才发现没加沸石,应立即停止加热,待液体冷却后再补加,切忌在加热过程中补加

50. 当被加热的物质要求受热均匀,且温度不高于 100 ℃时,最好使用(　　　)

A. 水浴　　　　　　B. 砂浴　　　　　　C. 酒精灯加热　　　　D. 油浴

51. 减压蒸馏实验结束后,拆除装置时,首先是(　　　)。

A. 关闭冷却水　　　B. 移开热源　　　　C. 拆除反应瓶　　　　D. 打开安全阀

52. 除去乙醚中含有的过氧化物,应选用下列哪种试剂?(　　　)

A. KI 淀粉　　　　　　　　　　　　　B. $Fe_2(SO_4)_3$ 溶液

C. $FeSO_4$ 溶液　　　　　　　　　　　D. Na_2SO_4

53. 正丁醚合成实验是通过(　　　)装置来提高产品产量的。

A. 熔点管　　　　　B. 分液漏斗　　　　C. 分水器　　　　　　D. 脂肪提取器

54. 在减压蒸馏时,加热的顺序是(　　　)。

A. 先减压再加热　　B. 先加热再减压　　C. 同时进行　　　　　D. 无所谓

55. 在减压操作结束时,首先应该执行的操作是(　　　)。

A. 停止加热　　　　B. 停泵　　　　　　C. 接通大气　　　　　D. 继续加热

56. 在使用分液漏斗进行分液时,下列操作中正确的做法是(　　　)。

A. 分离液体时,分液漏斗上的小孔未与大气相通就打开旋塞

B. 分离液体时,将漏斗拿在手中进行分离

C. 上层液体经漏斗的上口放出

D. 没有将两层间存在的絮状物放出

57. 使用和保养分液漏斗做法错误的是(　　　)。

A. 分液漏斗的磨口是非标准磨口,部件不能互换使用

B. 使用前,旋塞应涂少量凡士林或油脂,并检查各磨口是否严密

C. 使用时,应按操作规程操作,两种液体混合振荡时不可过于剧烈,以防乳化;振荡时应注意及时放出气体;上层液体从上口倒出;下层液体从下口放出

D. 使用后,应洗净晾干,将各自磨口用相应磨口塞子塞好,部件不可拆开放置

58. 用氯仿萃取水中的甲苯,分层后,甲苯在(　　　)层溶液中。

A. 上　　　　　　　B. 下　　　　　　　C. 上和下　　　　　　D. 中

59. 用乙醚萃取水中的溴,分层后溴在(　　　)层溶液中。

A. 上　　　　　　　B. 下　　　　　　　C. 上和下　　　　　　D. 中

60. 萃取溶剂的选择根据被萃取物质在此溶剂中的溶解度而定,一般水溶性较小的物质用(　　　)萃取。

　　A. 氯仿　　　　　　　　B. 乙醇　　　　　　　　C. 石油醚　　　　　　　D. 水

61. 在萃取时,可利用(　　),即在水溶液中先加入一定量的电解质(如氯化钠),以降低有机物在水中的溶解度,从而提高萃取效果。

　　A. 络合效应　　　　　　B. 盐析效应　　　　　　C. 溶解效应　　　　　　D. 沉淀效应

62. 环己醇制备环己酮的氧化所采用的氧化剂为(　　)

　　A. 硝酸　　　　　　　　B. 高锰酸钾　　　　　　C. 重铬酸钾

63. 在粗产品环己酮中加入饱和食盐水的目的是(　　)。

　　A. 增加重量　　　　　　B. 增加 pH 值　　　　　C. 便于分层　　　　　　D. 便于蒸馏

64. 在环己酮的制备过程中,最后产物的蒸馏应使用(　　)。

　　A. 直形冷凝管　　　　　B. 球形冷凝管　　　　　C. 空气冷凝管　　　　　D. 刺形分馏柱

65. 在环己醇氧化为环己酮的反应中,瓶内反应温度应该控制在(　　)。

　　A. 50～55 ℃　　　　　 B. 55～60 ℃　　　　　　C. 60～65 ℃

66. 在苯甲酸的碱性溶液中,含有(　　)杂质,可用水蒸气蒸馏方法除去。

　　A. $MgSO_4$　　　　　　B. CH_3COONa　　　　C. C_6H_5CHO　　　　D. NaCl

67. 下列物质不能与 Fehling 试剂反应的是(　　)

　　A. 甲醛　　　　　　　　B. 苯甲醛　　　　　　　C. 果糖　　　　　　　　D. 麦芽糖

68. 对于含有少量水的乙酸乙酯,可选(　　)干燥剂进行干燥。

　　A. 无水氯化钙　　　　　B. 无水硫酸镁　　　　　C. 金属钠　　　　　　　D. 氢氧化钠

69. 如何除去下列物质中的杂质:卤代烃中含有少量水(　　);醇中含有少量水(　　);甲苯和四氯化碳混合物(　　);含 3%杂质肉桂酸固体(　　)。

　　A. 蒸馏　　　　　　　　　　　　　　　B. 分液漏斗

　　C. 重结晶　　　　　　　　　　　　　　D. 金属钠

　　E. 无水氯化钙干燥　　　　　　　　　　F. 氧化钙干燥

　　G. P_2O_5　　　　　　　　　　　　　　H. Na_2SO_4 干燥

70. 乙酸乙酯中含有(　　)杂质时,可用简单蒸馏的方法提纯乙酸乙酯。

　　A. 丁醇　　　　　　　　B. 有色有机物　　　　　C. 乙酸　　　　　　　　D. 水

71. 在乙酸乙酯合成反应中生成水,为了提高转化率,常用带水剂把水从反应体系中分出来,(　　)可作为带水剂。

　　A. 乙醇　　　　　　　　B. 苯　　　　　　　　　C. 丙酮　　　　　　　　D. 二氯甲烷

72. 在乙酸乙酯的合成实验中,若操作不慎,用饱和氯化钙溶液洗去醇时,可能产生的絮状沉淀是(　　)。

　　A. 硫酸钙　　　　　　　B. 碳酸钙　　　　　　　C. 氢氧化钙　　　　　　D. 氯化钙

73. 久置的苯胺呈红棕色,可用(　　)方法精制。

　　A. 过滤　　　　　　　　B. 活性炭脱色　　　　　C. 蒸馏　　　　　　　　D. 水蒸气蒸馏

74. 用无水氯化钙作干燥剂时,适用于(　　)类有机物的干燥。

　　A. 醇、酚　　　　　　　B. 胺、酰胺　　　　　　C. 醛、酮　　　　　　　D. 烃、醚

75. 在干燥下列物质时,不能用无水氯化钙作干燥剂的是(　　)。

　　A. 环己烯　　　　　　　B. 1-溴丁烷　　　　　　C. 乙醚　　　　　　　　D. 乙酸乙酯

76. 下列哪一项不能完全利用蒸馏操作实现的是(　　)。

A. 测定化合物的沸点　　　　　　　　　　B. 分离液体混合物

C. 提纯,除去不挥发的杂质　　　　　　　D. 回收溶剂

77. 在干燥下列物质时,可以用无水氯化钙作干燥剂的是(　　　)。

A. 乙醇　　　　　　　B. 乙醚　　　　　　　C. 苯乙酮　　　　　　D. 乙酸乙酯

78. 金属钠不能用来除去(　　　)中的微量水分。

A. 脂肪烃　　　　　　B. 乙醚　　　　　　　C. 二氯甲烷　　　　　D. 芳烃

79. 锌粉在制备乙酰苯胺实验中的主要作用是(　　　)。

A. 防止苯胺被氧化　　　　　　　　　　　B. 防止苯胺被还原

C. 防止暴沸　　　　　　　　　　　　　　D. 脱色

80. 重结晶是为了(　　　)。

A. 提纯液体　　　　　B. 提纯固体　　　　　C. 固液分离　　　　　D. 三者都可以

81. 重结晶时,活性炭所起的作用是(　　　)。

A. 脱色　　　　　　　B. 脱水　　　　　　　C. 促进结晶　　　　　D. 脱脂

82. 在进行脱色操作时,活性炭的用量一般为(　　　)。

A. 1%～3%　　　　　B. 5%～10%　　　　　C. 10%～20%　　　　D. 30%～40%

83. 在乙酰苯胺的重结晶时,需要配制其热饱和溶液,这时常出现油状物,此油珠是(　　　)。

A. 杂质　　　　　　　B. 乙酰苯胺　　　　　C. 苯胺　　　　　　　D. 正丁醚

84. 乙酰苯胺的重结晶不应把水加热至沸,控制温度在(　　　)以下。

A. 67 ℃　　　　　　B. 83 ℃　　　　　　　C. 50 ℃　　　　　　D. 90 ℃

85. 用活性炭进行脱色时,其用量应视杂质的多少来定,加多了会引起(　　　)。

A. 吸附产品　　　　　B. 发生化学反应　　　C. 颜色加深　　　　　D. 带入杂质

86. 在乙酰苯胺的制备过程中,可采用的酰化试剂有(　　　)。

A. 乙酰氯　　　　　　B. 乙酸酐　　　　　　C. 冰醋酸

87. 在乙酰苯胺的制备过程中,为促使反应向正方向进行,实验中使用了(　　　)。

A. 干燥剂　　　　　　B. 滴液漏斗　　　　　C. 接点式温度计　　D. 刺形分馏柱

88. 当反应产物为碱性化合物时,要对其进行纯化,所采取的简单方法为(　　　)。

A. 重结晶　　　　　　B. 先酸化再碱化　　　C. 先碱化再酸化

89. 鉴别乙酰乙酸乙酯和乙酰丙酸乙酯可以用(　　　)

A. Fehling 试剂　　　B. 卢卡斯试剂　　　　C. 羰基试剂　　　　　D. $FeCl_3$ 溶液

90. 制备甲基橙时,N,N-二甲基苯胺与重氮盐偶合发生在(　　　)

A. 邻位　　　　　　　B. 间位　　　　　　　C. 对位　　　　　　　D. 邻、对位

91. 下列哪一个实验应用到升华实验。(　　　)

A. 乙酸乙酯的制备　　　　　　　　　　　B. 正溴丁烷的制备

C. 咖啡因的提取　　　　　　　　　　　　D. 环己酮的制备

92. 在进行咖啡因的升华中,应控制的温度为(　　　)。

A. 140 ℃　　　　　　B. 80 ℃　　　　　　　C. 220 ℃　　　　　　D. 390 ℃

93. 从茶叶中提取咖啡因,通常是用适当的溶剂在(　　　)中连续抽提,浓缩得粗咖啡因。

A. 烧杯　　　　　　　B. 脂肪提取器　　　　C. 圆底烧瓶　　　　D. 锥形瓶

94. 在下列(　　　)实验中,采用了升华操作。

A. 黄连素的提取　　B. 烟碱的提取　　　　C. 咖啡因的提取　　D. 菠菜色素的提取

95. 鉴别乙醇和丙醇可以用下列哪个试剂?(　　　)

A. Fehling 试剂　　B. Lucas 试剂　　　C. Tollen 试剂　　　D. I_2/NaOH 溶液

96. 鉴别糖类物质的一个普通定性反应是(　　　)。

A. Molish 反应　　B. Seliwanoff 反应　　C. Benedict 反应　　D. 水解

97. 下列化合物与 Lucas 试剂反应最快的是(　　　)。

A. 正丁醇　　　　　B. 仲丁醇　　　　　C. 苄醇　　　　　D. 环己醇

98. 下列物质不能与 Benedic 试剂反应的是(　　　)。

A. 苯甲醛　　　　　B. 甲醛　　　　　C. 麦芽糖　　　　D. 果糖

99. 可以用来鉴别葡萄糖和果糖的试剂是(　　　)。

A. Molish 试剂　　　　　　　　　B. Benedict 试剂

C. Seliwanoff 试剂　　　　　　　D. Fehling 试剂

100. 下列化合物与卢卡斯试剂反应,最快的是(　　　)。

A.　OH　　　B.　CH₂OH　　　C.　OH　　　D.　CH₂OH

101. 鸡蛋白溶液与茚三酮试剂有显色反应,说明鸡蛋白结构中有(　　　)。

A. 游离氨基　　B. 芳环　　　　C. 肽键　　　　D. 酚羟基

102. 甘氨酸与茚三酮试剂有显色反应,说明甘氨酸结构中有(　　　)。

A. 游离氨基　　B. 芳环　　　　C. 肽键　　　　D. 酚羟基

103. 鸡蛋白溶液有二缩脲反应,说明鸡蛋白结构中有(　　　)。

A. 游离氨基　　B. 芳环　　　　C. 肽键　　　　D. 酚羟基

三、填　空　题

请根据掌握的有机化学实验知识,完成下列填空题。

1. 热过滤可以除去不溶性杂质、脱色剂等杂质,包括_____和_____两种方法。

2. 百分产率是指_____和_____的比值。

3. 测定熔点使用的熔点管(装试样的毛细管)一般外径为_____,长_____;装试样的高度为_____,要装得_____和_____。

4. 有机化合物在大气压下达到固-液蒸气压平衡时的温度,称为该有机化合物的_____。有机化合物受热蒸气压加大,当温度升至有机化合物的液体蒸气压与外界大气压相等时的温度,称为该有机化合物的_____。

5. 欲精确测定熔点时,在接近熔点温度时,加热速度要_____。

6. 已知化合物 A、B、C 均在 149～150 ℃时熔化。A 与 B(1∶1)混合物在 130～139 ℃时熔化,B 与 C(1∶1)的混合物在 149～150 ℃时熔化,说明 A 与 B 为_____化合物,B 与 C 为_____化合物。

7. 一个纯化合物从开始熔化到完全熔化的温度范围称为_____。当含有杂质时,其_____会下降,_____会变宽。

8. 当一个化合物含有杂质时,其熔点会_____,熔点距会_____。

9. 液体的沸点与_____有关,_____越低,沸点越_____。

10. 蒸馏沸点差别较大的液体时,沸点较低的_____蒸出,沸点较高的_____蒸出,_____留在蒸馏器内,这样可达到分离和提纯的目的。

11. Abbe 折光仪在使用前后,棱镜均需用_____或_____洗净。

12. 熔点管不洁净,相当于在试料中_____,其结果将导致测得的熔点_____。

13. 将液体加热至沸腾,使液体变为蒸汽,然后使蒸汽冷却再凝结为液体,这两个过程的联合操作称为_____。

14. 熔点是指_____,熔程是指_____,通常纯的有机化合物都有固定熔点,若混有杂质,则熔点_____,熔程_____。

15. 熔点测定关键之一是加热速度。加热太快,则热浴体温度大于热量转移到待测样品中的转移能力,而导致测得的熔点偏高,熔距_____。当热浴温度达到距熔点 10～15 ℃时,加热要_____,使温度每分钟上升_____。

16. 物质的沸点随外界大气压的改变而变化,通常所说的沸点指_____。

17. 测定熔点时,温度计的水银球部分应放在_____,试料应位于_____,以保证试料均匀受热、测温准确。

18. 熔点测定时试料研得不细或装得不实,这样试料颗粒之间为空气所占据,结果导致熔距_____,测得的熔点数值_____。

19. 测定熔点时,可根据被测物的熔点范围选择导热液:被测物熔点＜140 ℃时,可选用_____;被测物熔点为 140～250 ℃时,可选用浓硫酸;被测物熔点＞250 ℃时,可选用_____;还可用_____或_____。

20. 蒸馏是分离和提纯_____最常用的重要方法之一。应用这一方法,不仅可以把_____与_____分离,还可以把沸点不同的物质以及有色的杂质等分离。

21. 当蒸馏沸点高于 140 ℃的物质时,应该使用_____。

22. 在测定熔点时样品的熔点低于_____以下,可采用浓硫酸为加热液体,但当高温时,浓硫酸将分解,这时可采用热稳定性优良的_____为浴液。

23. 温度计水银球_____应和蒸馏头侧管的下限在同一水平线上。

24. 蒸馏操作开始应先_____,后_____。

25. 干燥前,液体呈_____,经干燥后变_____,这可简单地作为水分基本除去的标志。

26. 分液漏斗使用过后,要在活塞和盖子的磨砂口间垫上_____,以免日久后难以打开。

27. 分液漏斗的体积至少大于被分液体体积的_____。用分液漏斗分离混合物,上层从_____,下层从_____。

28. 色谱法中,比移值 $R_f =$ _____。

29. 薄层吸附色谱中常用的吸附剂有_____、_____。

30. 色谱法又称层析法,是一种物理化学分析方法,它是利用混合物各组分在某一物质中的_____或_____或亲和性能的差异,使混合物的溶液流经该种物质进行反复的_____或_____作用,从而使各组分得以分离。

31. 色谱法按分离原理可分为_____、_____、_____和空间排阻色谱;按操作条件的不同可分为 _____、_____、_____、气相色谱以及高效液相色谱等。

32. 薄层层析的操作过程大致可分为六步,它们是 _____、_____、_____、_____、_____以及_____。

33. 吸附色谱的吸附剂主要为_____和_____;分配色谱的固定相载体可为_____、_____或_____等。

34. 在色谱中,吸附剂对样品的吸附能力与_____、_____、_____、_____有关。

35. 实验室中进行柱层析常用的固定相有_____和_____。

36. 按色谱法的分离原理,常用的柱色谱可分为_____和_____两种。

37. 分馏是利用_____将多次汽化-冷凝过程在一次操作中完成的方法。

38. 减压蒸馏时,装入烧瓶中的液体应不超过其容积的_____,接收器应用_____。

39. 对于沸点相差不大的有机混合液体,要获得良好的分离效果,通常采用_____方法分离。

40. 在环己烯的制备中,最后加入无水 $CaCl_2$ 既可除去_____,又可除去_____。

41. 在分馏实验中,回流比一般控制在_____。

42. _____是借助于分馏柱使一系列的蒸馏不需多次重复,一次得以完成的蒸馏。

43. 蒸馏时,如果馏出液易受潮分解,可以在接收器上连接一个_____,以防止_____的侵入。

44. 蒸馏装置中,温度计的位置是_____。

45. 在加热蒸馏前,加入止暴剂的目的是_____,通常_____或_____可作止暴剂。

46. 蒸馏瓶的选用与被蒸液体量的多少有关,通常装入液体的体积应为蒸馏瓶容积的_____,液体量过多或过少都不宜。

47. 水蒸气蒸馏是用来分离和提纯有机化合物的重要方法之一,常用于下列情况:①混合物中含有大量的_____;②混合物中含有_____物质;③在常压下蒸馏会发生_____的_____有机物质。

48. 进行水蒸气蒸馏时,一般在_____时可以停止蒸馏。

49. 在进行水蒸气蒸馏时,被提取的物质必须具备的三个条件是:_____、_____、_____。

50. 蒸馏时,如果维持原来加热程度,不再有馏出液蒸出,温度突然下降时,就应

_____,即使杂质量很少也不能蒸干。

51. _____是分离和纯化与水不相混溶的挥发性有机物常用的方法。

52. 在正溴丁烷的制备实验中,用硫酸洗涤是为了_____及副产物_____和_____。第一次水洗是为了_____及_____。用碱洗_____是为了_____。第二次水洗是为了_____。

53. 粗产品正溴丁烷经水洗后油层呈红棕色,说明含有_____,可用少量_____除去。

54. 当反应中生成有毒和刺激性气体时,要用气体吸收装置吸收有害气体。选择吸收剂要根据_____来决定。例如,可以用_____吸收卤化氢,用_____吸收氯和其他酸性气体。

55. 硫酸洗涤正溴丁烷粗品,目的是除去_____、_____和_____。

56. 正丁醚的合成反应在装有分水器的回流装置中进行,使生成的_____不断蒸出,这样有利于_____的生成。

57. 在合成正丁醚的实验中,含水的恒沸物冷凝后,在分水器中分层,上层主要是_____和_____,下层主要是_____。

58. 正丁醚合成实验是通过_____装置来提高产品产量的。

59. 减压蒸馏时,往往使用一毛细管插入蒸馏烧瓶底部,它能冒出_____,成为液体的_____,同时又起到搅拌作用,防止液体_____。

60. 减压蒸馏操作中使用磨口仪器,应该将_____部位仔细涂油;操作时必须先_____后才能进行_____蒸馏,不允许边_____边_____;在蒸馏结束以后应该先停止_____,再使_____,然后才能_____。

61. 在减压蒸馏装置中,氢氧化钠塔用来吸收_____和_____,活性炭塔和块状石蜡用来吸收_____,氯化钙塔用来吸收_____。

62. 减压蒸馏操作前,需估计在一定压力下蒸馏物的_____,或在一定温度下蒸馏所需要的_____。

63. 减压蒸馏前,应该将混合物中的_____在常压下首先_____除去,防止大量_____进入吸收塔,甚至进入_____,降低_____的效率。

64. 减压蒸馏装置通常由_____、_____、_____、_____、_____、_____、_____、_____和_____等组成。

65. 减压过滤的优点有:①_____;②_____;③_____。

66. 蒸馏烧瓶的选择以液体体积占烧瓶容积的_____为标准。当被蒸馏物的沸点低于 80 ℃时,用_____加热;沸点在 80～200 ℃时,用_____加热;不能用_____直接加热。

67. 安装减压蒸馏装置仪器顺序一般都是_____,_____。要准确端正,横看成面,竖看成线。

68. 减压蒸馏时,常用的三个吸收塔中,分别装有_____、_____和_____。

69. 在减压蒸馏装置中,氢氧化钠塔主要用来吸收_____和水。

70. 减压过滤结束时,应该先_____,再_____,以防止倒吸。

71. 用无水氯化钙作干燥剂时,适用于_____类和_____类有机物的干燥。

72. 液体有机物干燥前,应将被干燥液体中的_____尽可能_____,不应见到有_____。

73. 在制备苯乙酮的回流装置中,安装有恒压漏斗及氯化钙干燥管,其目的是_____。

74. 液-液萃取是利用_____而达到分离、纯化物质的一种操作。

75. 萃取时有乳化现象,可根据实际情况采用_____、_____、_____等方法破乳。

76. 萃取的主要理论依据是_____,物质对不同的溶剂有着不同的_____。可用与水_____的有机溶剂从水溶剂中萃取出有机化合物。

77. 环己酮的合成中,将铬酸溶液加入环己醇后,使反应溶液变成_____色为止。

78. 在环己酮的制备中,反应完成后,可用_____,将环己酮与水一起蒸出。

79. 水蒸气蒸馏是用来分离和提纯有机化合物的重要方法之一,常用于下列情况:①混合物中含有大量的_____;②混合物中含有_____物质;③在常压下蒸馏会发生_____的_____有机物质。

80. 用 Perkin 反应在实验室合成 α-甲基-苯基丙烯酸:①主要反应原料及催化剂有_____、_____、_____;②反应液中除产品外,主要还有 A _____,B _____;③除去 A 的方法是_____;④除去 B 的方法是_____。

81. Fehling 试剂包括_____和_____。

82. 肉桂酸的制备中,用_____代替醋酸钾作为催化剂,可提高产率。

83. 在肉桂酸的制备实验中,可以采用水蒸气蒸馏来除去未转化的_____,这主要是利用了_____的性质。

84. 在肉桂酸的制备过程中,所使用的冷却装置是_____。在后处理过程中,先用_____将溶液调至碱性去除部分杂质,然后再用_____将溶液调至酸性,经冷却,使晶体析出。

85. 乙酸乙酯中含有_____杂质时,可用简单蒸馏的方法提纯乙酸乙酯。

86. 金属钠可以用来除去_____、_____、_____等有机化合物中的微量水分。

87. 用乙酸乙酯制备乙酰乙酸乙酯时,常用金属钠代替_____。

88. 酸催化的直接酯化是实验室制备羧酯最重要的方法,常用的催化剂有_____、_____和_____等。

89. 当重结晶的产品带有颜色时,可加入适量的_____脱色。

90. 乙酰苯胺可以由苯胺经过乙酰化反应而得到,常用的酰化试剂有_____、_____、_____。

91. 芳胺的酰化在有机合成中有着重要的作用,主要体现在_____以及_____两个方面。

92. 采用重结晶提纯样品,要求杂质含量为_____以下。如果杂质含量太高,可先用_____、_____方法提纯。

93. 重结晶溶剂一般用量为_____,活性炭一般用量为_____。

94. 为了避免在热过滤时,结晶在漏斗中析出,可以把布氏漏斗_____。

95. 在乙酰苯胺的制备过程中,反应物中_____是过量的;为了防止苯胺的氧化,需在反应液中加入少量的_____;反应装置中使用了_____来将水分馏出;反应过程中需将温度控制在_____。

96. 苯胺是有机化学反应中的常用试剂。在我们的实验中,以苯胺为原料进行的反应包括_____和_____。

97. 一般_____有机物在溶剂中的溶解度随温度的变化而变化。温度_____,溶解度_____,反之则溶解度_____。热的饱和溶液,降低温度,溶解度下降,溶液变成_____而析出结晶。利用溶剂对被提纯化合物及杂质的溶解度的不同,可达到分离纯化的目的。

98. 合成乙酰苯胺时,反应温度控制在_____,目的在于_____。当反应接近终点时,蒸出的水分极少,温度计水银球不能被蒸气包围,从而出现温度计_____的现象。

99. 用邻氨基苯酚和甘油制备 8-羟基喹啉时,可用_____方法除去未反应的邻硝基苯酚。

100. 甲基橙的制备中,重氮盐的生成需控制温度在_____,否则,生成的重氮盐易发生_____。

101. _____是纯化固体化合物的一种手段,它可除去与被提纯物质的蒸气间有显著差异的不挥发性杂质。

102. 升华是纯化_____有机化合物的又一种手段,它是由化合物受热直接_____,然后由_____为固体的过程。

103. 实验室使用乙醚前,要先检查有无过氧化物存在,常用_____来检查。如有过氧化物存在,其实验现象为_____。若要除去它,则需_____。

104. 可以用_____反应来鉴别糖类物质。

105. 蔗糖用浓盐酸水解后,与 Benedict 试剂作用会呈现_____色,说明_____。

四、问　答　题

1. 学生实验中经常使用的冷凝管有哪些? 各用在什么地方?
2. 什么时候用气体吸收装置? 如何选择吸收剂?
3. 有机实验中,什么时候用蒸出反应装置? 蒸出反应装置有哪些形式?
4. 有机实验中有哪些常用的冷却介质? 应用范围如何?
5. 有机实验中,玻璃仪器为什么不能直接用火焰加热? 有哪些间接加热方式? 应用范围如何?
6. 如何除去液体化合物中的有色杂质? 如何除去固体化合物中的有色杂质? 除去固体化合物中的有色杂质时应注意什么?
7. 减压过滤的优点有哪些? 画出减压过滤的装置图。
8. 冷凝管通水方向是由下而上,反过来行吗? 为什么?

9. 简述减压蒸馏的基本原理。

10. 简述减压蒸馏操作步骤及注意事项。

11. 蒸馏时,为什么最好控制馏出液的流出速度为 1~2 滴/秒?

12. 简述减压蒸馏操作的理论依据。当减压蒸馏结束时,应如何停止减压蒸馏? 为什么?

13. 分馏和蒸馏在原理及装置上有哪些异同? 如果是两种沸点很接近的液体组成的混合物,能否用分馏来提纯呢?

14. 在分馏时通常用水浴或油浴加热,它比直接用火焰加热有什么优点?

15. 测定熔点时,遇到下列情况将产生什么结果? (1)熔点管壁太厚;(2)熔点管不洁净;(3)试样研得不细或装得不实;(4)加热太快;(5)第一次熔点测定后,热浴液不冷却就立即做第二次熔点测定;(6)温度计歪斜或熔点管与温度计不附贴。

16. 是否可以使用第一次测定熔点时已经熔化了的试料使其固化后做第二次测定?

17. 测得 A、B 两种样品的熔点相同,将它们研细,并以等量混合。(1)测得混合物的熔点有下降现象且熔程增宽;(2)测得混合物的熔点与纯 A、纯 B 的熔点均相同。试分析以上情况各说明什么?

18. 测定熔点时,常用的热浴有哪些? 如何选择?

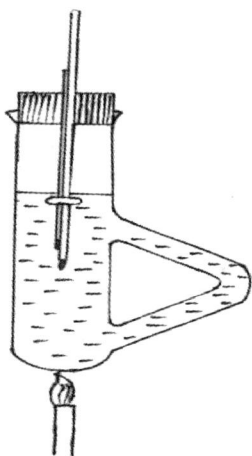

19. 左下图是提勒熔点测定装置,请指出图中的错误,并说明理由。

20. 用提勒管法测定熔点时应注意哪些问题?

21. 什么是沸点? 沸点通过什么操作来测定? 简述该操作的原理和作用。

22. 什么叫熔程? 纯物质的熔点和不纯物质的熔点有何区别? 两种熔点相同的物质等量混合后,混合物的熔点有什么变化? 测定熔点时,判断始熔和判断全熔的现象各是什么?

23. 写出熔点测定的简要步骤。

24. 什么叫沸点? 液体的沸点和大气压有什么关系? 文献里记载的某物质的沸点是否即为你们那里的沸点温度?

25. 画出简单蒸馏的装置图。说明操作时的注意事项。

26. 如果液体具有恒定的沸点,那么能否认为它是单纯物质? 为什么?

27. 请回答有关薄层色谱实验中的有关问题:

(1) 简述薄层色谱的分离原理。

(2) 简述薄层色谱的实验过程及其中的注意事项。

(3) 写出比移值 R_f 的计算公式。

28. 什么是色谱法? 它的分类又如何?

29. 我们说可以用薄层色谱来监控有机反应的进程,那该如何进行操作?

30. 画出柱层析装置示意图,并简述实验的基本操作过程和注意事项。

31. 在柱色谱过程中,如果柱中存在气泡,对样品的分离有何影响? 该如何避免?

32. 何谓分馏？它的基本原理是什么？

33. 进行分馏操作时应注意什么？

34. 何谓韦氏（Vigreux）分馏柱？使用韦氏分馏柱的优点是什么？

35. 在粗产品环己烯中加入饱和食盐水的目的是什么？

36. 为什么蒸馏粗环己烯的装置要完全干燥？

37. 用简单的化学方法来证明最后得到的产品是环己烯。

38. 用 85% 磷酸催化工业环己醇脱水合成环己烯的实验中，将磷酸加入环己醇中，立即变成红色，试分析原因何在？如何判断你分析的原因是正确的？

39. 用磷酸做脱水剂比用浓硫酸做脱水剂有什么优点？

40. 环己醇制备实验，实验产率太低，试分析主要在哪些操作步骤中可能造成损失？

41. 在环己烯制备实验中，为什么要控制分馏柱顶温度不超过 73 ℃？

42. 在环己烯合成实验中，为什么用 25 mL 量筒做接收器？

43. 在环己烯的制备过程中，为什么要控制分馏柱顶部的温度？在粗制的环己烯中，加入精盐使水层饱和的目的是什么？

44. 什么叫共沸物？为什么不能用分馏法分离共沸混合物？

45. 为什么蒸馏时最好控制馏出液的速度为 1～2 滴/秒为宜？

46. 用分馏柱提纯液体时，为了取得较好的分离效果，为什么分馏柱必须保持回流液？

47. 在分离两种沸点相近的液体时，为什么装有填料的分馏柱比不装填料的效率高？

48. 沸石（即止暴剂或助沸剂）为什么能止暴？如果加热后才发现没加沸石怎么办？由于某种原因中途停止加热，再重新开始蒸馏时，是否需要补加沸石？为什么？

49. 蒸馏时加热的快慢，对实验结果有何影响？为什么？

50. 在蒸馏装置中，温度计水银球的位置不符合要求会带来什么结果？

51. 指出下面蒸馏装置图中的错误。

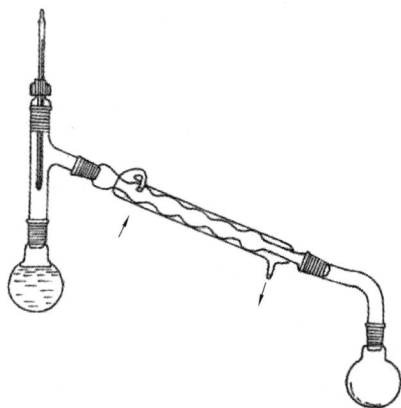

52. 当加热后已有馏分出来时才发现冷凝管没有通水，怎么处理？

53. 试画出分馏的基本装置图。

54. 什么情况下需要采用水蒸气蒸馏？用水蒸气蒸馏的被提纯物质应具备什么条件？

55. 蒸馏时为什么蒸馏烧瓶中所盛液体的量既不应超过其容积的 2/3，也不应少于 1/3？

56. 怎样正确进行水蒸气蒸馏操作？

57. 怎样判断水蒸气蒸馏操作是否结束？

58. 请指出下面水蒸气蒸馏装置中有几处错误，并纠正之。

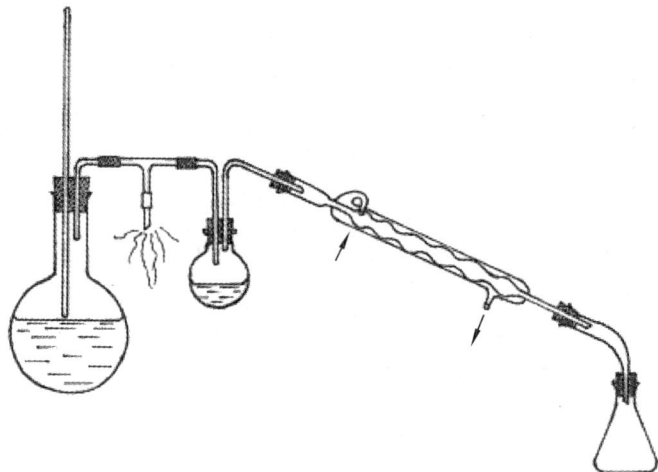

59. 水蒸气蒸馏装置主要由哪几大部分组成？

60. 水蒸气发生器中的安全管的作用是什么？

61. 什么是水蒸气蒸馏？其用途是什么？与常压蒸馏相比，有何优点？其原料必须具备什么条件？如何判断需蒸出的物质已经蒸完？

62. 请画出水蒸气蒸馏简易装置。

63. 怎样判断水蒸气蒸馏是否完成？蒸馏完成后，如何结束实验操作？

64. 在正溴丁烷的制备实验中，硫酸浓度太高或太低会带来什么结果？

65. 在正溴丁烷的制备实验中，各步洗涤的目的是什么？

66. 什么时候用气体吸收装置？如何选择吸收剂？

67. 在正溴丁烷的合成实验中，蒸馏出的馏出液中正溴丁烷通常应在下层，但有时可能出现在上层，为什么？若遇此现象如何处理？

68. 粗产品正溴丁烷经水洗后油层呈红棕色是什么原因？应如何处理？

69. 请画一个带有尾气吸收的加热回流装置。

70. 在正溴丁烷的制备实验中，硫酸起何作用？

71. 在正溴丁烷的制备过程中，如何判断正溴丁烷是否蒸完？

72. 请画出正丁醚合成的装置。

73. 在正丁醚的制备实验中，使用分水器的目的是什么？其中所使用的饱和氯化钠溶液起到什么作用？

74. 何谓减压蒸馏？适用于什么体系？减压蒸馏装置由哪些仪器、设备组成，各起什么作用？

75. 在用油泵减压蒸馏高沸点化合物（如乙酰乙酸乙酯）前，为什么要先用水泵或水浴加热，蒸去绝大部分低沸点物质（如乙酸乙酯）？

76. 减压蒸馏中毛细管的作用是什么？能否用沸石代替毛细管？

77. 在实验室用蒸馏法提纯久置的乙醚时，为避免蒸馏将近结束时发生爆炸事故，应用什么方法预先处理乙醚？

78. 在减压蒸馏时，应先减到一定压力，再进行加热，还是先加热到一定温度，再抽气减压？

79. 简述制备正丁醚时分水器的作用。

80. 在乙醚的制备实验中，滴液漏斗脚端应在什么位置，为什么？

81. 请画一个合成 2-甲基-2-己醇的装置图

82. 请写出以正溴丁烷为原料合成 2-甲基-2-己醇的实验原理。制备 2-甲基-2-己醇时，在将格氏试剂与丙酮加成物水解前的各步中，为什么使用的药品、仪器均须绝对干燥？为此应采取什么措施？反应操作中如何隔绝水汽？为什么不能用无水氯化钙干燥 2-甲基-2-己醇？

83. 什么是萃取？什么是洗涤？指出两者的异同点。

84. 如何使用和保养分液漏斗？

85. 在使用分液漏斗进行分液时，操作中应防止哪几种不正确的做法？

86. 用铬酸氧化法制备环己酮的实验，为什么要严格控制反应温度在 $55 \sim 60$ ℃，温度过高或过低有什么不好？

87. 画出环己酮制备过程的仪器装置图，并加以说明。

88. 硝酸氧化法制备己二酸时，为什么必须严格控制滴加环己醇的速度和反应的温度？

89. 用高锰酸钾法制备己二酸，怎样判断反应是否完全？若高锰酸钾过量，将如何处理？

90. 在肉桂酸制备实验中，能否在水蒸气蒸馏前用氢氧化钠代替碳酸钠来中和水溶液？

91. 在肉桂酸制备实验中，水蒸气蒸馏除去什么？是否可以不用水蒸气蒸馏？

92. 制备肉桂酸时为何采用水蒸气蒸馏？

93. 具有何种结构的醛能发生 Perkin 反应？

94. 在 Perkin 反应中，醛和具有 $(R_2CHCO)_2O$ 结构的酸酐相互作用能否得到不饱和酸？为什么？

95. 苯甲醛和丙酸酐在无水 K_2CO_3 存在下，相互作用得到什么产物？

96. 制备肉桂酸时往往出现焦油，是怎样产生的？如何除去？

97. 在肉桂酸制备实验中，为什么要缓慢加入固体碳酸钠来调解 pH 值？

98. 遇到磨口粘住时，怎样才能安全地打开连接处？

99. 怎样安装有电动搅拌器的回流反应装置？

100. 有机实验中，什么时候利用回流反应装置？怎样操作回流反应装置？

101. 水蒸气蒸馏的原理是什么？装置中 T 形管的作用是什么？直立的长玻璃管起什么作用？如何判断需蒸出的物质已经蒸完？

102. 如何除去苯甲醛中的少量苯甲酸，写出简要步骤。

103. 在粗制的乙酸乙酯中含有哪些杂质？如何除去？请写出纯化乙酸乙酯的简要操作步骤。

104. 简述制备乙酸乙酯的反应原理。

105. 制备乙酸乙酯的实验中,采取哪些措施能提高酯的产率?

106. 当粗乙酸乙酯用碳酸钠洗过后,为什么不能直接用氯化钙洗?

107. 简述乙酸乙酯制备过程的主要步骤。

108. 在乙酸正丁酯的制备实验中,粗产品中除乙酸正丁酯外,还有哪些副产物? 怎样减少副产物的生成?

109. 何谓酯化反应? 有哪些物质可以作为酯化反应的催化剂?

110. 乙酸正丁酯的合成实验是根据什么原理来提高产品产量的?

111. 乙酸正丁酯的粗产品中,除产品乙酸正丁酯外,还有什么杂质? 怎样将其除掉?

112. 对乙酸正丁酯的粗产品进行水洗和碱洗的目的是什么?

113. 制备乙酸正丁酯实验中,理论产水量是多少? 实际收集的水量可能比理论的量多,请解释之。

114. 在乙酸正丁酯的精制过程中,如果最后蒸馏时前馏分多,其原因是什么?

115. 如果最后蒸馏时得到的乙酸正丁酯混浊,这是何原因?

116. 用 $MgSO_4$ 干燥粗乙酸正丁酯,如何掌握干燥剂的用量?

117. 在使用分液漏斗进行分液时,操作中应防止哪几种不正确的做法?

118. 精制乙酸正丁酯的最后一步蒸馏,所用仪器为什么均需干燥?

119. 在合成反应中,有些可逆反应生成水,为了提高转化率,常用带水剂把水从反应体系中分出来,什么物质可作为带水剂?

120. 酯化反应是可逆反应,试简单总结乙酸乙酯、丁酯和异戊酯三种酯的制备实验中,各采取哪些措施促使反应向生成酯化的方向进行的。

121. 蒸馏操作时,测馏出物沸点的温度计应放在什么位置? 实验结束时,停止加热和停止通水谁先谁后? 在制备乙酸乙酯时,温度计的水银球又放在什么位置?

122. Claisen 酯缩合反应的催化剂是什么? 在乙酰乙酸乙酯制备实验中,为什么可以用金属钠代替?

123. 乙酸乙酯的制备中,为提高产率应加入过量的乙酸还是过量的乙醇? 为什么?

124. 在重结晶过程中,必须注意哪几点才能使产品的产率高、质量好?

125. 选择重结晶用的溶剂时,应考虑哪些因素?

126. 重结晶操作中,活性炭起什么作用? 为什么不能在溶液沸腾时加入?

127. 重结晶时,如果溶液冷却后不析出晶体怎么办?

128. 重结晶的目的是什么? 怎样进行重结晶?

129. 合成乙酰苯胺时,柱顶温度为什么要控制在 105 ℃左右?

130. 合成乙酰苯胺的实验是采用什么方法来提高产品产量的?

131. 合成乙酰苯胺时,锌粉起什么作用? 加多少合适?

132. 合成乙酰苯胺时,为什么选用韦氏分馏柱?

133. 合成乙酰苯胺时,反应达到终点时为什么会出现温度计读数的上下波动?

134. 从苯胺制备乙酰苯胺时,可采用哪些化合物作酰化剂? 各有什么优缺点?

135. 在制备乙酰苯胺的饱和溶液进行重结晶时,在杯下有一油珠出现,试解释原因。怎样处理才算合理?

136. 粗乙酰苯胺进行重结晶操作时,注意哪几点才能得到产量高、质量好的产品?

137. 重结晶的作用是什么？原理是什么？如何检测经重结晶后的产品是纯的？

138. 请画出重结晶所用的全部装置，并指出装置名称。

139. 简述重结晶操作的主要步骤。

140. 在乙酰苯胺的制备过程中，为什么是冰醋酸过量而不是苯胺过量？

141. 重结晶操作中，为什么要用热过滤方法？

142. 请画出乙酰苯胺的反应装置图，并说明该实验的注意事项。

143. 乙酰苯胺的制备除了可以用醋酸作酰化试剂外，还可以采用其他酰化试剂吗？试比较它们酰化能力的大小。

144. 在布氏漏斗中用溶剂洗涤固体时应该注意些什么？

145. 在乙酰苯胺的制备过程中，为什么要将反应温度维持在 $100 \sim 110$ ℃？在反应结束后，为什么要将反应物趁热倒入水中？

146. 使用有机溶剂重结晶时，哪些操作容易着火？怎样才能避免呢？

147. 重结晶时，溶剂的用量为什么不能过量太多，也不能过少？正确的用量应为多少？

148. 在乙酰乙酸乙酯制备实验中，加入 50％醋酸和饱和食盐水的目的是什么？

149. 何为互变异构现象？如何用实验证明乙酰乙酸乙酯是两种互变异构体的平衡混合物？

150. 用羧酸和醇制备酯的合成实验中，为了提高酯的收率和缩短反应时间，应采取哪些主要措施？

151. 根据你做过的实验，总结一下在什么情况下需用饱和食盐水洗涤有机液体。

152. 请回答制备乙酰乙酸乙酯中的有关问题：

（1）写出反应原理。

（2）写出主要反应步骤。

153. 简述用脂肪提取器提取茶叶中咖啡因的优点。

附　录

附录 1　基本操作索引

附录 2　常用试剂的共沸混合物

一、常见的有机溶剂与水形成的二元共沸物(水沸点 100 ℃)

溶剂	沸点/(℃)	共沸点/(℃)	含水量/(%)
氯仿	61.2	56.1	2.5
甲苯	110.5	85.0	20
四氯化碳	77.0	66.0	4.0
正丙醇	97.2	87.7	28.8
乙酸正丙酯	101.6	82.4	14
苯	80.1	69.2	8.8
异丁醇	108.4	89.9	88.2

续表

溶剂	沸点/(℃)	共沸点/(℃)	含水量/(%)
乙酸异丁酯	117.2	87.5	19.5
丙烯腈	77.3	70.0	13.0
二甲苯	137～140.5(混合)	92.0	37.5
二氯乙烷	83.7	72.0	19.5
正丁醇	117.7	92.2	37.5
乙酸正丁酯	126.2	90.2	28.7
乙腈	82.0	76.0	16.0
吡啶	115.5	94.0	42
乙醇	78.3	78.1	4.4
乙酸乙酯	77.0	70.4	8.0
异戊醇	132.5	95.1	49.6
乙酸异戊酯	142.1	93.8	36.2
正戊醇	137.5	95.4	44.7
环己醇	161.1	97.8	20.0
环己烯	83.3	90.0	29.2
环己酮	155.7	95.0	61.6
氯乙醇	129.0	97.8	59.0
乙醚	35	34	1.0
二硫化碳	46.5	44	2.0
甲酸	101	107	26
苯乙醚	170.4	97.3	59

二、常见有机溶剂间的共沸混合物

共沸混合物	组分的沸点/(℃)	共沸物的质量组成/(%)	共沸物的沸点/(℃)
乙醇-乙酸乙酯	78.3,77.0	30∶70	72.0
乙醇-苯	78.3,80.6	32∶68	68.2
乙醇-氯仿	78.3,61.2	7∶93	59.4
乙醇-四氯化碳	78.3,77.0	16∶84	64.9
乙酸乙酯-四氯化碳	77.0,77.0	43∶57	75.0
甲醇-四氯化碳	64.7,77.0	21∶79	55.7
甲醇-苯	64.7,80.4	39∶61	48.3
氯仿-丙酮	61.2,56.4	80∶20	64.7

续表

共沸混合物	组分的沸点/(℃)	共沸物的质量组成/(%)	共沸物的沸点/(℃)
甲苯-乙酸	110.5,118.5	72:28	105.4

附录3　常用有机溶剂沸点、密度表

名称	沸点/(℃)	密度 d_4^{20}
甲醇	64.96	0.7914
苯	80.10	0.8787
乙醇	78.5	0.7893
甲苯	110.6	0.8669
正丁醇	117.25	0.8098
二甲苯(混合)	137~140.0	约0.86
乙醚	34.51	0.7138
硝基苯	210.8	1.2037
丙酮	56.2	0.7899
氯苯	132.0	1.1058
乙酸	117.9	1.0492
氯仿	61.70	1.4832
乙酐	139.55	1.0820
四氯化碳	76.54	1.5940
乙酸乙酯	77.06	0.9003
二硫化碳	46.25	1.2632
乙酸甲酯	57.00	0.9330
乙腈	81.60	0.7854
丙酸甲酯	79.85	0.9150
二甲亚砜	189.0	1.1014
丙酸乙酯	99.10	0.8917
二氯甲烷	40.00	1.3266
二氧六环	101.1	1.0337
1,2-二氯乙烷	83.47	1.2351
N,N-二甲基甲酰胺	153	0.948
N,N-二甲基乙酰胺	166	0.9366(d_4^{25})
N-甲基吡咯烷酮	203	1.028

名称	沸点/(℃)	密度 d_4^{20}
环丁砜	285	1.261
吡啶	115.2	0.9819
四氢呋喃	66	0.985

附录 4　常用有机分析试剂的配制

1. 2,4-二硝基苯肼溶液

方法 1:在 15 mL 浓硫酸中,溶解 3 g 2,4-二硝基苯肼。另在 70 mL 95％乙醇里加 20 mL水,然后把硫酸苯肼倒入稀乙醇溶液中,搅动混合均匀即成橙红色溶液(若有沉淀应过滤)。

方法 2:将 1.2 g 2,4-二硝基苯肼溶于 50 mL 30％高氯酸溶液中,配好后储于棕色瓶中,不易变质。

方法 1 中配制的试剂,2,4-二硝基苯肼浓度较大,反应时沉淀多便于观察。

方法 2 中配制的试剂由于高氯酸盐在水中溶解度很大,因此便于检验水中醛且较稳定,长期贮存不易变质。

2. 卢卡斯(Lucas)试剂

将 34 g 无水氯化锌在蒸发皿中强热熔融,稍冷后放在干燥器中冷至室温。取出捣碎,溶于 23 mL 浓盐酸中(比重 1.187)。配制时须加以搅动,并把容器放在冰水浴中冷却,以防氯化氢逸出。此试剂一般是临用时配制。

3. 托伦(Tollens)试剂

方法 1:取 0.5 mL 10％硝酸银溶液于试管里,滴加氨水,开始出现黑色沉淀,再继续滴加氨水,边滴边摇动试管,滴到沉淀刚好溶解为止,得澄清的硝酸银氨水溶液,即托伦试剂。

方法 2:取一支干净试管,加入 1 mL 5％硝酸银,滴加 5％氢氧化钠 2 滴,产生沉淀,然后滴加 5％氨水,边摇边滴加,直到沉淀消失为止,此为托伦试剂。

无论方法 1 或方法 2,氨的量不宜多,否则会影响试剂的灵敏度。方法 1 配制的托伦试剂较方法 2 的碱性弱,在进行糖类实验时,用方法 1 配制的试剂较好。

4. 谢里瓦诺夫(Seliwanoff)试剂

将 0.05 g 间苯二酚溶于 50 mL 浓盐酸中,再用蒸馏水稀释至 100 mL。

5. 希夫(Schiff)试剂

在 100 mL 热水中溶解 0.2 g 品红盐酸盐,放置冷却后,加入 2 g 亚硫酸氢钠和 2 mL 浓盐酸,再用蒸馏水稀释至 200 mL。

或先配制 10 mL 二氧化硫的饱和水溶液,冷却后加入 0.2 g 品红盐酸盐,溶解后放置数小时使溶液变成无色或淡黄色,用蒸馏水稀释至 200 mL。

此外,也可将 0.5 g 品红盐酸盐溶于 100 mL 热水中,冷却后用二氧化硫气体饱和至粉红色消失,加入 0.5 g 活性炭,振荡过滤,再用蒸馏水稀释至 500 mL。

本试剂所用的品红是假洋红(Para-rosaniline 或 Para-Fuchsin),此物与洋红(Rosaniline

或 Fuchsin)不同。希夫试剂应密封贮存在暗冷处,倘若受热或见光,或露置空气中过久,试剂中的二氧化硫易失,结果又显桃红色。遇此情况,应再通入二氧化硫,使颜色消失后使用。但应指出,试剂中过量的二氧化硫愈少,反应就愈灵敏。

6. 0.1％茚三酮溶液

将 0.1 g 茚三酮溶于 124.9 mL 95％乙醇中,用时新配。

7. 饱和亚硫酸氢钠

先配制 40％亚硫酸氢钠水溶液,然后在每 100 mL 的 40％亚硫酸氢钠水溶液中,加不含醛的无水乙醇 25 mL,溶液呈透明清亮状。

由于亚硫酸氢钠久置后易失去二氧化硫而变质,所以上述溶液也可按下法配制:将研细的碳酸钠晶体($Na_2CO_3 \cdot 10H_2O$)与水混合,水的用量使粉末上只覆盖一薄层水为宜,然后在混合物中通入二氧化硫气体,至碳酸钠近乎完全溶解;或将二氧化硫通入 1 份碳酸钠与 3 份水的混合物中,至碳酸钠全部溶解为止。配制好后密封放置,但不可放置太久,最好是用时新配。

8. 饱和溴水

溶解 15 g 溴化钾于 100 mL 水中,加入 10 g 溴,振荡即成。

9. 莫立许(Molish)试剂

将 α-萘酚 2 g 溶于 20 mL 95％乙醇中,用 95％乙醇稀释至 100 mL,贮于棕色瓶中,一般用前配制。

10. 苯肼试剂

方法 1:将 5 g 苯肼盐酸盐溶于 100 mL 水中,必要时可加微热助溶,如果溶液呈深色,加活性炭共热,过滤后加 9 g 醋酸钠晶体(或用相同量的无水醋酸钠),搅拌使之溶解,贮于棕色瓶中。

方法 2:将 5 mL 苯肼溶于 50 mL 10％醋酸溶液中,加 0.5 g 活性炭。搅拌后过滤,把滤液保存于棕色试剂瓶中,苯肼试剂放置时间过久会失效。苯肼有毒! 使用时切勿与皮肤接触。如不慎触及,应用 5％ 醋酸溶液冲洗,再用肥皂洗涤。

方法 3:称取 2 g 苯肼盐酸盐和 3 g 醋酸钠混合均匀,于研钵内研磨成粉末即得盐酸苯肼-醋酸钠混合物,取 0.5 g 盐酸苯肼-醋酸钠混合物与糖液作用。

苯肼在空气中不稳定,因此,通常用较稳定的苯肼盐酸盐。因为,成脎反应必须在弱酸性溶液中进行,使用时必须加入适量的醋酸钠,以缓冲盐酸的酸度,所用醋酸钠不能过多。

11. 本尼迪克特(Benedict)试剂

把 4.3 g 研细的硫酸铜溶于 25 mL 热水中,待冷却后用水稀释至 40 mL。另把 43 g 柠檬酸钠及 25 g 无水碳酸钠(若用有结晶水的碳酸钠,则取量应按比例计算)溶于 150 mL 水中,加热溶解,待溶液冷却后,再加入上面所配的硫酸铜溶液,加水稀释至 250 mL,将试剂贮于试剂瓶中,瓶口用橡皮塞塞紧。

12. 淀粉碘化钾试纸

取 3 g 可溶性淀粉,加入 25 mL 水,搅匀,倾入 225 mL 沸水中,再加入 1 g 碘化钾及 1 g 结晶硫酸钠,用水稀释到 500 mL,将滤纸片(条)浸渍,取出晾干,密封备用。

13. 蛋白质溶液

取新鲜鸡蛋清 50 mL,加蒸馏水至 100 mL,搅拌溶解。如果浑浊,则加入 5％氢氧化钠至刚清亮为止。

14. 10％淀粉溶液

将 1 g 可溶性淀粉溶于 5 mL 冷蒸馏水中,用力搅成稀浆状,然后倒入 94 mL 沸水中,即得近于透明的胶体溶液,放冷使用。

15. β-萘酚碱溶液

取 4 g β-萘酚,溶于 40 mL 5％氢氧化钠溶液中。

16. 斐林(Fehling)试剂

斐林试剂由斐林试剂 A 和斐林试剂 B 组成,使用时将两者等体积混合,其配法分别如下。

斐林 A:将 3.5 g 含有 5 个结晶水的硫酸铜溶于 100 mL 的水中即得淡蓝色的斐林 A 试剂。

斐林 B:将 17 g 含有 5 个结晶水的酒石酸钾钠溶于 20 mL 热水中,然后加入含有 5 g 氢氧化钠的水溶液 20 mL,稀释至 100 mL 即得无色清亮的斐林 B 试剂。

17. 碘溶液

方法 1:将 20 g 碘化钾溶于 100 mL 蒸馏水中,然后加入 10 g 研细的碘粉,搅动使其全溶即得深红色溶液。

方法 2:将 1 g 碘化钾溶于 100 mL 蒸馏水中,然后加入 0.5 g 碘,加热溶解即得红色清亮溶液。

18. 酚酞试剂

把 0.1 g 酚酞溶于 100 mL 95％乙醇中得无色的酚酞乙醇溶液,本试剂在室温时变色范围的 pH 值为 8.2~10。

19. 次溴酸钠水溶液

在 2 滴溴中,滴加 5％氢氧化钠溶液,直到溴全溶且溶液红色褪掉呈淡蓝色为止。

20. 高碘酸-硝酸银试剂

将 25 mL 2％高碘酸钾溶液与 2 mL 浓硝酸和 2 mL 10％硝酸银溶液混合,摇动。如有沉淀析出,应过滤取透明溶液。

附录 5　常用干燥剂的性能及应用范围

干燥剂	适合干燥的物质	不适合干燥的物质	水量/(g/g)	活化温度/(℃)
氧化铝	烃,空气,氨气,氩气,氦气,氮气,氧气,氢气,二氧化碳,二氧化硫		0.2	175
氧化钡	有机碱,醇,醛,胺	酸性物质,二氧化碳	0.1	
氧化镁	烃,醛,醇,碱性气体,胺	酸性物质	0.5	800
氧化钙	醇,胺,氨气	酸性物质,酯	0.3	1000
硫酸钙	大多数有机物		0.066	235

续表

干燥剂	适合干燥的物质	不适合干燥的物质	水量/(g/g)	活化温度/(℃)
硫酸铜	醇,酯(特别适合苯和甲苯的干燥)		0.6	200
硫酸钠	氯代烷烃,氯代芳烃,醛,酮,酸		1.2	150
硫酸镁	酸,酮,醛,酯,腈	对酸敏感物质	0.2～0.8	200
氯化钙	氯代烷烃,氯代芳烃,酯,饱和脂肪烃,芳香烃,醚	醇,胺,苯酚,醛,酰胺,氨基酸,某些酯和酮	0.2(1H₂O) 0.3(2H₂O)	250
氯化锌	烃	胺,氨,醇	0.2	110
氢氧化钾	胺,有机碱	酸,苯酚,酯,酰胺,酸性气体,醛		
氢氧化钠	胺	酸,苯酚,酯,酰胺		
碳酸钾	醇,腈,酮,酯,胺	酸,苯酚	0.2	300
钠	饱和脂肪烃和芳香烃,烃,醚	酸,醇,醛,酮,胺,酯,氯代有机物,含水过高的物质		
五氧化二磷	烷烃,芳香烃,醚,氯代烷烃,氯代芳烃,腈,酸酐,酯	醇,酸,胺,酮,氟化氢和氯化氢	0.5	
硅胶 (6～16目)	绝大部分有机物	氟化氢	0.2	200～350
浓硫酸	惰性气体,氯化氢,氯气,一氧化碳,二氧化硫	基本不能与其他物质接触		
3A 分子筛	分子直径>3 Å	分子直径<3 Å	0.18	117～260
4A 分子筛	分子直径>4 Å	分子直径<4 Å,乙醇,硫化氢,二氧化碳、二氧化硫,乙烯,乙炔,强酸	0.18	250
5A 分子筛	分子直径>5 Å,如支链化合物和有 4 个碳原子以上的环	分子直径<5,如丁醇,正丁烷到正 22 烷	0.18	250

附录 6 常用危险化学品的使用与保存

　　根据常用的一些化学药品的危险性,化学药品大体上可分为易燃、易爆和有毒三类,现分述如下。

　　1. 易燃化学药品

　　可燃气体:氨、乙胺、氯乙烯、乙烯、煤气、氢气、硫化氢、甲烷、一氯甲烷、环氧乙烷等。

易燃液体：汽油、乙醚、乙醛、二硫化碳、石油醚、苯、甲苯、二甲苯、丙酮、乙酸乙酯、甲醇、乙醇等。

易燃固体：红磷、三硫化二磷、萘、铝粉、金属钠（钾）、四氢铝锂等，黄磷为能自燃固体。

从上可以看出，大部分有机溶剂均为易燃物质，如使用或保管不当极易引起燃烧事故，必须牢牢记住"点明火必须远离有机溶剂，操作易燃溶剂必须远离火源"的基本原则。要提高警惕！当实验使用明火时，要仔细察看周围是否有易燃溶剂；倾倒和存放有机溶剂时，务必远离火源。不要将大量易燃溶剂存放在实验室内，应当储存在危险品仓库中。废弃有机溶剂不可倒在水池和下水道中，以免引起下水道起火。严禁在有机化学实验室内吸烟。

2．易爆炸化学药品

下列化合物属于易爆混合物：臭氧化物、过氧化物、硝酸盐、氯酸盐、高氯酸盐、氮的氯化物、亚硝基化合物、重氮及叠氮化合物、雷酸盐、硝基化合物（三硝基甲苯、苦味酸盐）、乙炔化合物（乙炔金属盐）等。其中会自行爆炸的有高氯酸铵、硝酸铵、浓高氯酸、雷酸汞、三硝基甲苯等。

混合后易发生爆炸的有：高氯酸＋乙醇或其他有机物、高锰酸钾＋甘油或其他有机物、高锰酸钾＋硫酸或硫、硝酸＋镁或碘化氢、硝酸铵＋酯类或其他有机物、硝酸铵＋锌粉＋水、硝酸盐＋氯化亚锡、过氧化物＋铝＋水、硫＋氧化汞、金属钠或钾＋水。

氧化物与有机物接触，极易引起爆炸。在使用浓硝酸、高氯酸及过氧化氢等时，必须特别注意。

在实验中使用和操作这些化合物时要小心，严格遵守操作规程。

（1）进行可能会发生爆炸的实验时，必须在特殊设计的防爆炸地方进行；当使用可能发生爆炸的化学试剂时，必须做好个人防护，须戴面罩或防护眼镜，并在钢化玻璃通风橱内进行操作；设法减少药品用量或浓度，进行微量或半微量试验。对不了解性能的实验，切勿随意操作。

（2）在空气中混杂有易燃有机溶剂蒸气和易燃、易爆气体时，当其在空气中的含气量达到一定极限，遇明火就可能发生燃烧爆炸。因此，使用这些易燃溶剂和气体时，在实验前要严格检查体系是否有泄漏情况，使用氢气、乙炔气等，要注意保持室内空气流通，严禁明火，并防止产生火星，如敲击、鞋钉摩擦、马达炭刷或电器开关等都可能产生火花。

（3）苦味酸必须保存在水中，某些过氧化物（如过氧化苯甲酰）必须加水保存。使用过氧化物时还要注意勿与还原性物质接触，如过氧化苯甲酰不要与衣服、纸张、木材接触，否则也会引起着火爆炸。

（4）乙醚等醚类化合物及共轭多烯类化合物长期储存，会生成过氧化物，这些过氧化物遇热会发生爆炸，使用前必须检查有无过氧化物（用淀粉碘化钾试纸检验）。如果发现有过氧化物存在时，应立即用硫酸亚铁除去过氧化物，才能使用。具体方法为：可加入相当于乙醚体积五分之一的新配置的硫酸亚铁溶液（55 mL 水中加 3 mL 浓硫酸，再加 30 g 硫酸亚铁），剧烈振摇后分去水层即可。

（5）易燃易爆炸物质的残渣必须统一回收到指定容器内，经妥善处理消除其易燃易爆性后，才可作为一般化学废弃物处理。

（6）金属钠、钾遇水即发生燃烧爆炸，使用时必须十分谨慎。钠、钾应保存在液状石蜡或煤油中，装入铁罐中盖好，放在干燥处。

（7）对于易爆炸的固体，如重金属乙炔化物、苦味酸金属盐、三硝基甲苯等都不能重压或撞击，以免引起爆炸。对于这些危险物的残渣，必须小心销毁。例如，重金属乙炔化物可用浓盐酸或浓硝酸使它分解，重氮化合物可加水煮沸使它分解等。

3. 有毒化学药品

有机化学实验中的化学药品，有些是剧毒物，使用时必须十分谨慎；还有些试剂长期接触或接触过多，也会引起急性或慢性中毒，使用时也要小心。

实验室常见的有毒化学品如下。

有毒气体：溴、氯、氟、氢氰酸、氟化氢、溴化氢、氯化氢、二氧化硫、硫化氢、光气、氨、一氧化碳等均为窒息性或具刺激性气体。在使用这些气体或进行产生这些气体的实验时，必须在通风良好的通风橱内进行，并设法吸收有毒气体，减少环境污染。如遇大量有害气体逸至室内，应立即关闭气体发生装置，迅速停止实验，关闭火源、电源，离开现场。如有中毒，要立即抬至空气流通的地方，保温静卧，必要时做人工呼吸或给氧急救，并尽快请医生治疗。

强酸和强碱：硝酸、硫酸、盐酸、氢氧化钠、氢氧化钾等均刺激皮肤，有腐蚀作用，造成化学烧伤。强酸烟雾的吸入，可能灼伤呼吸道。打碎碱块要戴防护眼镜，稀释硫酸必须在搅拌下将硫酸慢慢倒入水中，切忌将水倒入硫酸中。

剧毒试剂：氰化物（如氰化钠、氰化钾）、硫酸二甲酯、汞、溴、金属钠（钾）、氯代烃、苯等。

氰化物及氰氢酸：毒性极强，致毒作用极快。空气中氰化氢含量达万分之三，数分钟内即可致人死亡；氰化物与酸作用或在空气中遇潮产生氰氢酸，沾及伤口或内服极小量均可迅速致死。使用时必须特别注意。氰化物必须密封保存，要有严格的领用保管制度，取用时必须戴口罩、防护眼镜及手套，手上有伤口时不得进行使用氰化物的实验。研碎氰化物时，必须用有盖研体，在通风橱内进行（不抽风）。使用过的仪器、桌面均应仔细收拾，用水冲净。手及脸亦应仔细洗净，实验服可能污染，必须及时换洗。

含氰化物废液的处理方法有 $FeSO_4$ 络合法、NaClO 氧化法、高锰酸钾氧化法等。文献报道 NaClO 氧化法比较方便易行，具体处理过程为：所有接触过氰化物的器具都在通风橱内用 NaClO 溶液荡洗，洗过的废液用碱调至 pH 值为 11，再用 NaClO 溶液淬灭残留的 CN^- 离子，每摩尔 CN^- 离子约需 500 mL 饱和 NaClO 溶液，彻底搅拌后静置过夜，第二天用氰根试纸检测氰化物浓度是否低至排放标准。

硫酸二甲酯是剧毒的油状液体，腐蚀刺激皮肤、黏膜和呼吸系统；损坏心、肝、肺、肾等内脏功能；影响神经和血液循环系统，其蒸气在空气中含量达 1% 时，如果吸入体内便有致命危险。进行使用硫酸二甲酯的实验，要事先戴好橡皮手套和口罩，切忌让毒品接触皮肤、五官及伤口。实验中遇到少量溅洒的硫酸二甲酯，可用氨水或稀的碱性溶液处理，氨水或稀的碱性溶液能使硫酸二甲酯迅速分解。

汞在室温下即能蒸发，毒性极强，能导致急性或慢性中毒。使用时必须注意室内通风，提纯或处理必须在通风橱内进行，如果泼翻，可用水泵减压收集，尽可能收集完全。无法收集的细粒，可用硫黄粉、锌粉或三氯化铁溶液清除。

液态溴可致皮肤烧伤，蒸气刺激黏膜，甚至可使眼睛失明。应用时必须在通风橱内进行。盛溴的玻璃瓶必须密塞后放在金属罐中，妥为存放，以免撞倒或打翻。如泼翻或打破，应立即用砂掩盖。如皮肤灼伤，应立即用稀乙醇洗或大量甘油按摩，然后涂以硼酸凡士林。

有机溶剂均为脂溶性液体，对皮肤黏膜有刺激作用，对神经系统有选择性刺激作用。如苯,不但刺激皮肤,还易引起顽固湿疹,对造血系统及中枢神经系统均有严重损害。再如甲醇,对视觉神经特别有害。在条件许可情况下,最好用毒性较低的石油醚、乙醚、丙酮、甲苯、二甲苯代替二硫化碳、苯和卤代烷类。

使用有毒药品时必须了解其性质与使用方法。不要沾污皮肤、吸入蒸气及溅入口中。最好在通风橱内操作,戴好防护眼镜及手套,小心开启瓶塞,以免破损散出。使用过的仪器应仔细冲洗干净,残渣废料丢在废物缸内。

只要掌握使用有毒物质的规则和防护措施,就可避免中毒或把中毒机会降低到最低程度,并且培养起敢于使用有毒物质的勇气。一般情况下,使用有毒试剂的实验应遵循以下规则:

(1) 有可能由呼吸道侵入的有毒物质,实验必须在通风橱内进行,并保持室内空气流畅。

(2) 有可能由皮肤黏膜侵入的有毒物质,实验时必须戴防护眼镜和手套,注意勿使试剂直接接触皮肤,手或皮肤有伤口时更要特别小心。

(3) 有可能由消化道侵入的有毒物质,这种情况不多,为防止中毒,任何药品不得用口尝味,严禁在实验室进食,实验结束后必须洗手。

(4) 使用有毒化学药品,操作时应注意不让剧毒物质掉在桌面上(最好在大搪瓷盘中操作)。操作完毕立即洗手。实验后,残渣和废液进行妥善处理(除毒),绝不可随意倒入下水道和废液缸内,造成环境污染。

附录 7　有机化学实验常用工具书

(1) 姚虎卿. 化工辞典[M]. 5 版. 北京:化学工业出版社,2014.

这是一部综合性化学化工辞书,是一本编排严谨、科学,检索系统完备且使用方便的化工案头工具书,收集词目 1 万余条。列有化合物分子式、结构式、物理常数和化学性质,对化合物制备和用途均有介绍。全书按汉字笔画排列,完善的(中、英文)检索系统可以非常方便地查到你所需内容。

通过《化工辞典》你可以了解化学化工各专业的概况及术语,确切地知道词汇所包含的概念和定义、基本性质、用途、制备方法等知识。

第五版修订注重突出化工基础理论、化工技术的应用与发展以及与化工相关专业交叉的技术,尤其着重于新词汇、新成果。

(2) Cadogan J I G,Ley S V,Pattenden G. Dictionary of Organic Compounds[M]. 6th ed. London,Chapmann & Hall,1996.

这套辞典列出了有机化合物的化学结构、物理常数、化学性质及其衍生物等,并附有制备的文献资料和美国化学文摘社登记号。全套书共 9 卷,收录常见有机化合物近 3 万余条,加上衍生物达 6 万余条。其中 1～6 卷为正文,按化合物名称的英文字母顺序排列,7～9 卷分别为化合物名称索引(Name lndex)、分子式索引(Molecular Formula Index)及化学文摘登录号索引(Chemical Abstracts Service Registry Number Index),本书第 6 版已有光盘版问世。该辞典第 3 版有中译本,即《汉译海氏有机化合物辞典》,由科学出版社出版。

(3) Maryadele J O'Neil,Patricia E H,Cherie B K,et al. The Merck Index[M]. 15th

ed. The Royal Society of Chemistry,2013.

这是英国皇家化学会出版的一部有机化合物、药物大辞典,共收集了 1 万多种化合物的性质、结构式,组成元素百分比,毒性数据,标题化合物的衍生物,制备方法及参考文献等。卷末附有分子式和名称索引,该索引目前有印刷版、光盘版和网络版三种出版形式。

(4) John R R. CRC Handbook of Chemistry aud Physics[M]. 101st ed. CRC Press,2020.

这是美国化学橡胶公司出版的一本化学与物理手册。自 1913 年出版以来,几乎每年再版一次。内容包括数学用表、元素和无机化合物、有机化合物、普通化学、普通物理常数及其他等六个方面。其中共列有 1.5 万余条有机化合物的物理常数,按有机化合物名称的英文字母顺序排列,书中还附有分子式索引。

(5) Furniss B S,Hannaford A J,Smith P W G,et al, Vogel's Textbook of Practical Organic Chemistry,5th ed. England,Longman Scientific & Technical,1989.

这是一部经典的有机实验教科书,初版于 1948 年,1989 年已出至第 5 版。内容包括实验操作技术、有机反应基本原理、实验步骤及有机分析。其中所列实验步骤详尽。

(6) 韩广甸.有机制备化学手册[M].北京:石油化学工业出版社,1977.

本套书是常用的有机合成参考书,共分 3 卷,包括实验操作技术、溶剂的精制、辅助试剂的制备、典型有机反应的基本理论以及制备方法,其中列有 451 种有机化合物的详尽制备步骤。

(7) Danheiser R L,Carreira E M,Davies H M L,et al. Organic Syntheses[M]. New York,John Wiley & Sons,Inc. ,1932.

本书自 1932 年开始出版,到 2020 年已出至 97 卷,其中每 10 卷合订成一册(例如,40～49 卷合订本为 Ocganic Syntheses Collective Volume 5),每卷约提供 30 个化合物的合成方法,步骤详尽,而且每个编入的实验都经专人复核,十分可靠。许多合成方法都具一定的通用性,可用于类似化合物的合成。

(8) 樊能廷.有机合成事典[M].北京:北京理工大学出版社,1992.

本书收录常用有机化合物 1700 余种,按反应类型编录,对每种有机化合物的品名、化学文摘登录号、英文名、别名、分子式、相对分子量、物理性质、合成反应、操作步骤及参考文献均有介绍,并附有分子索引式。

(9) Beilstein F K. Beilsteins Handbuch der organischen Chemie[M]. Berlin:Springer-Verlag,1918.

《Beilstein 有机化学大全》是一本十分完备的有机化学工具书,该书从 1918 年开始出版,该版又称正编(Hauptwerk),收集了 1918 年以前所有的有机化合物数据,后来又出版续集(Erganzungswerke)。该手册内容非常丰富,不仅介绍了化合物的来源、性质、用途及分析方法,而且还附有原始文献,极具参考价值。该手册虽然是以德文编写,但是对于懂英文的人来说,通过分子式索引(Formelregister),也可以获得不少信息。另外,本书第五续编已经用英文来编写,检索起来就更方便了。

(10) Simons W W. Standard Spectra Collection[M]. Philadelphia:Sadler Research Laboraries,1978.

《萨德勒标准光谱图集》是由美国费城萨德勒研究实验室连续出版的活页光谱图集。该图集收集有标准红外光谱、标准紫外光谱、核磁共振谱、标准 C-13 核磁共振谱、标准荧光光谱、标准拉曼光谱等。其中包括 48000 幅标准红外光栅光谱、59000 幅标准红外棱镜光谱及 32000 幅核磁共振谱。Sadler Research Laboraries 现改名为 Informatics Division，Bio-Rad Laboratories，Inc.（伯乐公司信息部），收藏有世界上最全面、最优秀的光谱，包括 259000 幅红外谱图、3800 幅近红外谱图、4465 幅拉曼谱图、560000 幅核磁谱图、200000 幅质谱谱图、21000 幅紫外-可见光谱图以及未数码化的气相色谱谱图。现在其光谱数据由 Wiley 光谱数据库（网址：https：//sciencesolutions. wiley. com/光谱数据库/？ lang＝zh-hans）提供。

附录 8　实验习题集锦参考答案

一、判断题

1. √	2. ×	3. √	4. ×	5. ×	6. √	7. ×	8. ×	9. √	10. ×
11. √	12. ×	13. ×	14. ×	15. √	16. ×	17. ×	18. √	19. ×	20. √
21. ×	22. ×	23. √	24. ×	25. √	26. ×	27. ×	28. ×	29. ×	30. √
31. √	32. √	33. √	34. √	35. √	36. √	37. √	38. √	39. √	40. √
41. ×	42. ×	43. √	44. √	45. √	46. √	47. ×	48. ×	49. √	50. √
51. ×	52. ×	53. √	54. √	55. √	56. √	57. √	58. √	59. ×	60. √
61. ×	62. √	63. √	64. √	65. √	66. √	67. √	68. √	69. √	70. ×
71. √	72. √	73. √	74. √	75. √	76. √	77. √	78. √	79. √	80. √
81. √	82. √	83. √	84. √	85. √	86. √	87. √	88. √	89. √	90. √
91. √	92. √	93. √	94. √	95. √	96. √	97. √	98. √	99. √	100. ×
101. √	102. ×	103. √	104. ×	105. ×	106. ×	107. √	108. √	109. ×	110. ×
111. √	112. √	113. ×	114. ×	115. √	116. ×	117. √	118. ×	119. √	120. ×
121. ×	122. ×	123. √	124. √	125. ×	126. ×	127. √	128. ×	129. √	130. ×
131. ×									

二、选择题

1. D	2. A	3. ABC	4. C	5. C	6. B	7. C
8. C	9. D	10. B	11. B	12. B	13. A	14. A
15. C	16. B	17. C	18. ABCD	19. B	20. ABCD	21. C
22. B	23. B	24. A	25. A	26. D	27. D	28. C
29. A	30. D	31. A	32. C	33. D	34. C	35. A
36. B	37. ABC	38. B	39. A	40. AD	41. B	42. A
43. A	44. B	45. C	46. A	47. C	48. A	49. A
50. A	51. D	52. C	53. C	54. A	55. C	56. C
57. D	58. B	59. A	60. C	61. B	62. C	63. C
64. C	65. B	66. C	67. B	68. B	69. GFAC	70. B
71. B	72. B	73. C	74. D	75. D	76. B	77. B

78. C	79. A	80. B	81. A	82. A	83. B	84. B
85. A	86. ABC	87. D	88. B	89. D	90. C	91. C
92. C	93. B	94. C	95. D	96. A	97. C	98. A
99. C	100. B	101. A	102. A	103. C		

三、填空题

1. 常压过滤;减压过滤

2. 实际产量;理论产量

3. 1～1.2 mm;70～80 mm;2～3 mm;均匀;结实

4. 熔点;沸点

5. 慢

6. 不同的;相同的

7. 熔程(熔点距、熔点范围);熔点;熔程

8. 下降;变宽

9. 外界大气压;气压;低

10. 先;后;不挥发物质

11. 乙醚;丙酮

12. 掺有杂质;降低

13. 蒸馏

14. 固液两态在 1 个大气压下达成平衡时的温度;样品从初熔至全熔的温度范围;降低;变长

15. 加大;缓慢;1～2 ℃

16. 101.13 kPa 压力下,液体沸腾时的温度

17. 提勒管上下两支管口之间;温度计水银球的中间

18. 加大;偏高

19. 液状石蜡或甘油;浓硫酸与硫酸钾的饱和溶液;磷酸(可加热到 300 ℃);硅油(可加热到 350 ℃的硅油,还有一种可加热到 250 ℃的硅油)

20. 液态有机化合物;挥发性物质;不挥发性物质

21. 空气冷凝管

22. 220 ℃;硅油

23. 上限

24. 通冷凝水;加热

25. 浑浊状;澄清

26. 纸片

27. 1～2 倍;上面漏斗口倒出;活塞放出

28. 溶质移动的距离/溶剂移动的距离

29. 硅胶;Al_2O_3

30. 吸附;分配;吸附-解吸;分配-再分配

31. 吸附色谱;分配色谱;离子交换色谱;柱色谱;薄层色谱;纸色谱

32. 薄层板的制备;点样;展开溶剂的配制;展开;显色;比移值的计算

33. 硅胶;氧化铝;纤维素;硅胶;硅藻土

34. 吸附剂的含水量;吸附剂的粒度;洗脱溶剂的极性;洗脱溶剂的流速

35. 硅胶;氧化铝

36. 吸附色谱;分配色谱

37. 分馏柱

38. 1/2;圆底烧瓶

39. 分馏

40. 水;乙醇

41. 4∶1

42. 分馏

43. 干燥管;空气中的水分

44. 水银球的上沿与蒸馏头支管口下沿在同一直线上

45. 防止暴沸;沸石;素烧瓷片(或一端封闭的毛细管)

46. 1/3~2/3

47. 固体;焦油状;氧化分解;高沸点

48. 馏出液无油珠

49. 不溶或难溶于水;在沸腾时与水长期并存但不发生化学反应;在 100 ℃ 左右,被提纯物质应具有一定的蒸气压(一般不小于 1.3332 kPa)

50. 停止蒸馏

51. 水蒸气蒸馏

52. 除去未反应的正丁醇;1-丁烯;正丁醚;除去部分硫酸;水溶性杂质;Na_2CO_3;中和残余的硫酸;除去残留的碱、硫酸盐及水溶性杂质

53. 游离的溴;亚硫酸氢钠水溶液洗涤

54. 被吸收气体的物理、化学性质;水;氢氧化钠溶液

55. 正丁醇;正丁烯;正丁醚

56. 水和水共沸物;醚

57. 正丁醇;正丁醚;水

58. 分水器

59. 气泡;沸腾中心;暴沸

60. 磨口;调好压力;加热;调整压力;加热;加热;系统与大气相通;停泵

61. 酸性气体;水;有机气体;水

62. 沸点;真空度

63. 低沸点的物质;蒸馏;有机蒸气;泵油;油泵

64. 克氏蒸馏烧瓶;冷凝管;两尾或多尾真空接引管;接收器;水银压力计;温度计;毛细管(副弹簧夹);干燥塔;缓冲瓶;减压泵

65. 过滤和洗涤速度快;固体和液体分离比较完全;滤出的固体容易干燥

66. 1/3~2/3;水浴;油浴;酒精灯

67. 从下到上;从左到右

68. 氯化钙,氢氧化钠,石蜡

69. 酸性气体

70. 通大气、关泵

71. 烃;醚

72. 水分;分离净;水层

73. 防止空气中的水蒸气侵入,影响产率

74. 物质在两种不互溶的溶剂中溶解度不同

75. 长时间静置;加入少量电解质;加热。

76. 相似相溶;溶解度;不相溶

77. 墨绿

78. 简易水蒸气蒸馏法

79. 固体;焦油状;氧化分解;高沸点

80. 苯甲醛;丙酸酐;丙酸钾或碳酸钾;苯甲醛;丙酸钾;水蒸气蒸馏;酸化后,冷却,过滤掉母液

81. $CuSO_4$、酒石酸钾钠;NaOH 溶液

82. K_2CO_3

83. 苯甲醛;共沸

84. 空气冷凝管;碳酸钠;浓盐酸

85. 有色有机

86. 乙醚;脂肪烃;芳烃

87. 乙醇钠

88. 硫酸;氯化氢;对甲苯磺酸

89. 活性炭

90. 乙酸;乙酸酐;乙酰氯

91. 保护氨基;降低氨基定位活性

92. 3%;萃取;色谱

93. 20%;1%~3%

94. 预热

95. 冰醋酸;锌粉;刺形分馏柱;100~110 ℃

96. 乙酰苯胺的制备;对氨基苯磺酸的制备

97. 固体;升高;增大;减少;过饱和溶液

98. 100~110 ℃;蒸出反应中生成的水,且尽可能避免醋酸蒸出;读数下降

99. 水蒸气蒸馏

100. 0~5 ℃;分解

101. 升华

102. 固体;气化为蒸气;蒸气又直接冷凝

103. KI 淀粉溶液;溶液变蓝;加入 $FeSO_4$ 溶液,振荡分液

104. Molish

105. 砖红;水解产物有还原性糖

四、问答题

1. 答:学生实验中经常使用的冷凝管有直形冷凝管、球形冷凝管、空气冷凝管及刺形分馏柱等。直形冷凝管一般用于沸点低于 140 ℃ 的液体有机化合物的沸点测定和蒸馏操作中;沸点大于 140 ℃ 的有机化合物的蒸馏可用空气冷凝管。球形冷凝管一般用于回流反应,即有机化合物的合成装置中(因其冷凝面积较大,冷凝效果好);刺形分馏柱用于精馏操作中,即用于沸点差别不太大的液体混合物的分离操作中。

2. 答:反应中生成的有毒和刺激性气体(如卤化氢、二氧化硫)或反应时通入反应体系而没有完全转化的有毒气体(如氯气),进入空气中会污染环境,此时要用气体吸收装置吸收有害气体。选择吸收剂要根据被吸收气体的物理、化学性质来决定。可以用物理吸收剂,如用水吸收卤化氢;也可以用化学吸收剂,如用氢氧化钠溶液吸收氯和其他酸性气体。

3. 答:在有机实验中,有两种情况使用蒸出反应装置:一种情况是反应是可逆平衡的,随着反应的进行,常用蒸出装置随时将产物蒸出,使平衡向正反应方向移动;另一种情况是反应产物在反应条件下很容易进行二次反应,需及时将产物从反应体系中分离出来,以保持较高的产率。蒸出反应装置有三种形式:蒸馏装置、分馏装置和回流分水装置。

4. 答:有机实验中常用的冷却介质有自来水、冰-水、冰 盐-水等,分别可将被冷却物冷却至室温、室温以下及 0 ℃ 以下。

5. 答:因为直接用火焰加热,温度变化剧烈且加热不均匀,易造成玻璃仪器损坏;同时,由于局部过热,还可能引起有机物的分解,以及缩合、氧化等副反应发生。间接加热方式和应用范围如下:在石棉网上加热,但加热仍很不均匀。水浴加热,被加热物质温度只能达到80 ℃ 以下,需加热至 100 ℃ 时,可用沸水浴或水蒸气加热。电热套空气浴加热,对沸点高于80 ℃ 的液体原则上都可使用。油浴加热,温度一般为 100～250 ℃,可达到的最高温度取决于所用油的种类,如甘油适用于 100～150 ℃;透明石蜡油可加热至 220 ℃,硅油或真空泵油在 250 ℃ 时仍很稳定。砂浴加热,可达到数百度以上。熔融盐加热,等量的 KNO_3 和 $NaNO_3$ 在 218 ℃ 熔化,在 700 ℃ 以下稳定,含有 $40\%NaNO_2$、7% $NaNO_3$ 和 $53\%KNO_3$ 的混合物,在 142 ℃ 熔化,使用范围为 150～500 ℃。

6. 答:除去液体化合物中的有色杂质,通常采用蒸馏的方法,因为杂质的相对分子质量大,留在残液中。除去固体化合物中的有色杂质,通常采用在重结晶过程中加入活性炭的方法,有色杂质吸附在活性炭上,在热过滤一步除去。除去固体化合物中的有色杂质应注意:(1)加入活性炭要适量,加多会吸附产物,加少,颜色脱不掉;(2)不能在沸腾或接近沸腾的温度下加入活性炭,以免暴沸;(3)加入活性炭后应煮沸几分钟后才能热过滤。

7. 答:减压过滤的优点有:(1)过滤和洗涤速度快;(2)固体和液体分离比较完全;(3)滤出的固体容易干燥。装置图如右图所示。

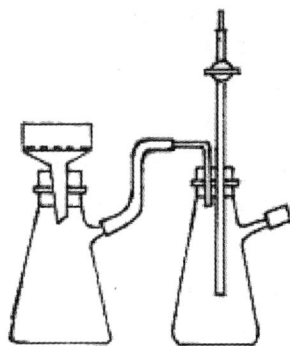

减压过滤装置

8. 答:冷凝管通水是由下而上,反过来不行。因为这样冷凝管不能充满水,由此可能带来两个后果:其一,气体的冷凝效果不好;其二,冷凝管的内管可能炸裂。

9. 答:用抽真空的方法,可以降低蒸馏装置内的大气压力,从而降低液体表面分子逸出所需的能量,达到降低液体沸点的目的。

10. 答:(1)安装仪器,检查不漏气后,加入待蒸馏的液体,其量不得超过蒸馏瓶的一半。(2)打开减压系统,调节毛细管的螺旋夹,使液体维持有连续的小气泡产生,待压力恒定后开始加热。(3)蒸完后,应先移去加热浴,待蒸馏瓶冷却后慢慢打开安全瓶上的活塞放气和关闭抽气泵,否则有些化合物易氧化,加热时突然放入大量空气而可能发生爆炸。

11. 答:蒸馏时,最好控制馏出液的流出速度为 1~2 滴/秒。因为此速度能使蒸馏平稳,使温度计水银球始终被蒸汽包围,从而无论是测定沸点还是集取馏分,都将得到较准确的结果,避免了由于蒸馏速度太快或太慢造成测量误差。

12. 答:液体的沸点是指它的蒸气压等于外界压力时的温度,因此液体的沸点是随外界压力的变化而变化的,如果借助于真空泵降低系统内压力,就可以降低液体的沸点,这便是减压蒸馏操作的理论依据。

蒸馏完毕,除去热源,慢慢旋开夹在毛细管上的橡皮管的螺旋夹,待蒸馏瓶稍冷后再慢慢开启安全瓶上的活塞,平衡内外压力(若开得太快,水银柱很快上升,有冲破测压计的可能),然后才关闭抽气泵;否则,发生倒吸。

13. 答:利用蒸馏和分馏来分离混合物的原理是一样的,实际上分馏就是多次的蒸馏。分馏是借助于分馏柱使一系列的蒸馏不需多次重复,一次得以完成的蒸馏。

现在,最精密的分馏设备已能将沸点相差仅 1~2 ℃ 的混合物分开,所以两种沸点很接近的液体组成的混合物能用分馏来提纯。

14. 答:在分馏时通常用水浴或油浴,使液体受热均匀,不易产生局部过热,这比直接用火焰加热要好得多。

15. 答:(1)熔点管壁太厚,影响传热,其结果是测得的初熔温度偏高。(2)熔点管不洁净,相当于在试料中掺入杂质,其结果将导致测得的熔点偏低。(3)试样研得不细或装得不实,这样试料颗粒之间空隙较大,而空隙之间为空气所占据,而空气导热系数较小,结果导致熔距加大,测得的熔点数值偏高。(4)加热太快,则热浴体温度大于热量转移到待测样品中的转移能力,而导致测得的熔点偏高,熔距加大。(5)若连续测几次时,当第一次完成后需将溶液冷却至原熔点温度的二分之一以下,才可测第二次。不冷却,马上做第二次测量,测得的熔点偏高。(6)提勒管法熔点测定的缺点是温度分布不太均匀,若温度计歪斜或熔点管与温度计不附贴,这样所测数值会有不同程度的偏差。

16. 答:不可以。因为有时某些物质会发生部分分解,有些物质则可能转变为具有不同熔点的其他结晶体。样品也没有研细。

17. 答:(1)说明 A、B 两个样品不是同一种物质,一种物质在此充当了另一种物质的杂质,故混合物的熔点降低,熔程增宽。(2)除少数情况(如形成固熔体)外,一般可认为这两个样品为同一化合物。

18. 答:测定熔点时,常用的热浴有水、液状石蜡、甘油、浓硫酸、磷酸、硅油以及浓硫酸与硫酸钾按一定比例配制的饱和溶液等。可根据被测物的熔点范围选择导热液,如:(1)被测物熔点<100 ℃时,可选用水(要求无水操作的实验不能用水);(2)被测物熔点<140 ℃时,可选用甘油(甘油可加热至 140~150 ℃,过高时会分解);(3)被测物熔点<200 ℃时,可

选用液状石蜡;(4)被测物熔点<250 ℃时,可选用硅油;(5)被测物熔点介于 220～250 ℃时,也可以选用浓硫酸,但不要超过 250 ℃,因此时浓硫酸产生白烟,妨碍观察温度计的读数;(6)被测物熔点>250 ℃时,可选用浓硫酸与硫酸钾的饱和溶液,浓硫酸：硫酸钾＝7：3(重量)可加热到 325 ℃,浓硫酸：硫酸钾＝3：2(重量)可加热到 365 ℃,还可用磷酸(可加热到 300 ℃)。

19. 答:该图有以下五处错误:(1)加热位置应在提勒管的侧臂端点处,以保证热浴体呈对流循环,温度分布均匀。(2)温度计水银球应位于提勒管上下两交叉管口中间,试料应位于温度计水银球的中间,以保证试料均匀受热、测温准确。(3)试样位置应处于温度计水银球中间位置,所测的熔点才能跟温度计一致。(4)橡皮圈浸入热浴体中,易因橡皮圈溶胀而使熔点管脱落而污染热浴体。(5)应使用有缺口的软木塞,以防因管内空气膨胀将塞子冲出;另一方面便于观察温度。

20. 答:用提勒管法测定熔点时应注意:(1)热浴的选择(根据被测物的熔点范围选择热浴)。(2)热浴的用量(以热浴的液位略高于提勒管上叉口为宜)。(3)试料应研细且装实。(4)样品管应均匀且一端要封严(直径＝1～1.2 mm,长度＝70～80 mm 为宜)。(5)安装要正确,掌握"三个中部",即温度计有一个带有沟槽的单孔塞固定在提勒管的中轴线上,试料位于温度计水银球的中部,水银球位于提勒管上、下交叉口中间部位。(6)加热部位要正确,加热提勒管侧臂端点处。(7)控制好升温速度。

21. 答:(1)在一个大气压下,一种液体的蒸气压受热增大到与外界液面上的大气压力相等时的温度,就称为该液体的沸点。

(2)沸点测定方法有常量法和微量法。

常量法主要是用蒸馏法测定沸点,通常把液体蒸馏时冷凝管开始滴下第一滴液体时的温度称为初馏温度,蒸馏接近完毕时的温度称为末馏温度,两个温度之差称为沸程,两个温度的平均值称为沸点。因为纯液态化合物在蒸馏过程中的沸点范围很小(0.5～1 ℃),故蒸馏可以用来测定沸点。蒸馏法测定沸点操作比较简便,能比较准确测出有机物的沸点,但对试样量要求较大。

微量法测定沸点的原理是,封闭在毛细管内的样品蒸气受热后,由于气体膨胀,会从毛细内管以小气泡形式缓缓逸出。当温度上升到比沸点稍高时,管内会有一连串的小气泡快速而连续逸出,表明毛细管内压力超过了大气压。这时停止加热,使样品液自行冷却,气泡逸出的速度随即渐渐减慢。在最后一个气泡不再冒出并要缩回内管(此时液体的蒸气压力等于外界大气的压力)的温度,就是该液体的沸点。微量法样品的用量少,适合样品量比较少的液体沸点的测定。

22. 答:(1)纯化合物从开始融化(始熔)至完全融化(全熔)的温度范围称为熔程。(2)纯物质有固定的熔点,不纯物质的熔点不固定,熔程较大。混合后熔点会下降。(3)当样品出现液滴(坍塌,有液相产生)时为始熔,全部样品变为澄清液体时为全熔。

23. 答:(1)熔点管的制备。注意封口要严密。(2)样品的装入。样品的高度为 2～3 mm,装样要结实。(3)仪器的安装。(4)熔点的测定。加热先快后慢(距熔点 10 ℃左右时控制升温速度为每分钟不超过 1～2 ℃)。先粗测,再精确测量。记录初熔和全熔温度的读数,初熔至全熔的温度记录为该物质的熔程。

24. 答:将液体加热,其蒸气压增大到和外界施于液面的总压力(通常是大气压力)相等时,液体沸腾,此时的温度即为该液体的沸点。文献上记载的某物质的沸点不一定为我们那里的沸点。通常文献上记载的某物质的沸点,如不加说明,一般是一个大气压时的沸点。如果我们那里的大气压不是一个大气压的话,该液体的沸点会有变化。

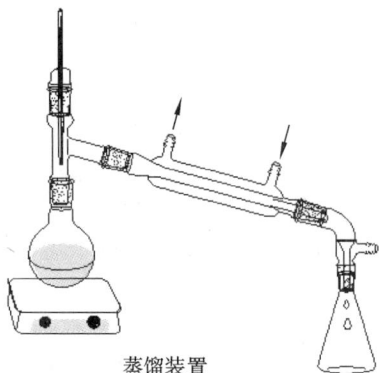

蒸馏装置

25. 答:蒸馏装置图如左图所示。蒸馏操作注意事项如下:

(1) 蒸馏前要检查是否加了沸石;

(2) 检查是否通冷凝水;

(3) 检查温度计水银球的上限与支管的下限是否在同一水平线上;

(4) 液体体积是否为蒸馏烧瓶体积的 $1/3 \sim 2/3$;

(5) 整个装置是否在同一条直线上。

26. 答:纯粹的液体有机化合物,在一定的压力下具有一定的沸点,但是具有固定沸点的液体不一定都是纯粹的化合物,因为某些有机化合物常和其他组分形成二元或三元共沸混合物,它们也有一定的沸点,但却是混合物,而不是单纯物质。

27. 答:(1)薄层色谱又称薄层层析(TLC),是将吸附剂均匀地铺在玻璃板上作为固定相,经干燥、活化、点样后,在展开剂中展开。当展开剂沿薄板上升时,混合样品在展开剂中的溶解能力和被吸附能力不同,最终将各组分分开。(2)①制板。薄层厚度 $0.25 \sim 1$ mm,表面平整,没有团块。②点样。点样次数适当,斑点直径为 $1 \sim 2$ mm。③展开。展开液高度低于点样点。④显色。⑤描点,计算 R_f 值。(3)$R_f =$ 溶质移动的距离/溶液移动的距离。

28. 答:色谱法又称色层法或层析法,是一种物理化学分析方法,它是利用混合物各组分在某一物质中的吸附或溶解性能或分配性能的差异,或亲和性的不同,使混合物的溶液流经该种物质进行反复的吸附-解吸或分配-再分配作用,从而使各组分得以分离。按分离原理可分为吸附色谱、分配色谱、离子交换色谱和空间排阻色谱;按操作条件的不同可分为柱色谱、薄层色谱、纸色谱、气相色谱以及高效液相色谱等。

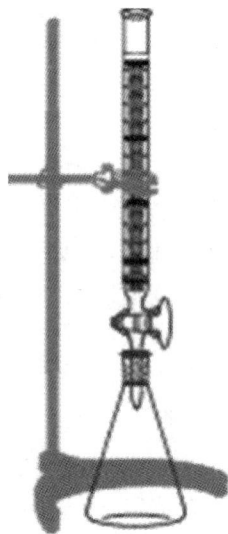

柱层析装置

29. 答:首先取一块板,画上点样线,标上点样点,在一边点上反应原料,另一边点上反应液,然后进行展开。如在反应液点的展开途径上可观察到原料点,那么说明原料没有反应完;如果观察不到原料点,那说明反应完全。

30. 答:柱层析装置如右图所示。

基本操作过程:(1)装柱。关闭下部阀门,往柱中倒入少量洗脱溶剂,放入少许脱脂棉花,将用洗脱溶剂润湿好的填料倒入柱中,打开阀门,让溶剂流出,并不时敲打层析柱。当溶剂流至填料界面时,关闭阀门。(2)加样。将样品溶液沿壁慢慢加入柱中,打开阀门,让样液进入填料中。当样液流至填料界面时,关闭阀门。用少量的洗脱液洗涤内壁,打开阀门,让液体进入填料。至填料界面时,关闭阀门。加入一薄层新填料。(3)洗脱和分离。加入洗脱液进行洗脱和分离。

注意事项:①柱的装填要紧密均匀;②样液不能过多;③洗脱时不能破坏样品界面;④洗脱速度不能快。

31. 答:如有气泡存在,将降低分离能力,因为气泡的存在变相地减少了作用位点,减弱了填料与物质之间的作用力。此外,当柱内有气泡时,大量淋洗剂顺气泡外壁流下,在气泡下方形成沟流,使后一色带前沿的一部分突出伸入前一色带,从而使两色带难以分离。因此,为了避免该情况的发生,在装填层析柱时,要不断地敲打柱壁,且要避免干柱。

32. 答:利用分馏柱使几种沸点相近的混合物得到分离和纯化,这种方法称为分馏。利用分馏柱进行分馏,实际上就是在分馏柱内使混合物进行多次气化和冷凝。当上升的蒸气与下降的冷凝液互相接触时,上升的蒸气部分冷凝放出热量使下降的冷凝液部分气化,两者之间发生了热量交换。其结果是,上升蒸气中易挥发组分增加,而下降的冷凝液中高沸点组分增加。如果继续多次,就等于进行了多次的气液平衡,即达到了多次蒸馏的效果。这样,靠近分馏柱顶部易挥发物质的组分的比率高,而在烧瓶中高沸点的组分的比率高,当分馏柱的效率足够高时,开始从分馏柱顶部出来的几乎是纯净的易挥发组分,而最后烧瓶里残留的几乎是纯净的高沸点组分。

33. 答:(1)在仪器装配时应使分馏柱尽可能与桌面垂直,以保证上面冷凝下来的液体与下面上升的气体进行充分的热交换和质交换,提高分离效果。(2)根据分馏液体的沸点范围,选用合适的热浴加热,不要在石棉网上直接用火加热。用小火加热热浴,以便使浴温缓慢而均匀地上升。(3)液体开始沸腾,蒸气进入分馏柱中时,要注意调节浴温,使蒸气缓慢而均匀地沿分馏柱壁上升。若室温低或液体沸点较高,应将分馏柱用石棉绳或玻璃布包裹起来,以减少柱内热量的损失。(4)当蒸气上升到分馏柱顶部,开始有液体馏出时,应密切注意调节浴温,控制馏出液的速度为每 2～3 秒一滴。若分馏速度太快,产品纯度下降;若速度太慢,会造成上升的蒸气时断时续,馏出温度波动。(5)根据实验规定的要求,分段集取馏分。实验结束时,称量各段馏分。

34. 答:韦氏(Vigreux)分馏柱,又称刺形分馏柱,它是一根每隔一定距离就有一组向下倾斜的刺状物,且各组刺状物间呈螺旋状排列的分馏管。使用该分馏柱的优点是:仪器装配简单,操作方便,残留在分馏柱中的液体少。

35. 答:加饱和食盐水的目的是利用盐析作用,降低环己烯的溶解度,提高环己烯的收率。

36. 答:因为环己烯可以和水形成二元共沸物,如果蒸馏装置没有充分干燥而带水,在蒸馏时则可能因形成共沸物使前馏分增多而降低产率。

37. 答:(1)取少量产品,向其中滴加溴的四氯化碳溶液,若溴的红棕色消失,说明产品是环己烯。(2)取少量产品,向其中滴加冷的稀高锰酸钾碱性溶液,若高锰酸钾的紫色消失,说明产品是环己烯。

38. 答:该实验只涉及两种试剂:环己醇和 85% 磷酸。磷酸有一定的氧化性,混合不均,磷酸局部浓度过高,高温时可能使环己醇氧化,但低温时不能使环己醇变红。那么,最大的可能就是工业环己醇中混有杂质。工业环己醇是由苯酚加氢得到的。如果加氢不完全或精制不彻底,会有少量苯酚存在,而苯酚却极易被氧化成带红色的物质。因此,本实验现象可能就是少量苯酚被氧化的结果。将环己醇先后用碱洗、水洗涤后,蒸馏得到的环己醇,再加磷酸,若不变色,则可证明上述判断是正确的。

39. 答:磷酸做脱水剂比用浓硫酸做脱水剂的优点是:(1)磷酸的氧化性小于浓硫酸,不易使反应物碳化;(2)无刺激性气体 SO_2 放出。

40. 答:(1)环己醇的黏度较大,尤其室温低时,量筒内的环己醇很难倒净而影响产率。(2)磷酸和环己醇混合不均,加热时产生碳化。(3)反应温度过高、馏出速度过快,使未反应的环己醇因与水形成共沸混合物馏出而影响产率。(4)干燥剂用量过多或干燥时间过短,致使最后蒸馏的前馏分增多而影响产率。

41. 答:因为反应中环己烯与水形成共沸混合物(沸点 70.8 ℃,含水 10%);环己醇与环己烯形成共沸混合物(沸点 64.9 ℃,含环己醇 30.5%);环己醇与水形成共沸混合物(沸点 97.8 ℃,含水 80%),因此,在加热时温度不可过高,蒸馏速度不易过快,以减少未反应的环己醇蒸出。

42. 答:用量筒做接收器有利于用吸管准确移出反应生成的水。

43. 答:(1)控制分馏柱顶部的温度,是为了减少未作用的环己醇蒸出。(2)加入食盐使水层饱和的目的是起到盐析的作用,减小环己烯在水溶液中的溶解度。

44. 答:当某两种或三种液体以一定比例混合,可组成具有固定沸点的混合物,将这种混合物加热至沸腾时,在气液平衡体系中,气相组成和液相组成一样,故不能使用分馏法将其分离出来,只能得到按一定比例组成的混合物,这种混合物称为共沸混合物或恒沸混合物。

45. 答:在整个蒸馏过程中,应使温度计水银球上常有被冷凝的液滴,让水银球上液滴和蒸气温度达到平衡。所以要控制加热温度,调节蒸馏速度,通常以 1~2 滴/秒为宜,否则达不到平衡。蒸馏时加热的火焰不能太大,否则会在蒸馏瓶的颈部造成过热现象,使一部分液体的蒸气直接受到火焰的热量,这样由温度计读得的沸点会偏高;另一方面,蒸馏也不能进行得太慢,否则由于温度计的水银球不能为馏出液蒸气充分浸润而使温度计上所读得的沸点偏低或不规则。

46. 答:保持回流液的目的在于让上升的蒸气和回流液体充分进行热交换,促使易挥发组分上升,难挥发组分下降,从而达到彻底分离它们的目的。

47. 答:装有填料的分馏柱上升蒸气和下降液体(回流)之间的接触面加大,更有利于它们充分进行热交换,使易挥发的组分和难挥发组分更好地分开,所以效率比不装填料的要高。

48. 答:(1)沸石为多孔性物质,它在溶液中受热时会产生一股稳定而细小的空气泡流,这一泡流以及随之而产生的湍动,能使液体中的大气泡破裂,成为液体分子的气化中心,从而使液体平稳地沸腾,防止液体因过热而产生的暴沸。(2)如果加热后才发现没加沸石,应立即停止加热,待液体冷却后再补加,切忌在加热过程中补加,否则会引起剧烈的暴沸,甚至使部分液体冲出瓶外,有时会引起着火。(3)中途停止蒸馏,再重新开始蒸馏时,因液体已被吸入沸石的空隙中,再加热已不能产生细小的空气流而失效,必须重新补加沸石。

49. 答:蒸馏时加热过猛,火焰太大,易造成蒸馏瓶局部过热现象,使实验数据不准确,而且馏分纯度也不高。加热太慢,蒸气达不到支口处,不仅蒸馏进行得太慢,而且因温度计水银球不能被蒸气包围或瞬间蒸气中断,使得温度计的读数不规则,读数偏低。

50. 答:如果温度计水银球位于支管口之上,蒸气还未达到温度计水银球就已从支管流出,测定沸点时,计数偏低。若按规定的温度范围集取馏分,则按此温度计位置集取的馏分比规定温度的偏高,并且将有一定量的该收集的馏分误作为前馏分而损失,使收集量偏少。如果温度计的水银球位于支管口之下或液面之上,测定沸点时,读数将偏高。但若按规定的温度范围集取馏分时,则按此温度计位置集取的馏分比规定温度的偏低,并且将有一定量的该收集的馏分误认为后馏分而损失。

51. 答:该图有以下六处错误:(1)圆底烧瓶中盛液量过多,应为烧瓶容积的 1/3~2/3。(2)没有加沸石。(3)温度计水银球的上沿应位于蒸馏支管下沿的水平线上。(4)球形冷凝管应改为直形冷凝管。(5)通水方向应改为下口进水,上口出水。(6)系统密闭,应将接引管改为带分支的接引管,或改用非磨口锥形瓶作接收器。

52. 答:立即停止加热,待冷凝管冷却后,通入冷凝水,同时补加沸石,再重新加热蒸馏。如果不将冷凝管冷却就通冷水,易使冷凝管炸裂。

53. 答:分流装置图如右图所示。

54. 答:下列情况需要采用水蒸气蒸馏:(1)混合物中含有大量的固体,通常的蒸馏、过滤、萃取等方法都不适用。(2)混合物中含有焦油状物质,通常的蒸馏、萃取等方法都不适用。(3)在常压下蒸馏会发生分解的高沸点有机物质。

用水蒸气蒸馏的被提纯物质应具备下列条件:(1)随水蒸气蒸出的物质应不溶或难溶于水,且在沸腾下与水长时间共存而不起化学变化。(2)随水蒸气蒸出的物质,应在比该物质的沸点低得多的温度,而且比水的沸点还要低得多的温度下即可蒸出。(3)被提纯物质在 100 ℃左右应具有一定的蒸气压(一般不小于 1.3332 kPa)。

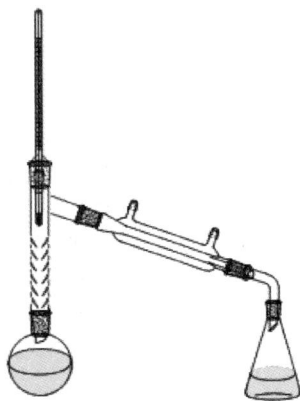

分馏装置

55. 答:如果装入液体量过多,当加热到沸腾时,液体可能冲出或飞沫被蒸气带走,混入馏出液中。如果装入液体量太少,在蒸馏结束时,相对地也会有较多的液体残留在瓶内蒸不出来。

56. 答:(1)在进行水蒸气蒸馏之前,应认真检查水蒸气蒸馏装置是否严密。(2)开始蒸馏时,应将 T 形管的止水夹打开,待有蒸气喷出时再旋紧夹子,使水蒸气进入三口烧瓶中,并调整加热速度,以馏出速度 2~3 滴/秒为宜。(3)操作中要随时注意安全管中的水柱是否有异常现象发生。若有,应立即打开夹子,停止加热,找出原因,排除故障后方可继续加热。(4)观察冷凝管内壁中没有油滴出现时,即可停止蒸馏。(5)停止蒸馏时,应先打开 T 形管的止水夹,然后再停供水蒸气。

57. 答:当流出液澄清透明不再含有有机物质的油滴时,即可断定水蒸气蒸馏结束(也可用盛有少量清水的锥形瓶或烧杯来检查是否有油珠存在)。

58. 答:该图有以下六处错误:(1)水蒸气发生器的安全管在液面之上,应插入接近底部处。(2)三通管有水蒸气泄漏,应用止水夹夹紧。(3)水蒸气导入管在待蒸馏物质的液面之上,应插到液面以下。(4)冷凝管应改用直形冷凝管。(5)冷凝管通水方向反了,应从下面进水。(6)系统密闭,应改用带分支的接引管或不带塞子的接引管。

59. 答:水蒸气蒸馏装置主要由水蒸气发生器、三口烧瓶和冷凝管三部分组成。

60. 答:安全管主要起压力指示计的作用,通过观察管中水柱高度判断水蒸气的出口是否被堵塞;同时有安全阀的作用,当水蒸气蒸馏系统堵塞时,水蒸气发生器内水蒸气压力急剧升高,水就可从安全管的上口冲出,使系统压力下降,保护了玻璃仪器免受破裂。

61. 答:(1)水蒸气蒸馏就是以水作为混合液的一种组分,将在水中基本不溶的物质以其与水的混合态在低于100 ℃时蒸馏出来的一种过程。(2)其用途是含有固体杂质或黏稠性杂质,用其他方法难以进行分离和提纯的混合物中分离出目标有机化合物。(3)其优点在于:使所需要的有机物可在较低的温度下从混合物中蒸馏出来,避免在常压蒸馏时所造成的损失。(4)其原料必须具备:①不溶或难溶于水;②共沸腾下与水不发生化学反应;③在100 ℃时必须具备一定的蒸气压(不小于10 mmHg)。(5)当馏液无明显油珠、澄清透明时,即可判断需蒸出的物质已经蒸完。

62. 答:水蒸气蒸馏装置如下图所示。

A:铜制水蒸气发生器
B:可供观察玻璃管
C:安全管
D:三通T形管防止蒸馏倒吸

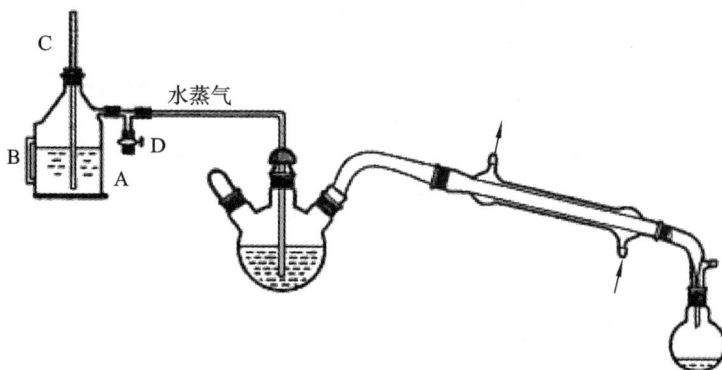

水蒸气蒸馏装置

63. 答:当馏出液澄清透明不再含有有机物质的油滴时,即可断定水蒸气蒸馏结束(也可用盛有少量清水的锥形瓶或烧杯来检查是否有油珠存在)。实验结束后,先打开螺旋夹,连通大气,再移去热源。待体系冷却后,关闭冷凝水,按顺序拆卸装置。

64. 答:硫酸浓度太高:(1)会使 NaBr 氧化成 Br$_2$,而 Br$_2$ 不是亲核试剂。$2NaBr+3H_2SO_4(浓)\rightarrow Br_2+SO_2+2H_2O+2NaHSO_4$。(2)加热回流时可能有大量 HBr 气体从冷凝管顶端逸出形成酸雾。硫酸浓度太低:生成的 HBr 量不足,使反应难以进行。

65. 答:用硫酸洗涤:除去未反应的正丁醇及副产物 1-丁烯和正丁醚。第一次水洗:除去部分硫酸及水溶性杂质。碱洗(Na$_2$CO$_3$):中和残余的硫酸。第二次水洗:除去残留的碱、硫酸盐及水溶性杂质。

66. 答:反应中生成的有毒和刺激性气体(如卤化氢、二氧化硫)或反应时通入反应体系而没有完全转化的有毒气体(如氯气),进入空气中会污染环境,此时要用气体吸收装置吸收有害气体。选择吸收剂要根据被吸收气体的物理、化学性质来决定。可以用物理吸收剂,如用水吸收卤化氢;也可以用化学吸收剂,如用氢氧化钠溶液吸收氯和其他酸性气体。

67. 答:若未反应的正丁醇较多,或因蒸馏过久而蒸出一些氢溴酸恒沸液,则液层的相对密度发生变化,正溴丁烷就可能悬浮或变为上层。遇此现象可加清水稀释,使油层(正溴丁烷)下沉。

68. 答:若油层呈红棕色,则说明含有游离的溴。可用少量亚硫酸氢钠水溶液洗涤以除去游离溴。

69. 答:带有尾气吸收的回流装置如右图所示。

70. 答:反应中硫酸与溴化钠作用生成 HBr;此外,硫酸还起催化剂的作用:使醇羟基质子化,变得更容易离去。

71. 答:(1)蒸出液是否由混浊变为澄清;(2)反应瓶内漂浮油层是否消失;(3)取一试管,接几滴馏出液,加水摇动,观察有无油珠出现。

72. 答:正丁醚合成装置如下图所示。

带有尾气吸收的回流装置

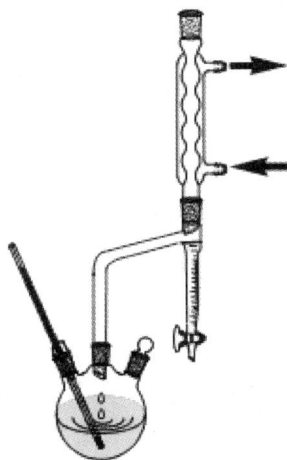

正丁醚合成装置

73. 答:使用分水器的目的是为了除去反应中生成的水,促使反应完全,提高产率。使用饱和氯化钠溶液的目的是为了降低正丁醇和正丁醚在水中的溶解度。

74. 答:在低于大气压力下进行的蒸馏称为减压蒸馏。减压蒸馏是分离提纯高沸点有机化合物的一种重要方法,特别适用于在常压下蒸馏未达到沸点时即受热分解、氧化或聚合的物质。减压蒸馏装置由四部分组成:蒸馏部分,主要仪器有蒸馏烧瓶、克氏蒸馏头、毛细管、温度计、直形冷凝管、多头接引管、接收器等,起分离作用;抽提部分,可用水泵或油泵,起产生低压作用;油泵保护部分,有冷却阱、有机蒸气吸收塔、酸性蒸气吸收塔、水蒸气吸收塔,起保护油泵正常工作作用;测压部分,主要是压力计,可以是水银压力计或真空计量表,起测量系统压力的作用。

75. 答:尽可能减少低沸点有机物,避免损坏油泵。

76. 答:减压蒸馏时,空气由毛细管进入烧瓶,冒出小气泡,成为液体沸腾时的气化中心,这样不仅可以使液体平稳沸腾,防止暴沸,同时又起一定的搅拌作用。不能用沸石代替毛细管,因为真空系统内沸石微孔中的气体已经被抽走,起不到气化中心的作用。

77. 答:先用 $FeSO_4$ 水溶液洗涤,静置分层,分出乙醚,加无水氯化钙干燥。

78. 答:应先减到一定的压力再加热。

79. 答:除去反应过程中生成的水,使反应向生成物的方向进行,提高反应产率。

80. 答:漏斗脚端应插入液面以下,防止乙醇未作用就被蒸出。

81. 答:2-甲基-2-己醇的合成装置如下图所示。

82. 答:(1)实验原理:正溴丁烷与金属镁在无水乙醚中反应生成正丁基溴代镁(格氏试剂),格氏试剂与羰基化合物发生亲核加成反应,其加成产物用水分解可得到醇类化合物。

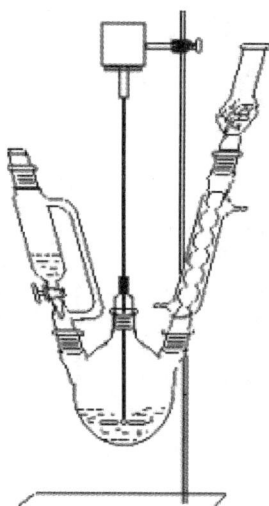

2-甲基-2-己醇制备装置

（2）因格氏试剂丁基溴化镁能与水、二氧化碳及氧气作用。（3）隔断湿气,赶走反应瓶中的气体。（4）在冷凝管及滴液漏斗的上口装上氯化钙干燥管。（5）因为氯化钙能与醇形成络合物。

83. 答:萃取是从混合物中抽取所需要的物质;洗涤是将混合物中所不需要的物质除掉。萃取和洗涤均是利用物质在不同溶剂中的溶解度不同来进行分离操作,二者在原理上是相同的,只是目的不同。从混合物中提取的物质,如果是我们所需要的,这种操作叫萃取;如果不是我们所需要的,这种操作叫洗涤。

84. 答:(1)分液漏斗的磨口是非标准磨口,部件不能互换使用。（2）使用前,旋塞应涂少量凡士林或油脂,并检查各磨口是否严密。（3）使用时,应按操作规程操作,两种液体混合振荡时不可过于剧烈,以防乳化;振荡时应注意及时放出气体;上层液体从上口倒出,下层液体从下口放出。（4）使用后,应洗净晾干,在磨口中间夹一纸片,以防黏结。

85. 答:(1)分离液体时,分液漏斗上的小孔未与大气相通就打开旋塞。（2）分离液体时,将漏斗拿在手中进行分离。（3）上层液体经漏斗的下口放出。（4）没有将两层间存在的絮状物放出。

86. 答:环己酮的制备反应是一个放热反应,温度高反应过于激烈,不易控制,易使反应液冲出,温度过低反应不易进行,导致反应不完全,因此,反应温度应严格控制在 55~60 ℃。

87. 答:环己酮制备过程的仪器装置图如下图所示。

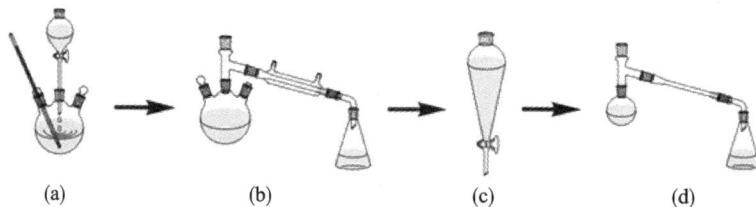

图(a)为反应装置,三口烧瓶用于加环己醇,滴液漏斗用于加铬酸,温度计用于控温;图(b)为蒸馏装置,用于蒸出生成的环己酮和水;图(c)为分液漏斗,用于分开环己酮和水;图(d)为蒸馏装置,用于提纯环己酮。

88. 答:该反应为强放热反应,若环己醇的滴加速度太快,反应温度上升太高,易使反应失控,甚至发生爆炸;若环己醇的滴加速度过慢,反应温度太低,则反应速度太慢,致使未作用的环己醇积聚起来,导致反应突然爆发,也会引起爆炸。

89. 答:用玻璃棒蘸取少许反应液,在滤纸上点一下,如果高锰酸钾的紫色完全消失,说明反应已经完全。若高锰酸钾过量,则可用少量亚硫酸氢钠还原。

90. 答:不能。因为苯甲醛在强碱存在下可发生 Cannizzaro 反应。

91. 答:除去苯甲醛。不行,必须用水蒸气蒸馏。

92. 答:因为在反应混合物中含有未反应的苯甲醛油状物,它在常压下蒸馏时易氧化分解,故采用水蒸气蒸馏,以除去未反应的苯甲醛。

93. 答:醛基与芳环直接相连的芳香醛能发生 Perkin 反应。

94. 答:不能。因为具有(R₂CHCO)₂O 结构的酸酐分子只有一个 α-H 原子。

95. 答:得到 α-甲基肉桂酸(2-甲基-3-苯基丙烯酸)。

96. 答:产生焦油的原因是:在高温时生成的肉桂酸脱羧生成苯乙烯,苯乙烯在此温度下聚合所致,焦油中可溶解其他物质。产生的焦油可用活性炭与反应混合物碱溶液一起加热煮沸,焦油被吸附在活性炭上,经过滤除去。

97. 答:对于酸碱中和反应,若加入碳酸钠的速度过快,易产生大量 CO_2 的气泡,而且不利于准确调节 pH 值。

98. 答:(1)用热水浸泡磨口黏结处。(2)用软木(胶)塞轻轻敲打磨口黏结处。(3)将甘油等物质滴到磨口缝隙中。

99. 答:安装有电动搅拌器的反应装置,除按一般玻璃仪器的安装要求外,还要求:(1)搅拌棒必须与桌面垂直。(2)搅拌棒与玻璃管或液封管的配合应松紧适当,密封严密。(3)搅拌棒距烧瓶底应保持 5 mm 以上的距离。(4)安装完成后应用手转动搅拌棒看是否有阻力;搅拌棒下端是否与烧瓶底、温度计等相碰。如相碰,应调整好后再接通电源,使搅拌正常转动。

100. 答:有两种情况需要使用回流反应装置:一是反应为强放热的、物料的沸点又低,用回流装置将气化的物料冷凝回到反应体系中;二是反应很难进行,需要长时间在较高的温度下反应,需用回流装置保持反应物料在沸腾温度下进行反应。

101. 答:(1)水蒸气蒸馏就是以水作为混合液的一种组分,将在水中基本不溶的物质以其与水的混合态在低于 100 ℃时蒸馏出来的一种操作过程。(2)T 形管可以除去水蒸气中冷凝下来的水分;在发现不正常现象时,随时与大气相通。(3)直立的玻璃管为安全管,主要起压力指示计的作用,通过观察管中水柱高度判断水蒸气的压力;同时有安全阀的作用,当水蒸气蒸馏系统堵塞时,水蒸气压力急剧升高,水就可从安全管的上口冲出,使系统压力下降,保护玻璃仪器免受破裂。(4)当馏液无明显油珠、澄清透明时,即可判断需蒸出的物质已经蒸完。

102. 答:

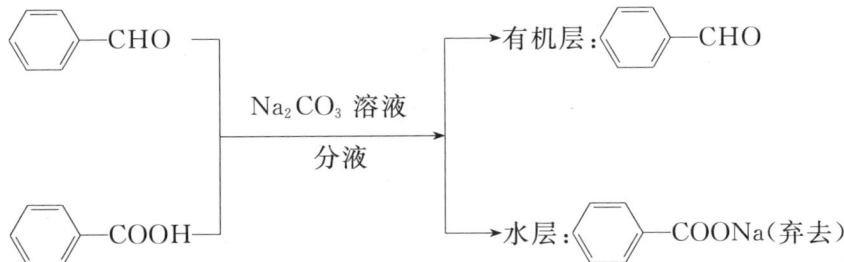

103. 答:粗品乙酸乙酯中含有乙酸、乙醇、水;先加入饱和碳酸钠溶液除去乙酸,分液,用饱和食盐水洗涤后再加入饱和氯化钙除去乙醇,分液,干燥,蒸馏收集乙酸乙酯。

104. 答:

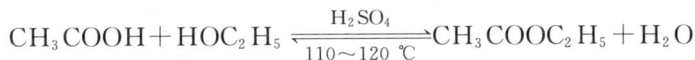

105. 答:本实验采用的是增加反应物醇的用量和不断将反应产物酯和水蒸出等措施。用过量乙醇是因为其价廉、易得。蒸出酯和水是因为它们易挥发。

106. 答:当酯层用 Na_2CO_3 洗过后,若紧接着就用 $CaCl_2$ 洗涤,有可能产生絮状的 $CaCO_3$ 沉淀,使进一步分离变得困难。所以,在两步之间必须用水洗一次。又因为乙酸乙酯在水中有一定的溶解度,为了尽可能减少损失,用饱和食盐水洗涤效果好一些。

107. 答:(1)安装仪器(回流装置 1 次,蒸馏装置 2 次)。(2)加料:无水乙醇、冰醋酸、浓硫酸、几粒沸石。(3)反应。小火加热,回流,蒸馏,得乙酸乙酯粗品。(4)粗品的纯制。(5)精馏。收集乙酸乙酯。

108. 答:主要副产物有:1-丁烯和正丁醚。回流时要用小火加热,保持微沸状态,以减少副反应的发生。

109. 答:羧酸和醇在少量酸催化作用下生成酯的反应,称为酯化反应。常用的酸催化剂有浓硫酸、磷酸等质子酸,也可用固体超强酸及沸石分子筛等。

110. 答:该反应是可逆的。本实验是根据正丁酯与水形成恒沸蒸馏的方法,在回流反应装置中加一分水器,以不断除去酯化反应生成的水,来打破平衡,使反应向生成酯的方向进行,从而达到提高乙酸正丁酯产率的目的。

111. 答:乙酸正丁酯的粗产品中,除产品乙酸正丁酯外,还可能有副产物丁醚、1-丁烯、丁醛、丁酸及未反应的少量正丁醇、乙酸和催化剂(少量)硫酸等。可以分别用水洗和碱洗的方法将其除掉。产品中微量的水用干燥剂无水氯化钙除掉。

112. 答:(1)水洗的目的是除去水溶性杂质,如未反应的醇、过量碱及少量的副产物醛等。(2)碱洗的目的是除去酸性杂质,如未反应的醋酸、硫酸、亚硫酸甚至副产物丁酸。

113. 答:完全反应生成的水量应为:$18 \times 0.125 = 2.25$ g。实际收集的水量中含有未反应的微量正丁醇和冰醋酸,所以比理论产水量多。

114. 答:原因可能是:(1)酯化反应不完全,经洗涤后仍有少量的正丁醇等杂质留在产物中。(2)干燥不彻底,产物中仍有微量水分。酯、正丁醇和水能形成二元或三元恒沸物,因而前馏分较多。

115. 答:蒸馏系统所用仪器或粗产品干燥不彻底,使产品中混有微量的水分,该水分以乳浊液的形式存在于乙酸正丁酯中,因而使乙酸正丁酯混浊。

116. 答:干燥剂的用量可视粗产品的多少和混浊程度而定。用量过多,由于 $MgSO_4$ 干燥剂的表面吸附,会使乙酸正丁酯有损失;用量过少,$MgSO_4$ 便会溶解在所吸附的水中,一般干燥剂用量以摇动锥形瓶时,干燥剂可在瓶底自由移动,一段时间后溶液澄清为宜。

117. 答:(1)分离液体时,分液漏斗上的小孔未与大气相通就打开旋塞。(2)分离液体时,将漏斗拿在手中进行分离。(3)上层液体经漏斗的下口放出。(4)没有将两层间存在的絮状物放出。

118. 答:如果粗制品的最后一步蒸馏所用的仪器不干燥或干燥不彻底,则蒸出的产品将混有水分,导致产品不纯、浑浊。

119. 答:可作带水剂的物质必须与水有最低共沸点,且在水中的溶解度很小,它可以是反应物或产物。例如,环己烯合成是利用产物与水形成共沸物;乙酸异戊酯合成中,反应初期利用原料异戊醇与水形成二元共沸物或原料、产物和水形成三元共沸物,并用分水器分水,同时将原料送回反应体系,随着反应的进行,原料减少,利用产物乙酸异戊酯与水形成二元共沸物。带水剂也可以是外加的第三组分,但第三组分必须是为反应物和产物不起反应的物质,通常加入的第三组分有苯、甲苯、环己烷、氯仿、四氯化碳等。

120.答:乙酸乙酯制备是通过加过量的醇和边反应边移去水和产物促使反应向生成酯化的方向进行;乙酸丁酯制备是通过加过量的酸和边反应边除去水促使反应向生成酯化的方向进行;乙酸异戊酯制备是通过加过量的冰醋酸促使反应向生成酯化的方向进行。

121.答:(1)放在蒸馏头的中央,其水银球上限和蒸馏瓶支管的下限在同一水平线上。(2)实验结束时,先停止加热,再停止通水。(3)制备乙酸乙酯时,温度计的水银球应插在反应物液面以下。

122.答:该缩合反应的催化剂是醇钠。在乙酰乙酸乙酯的合成中,因原料为乙酸乙酯,而试剂乙酸乙酯中含有少量乙醇,后者与金属钠作用生成乙醇钠,故在该实验中可用金属钠代替。

123.答:一般采用加入过量乙醇,因为:(1)乙醇比乙酸便宜;(2)乙醇的沸点 78.32 ℃接近于产物乙酸乙酯和水形成的共沸物的沸点 70.38 ℃,容易随产物一起蒸出而损失,而乙酸的沸点为 117.9 ℃,不易随产物一起蒸出而损失。

124.答:重结晶过程应注意:(1)正确选择溶剂;(2)溶剂的加入量要适当;(3)活性炭脱色时,一是加入量要适当,二是切忌在沸腾时加入活性炭;(4)抽滤瓶和布氏漏斗必须充分预热;(5)滤液应自然冷却,待有晶体析出后再适当加快冷却速度,以确保晶形完整;(6)最后抽滤时要尽可能将溶剂除去,并用母液洗涤有残留品的烧杯。

125.答:选择重结晶用的溶剂时应考虑:(1)溶剂不应与重结晶物质发生化学反应;(2)重结晶物质在溶剂中的溶解度应随温度有较大的变化,即高温时溶解度大,而低温时溶解度小;(3)杂质在溶剂中的溶解度或者很大,或者很小;(4)溶剂应容易与重结晶物质分离;(5)溶剂应无毒,不易燃,价格合适并有利于回收利用。

126.答:(1)重结晶操作中,活性炭起脱色和吸附作用。(2)千万不能在溶液沸腾时加入,否则会引起暴沸,使溶液溢出,造成产品损失。

127.答:可采用下列方法诱发结晶:(1)用玻璃棒摩擦容器内壁;(2)用冰水或其他制冷溶液冷却;(3)投入"晶种"。

128.答:从有机反应中得到的固体产品往往不纯,其中夹杂一些副产物、不反应的原料及催化剂等。纯化这类物质的有效方法就是选择合适的溶剂进行重结晶,其目的在于获得最大回收率的精制品。进行重结晶的一般过程是:(1)将待重结晶的物质在溶剂沸点或接近溶剂沸点的温度下溶解在合适的溶剂中,制成过饱和溶液(若待重结晶物质的熔点较溶剂的沸点低,则应制成在熔点以下的过饱和溶液);(2)若待重结晶物质中含有色杂质,则可加活性炭煮沸脱色;(3)趁热过滤以除去不溶物质和活性炭;(4)冷却滤液,使晶体从过饱和溶液中析出,而可溶性杂质仍留在溶液里;(5)减压过滤,把晶体从母液中分离出来,洗涤晶体以除去吸附在晶体表面上的母液。

129.答:为了提高乙酰苯胺的产率,反应过程中不断分出产物之一水,以打破平衡,使反应向着生成乙酰苯胺的方向进行。因水的沸点为 100 ℃,反应物醋酸的沸点为 117.9 ℃,且醋酸是易挥发性物质,因此,为了达到既要将水除去,又不使醋酸损失太多的目的,必须控制柱顶温度在 105 ℃左右。

130.答:采取的方法有:(1)增加反应物之一的浓度(使冰醋酸过量一倍多);(2)减少生

成物之一的浓度(不断分出反应过程中生成的水)。两者均有利于反应向着生成乙酰苯胺的方向进行。

131. 答:只加入微量(0.1 g 左右)即可,不能太多。太多会与醋酸反应消耗醋酸,后处理过程还会产生不溶于水的 $Zn(OH)_2$,给产物后处理带来麻烦。

132. 答:韦氏分馏柱的作用相当于二次蒸馏,用于沸点差别不太大的混合物的分离,合成乙酰苯胺时,为了把生成的水分离除去,同时又不使反应物醋酸被蒸出,所以选用韦氏分馏柱。

133. 答:反应温度控制在 105 ℃左右,目的在于分出反应生成的水,当反应接近终点时,蒸出的水分极少,温度计水银球不能被蒸气包围,从而出现瞬间短路,因此温度计的读数出现上下波动的现象。

134. 答:可采用的乙酰化试剂有乙酰氯、乙酸酐和乙酸等。(1)用乙酰氯作乙酰化剂,其优点是反应速度快;缺点是反应中生成的 HCl 可与未反应的苯胺成盐,从而使半数的胺因成盐而无法参与酰化反应。为解决这个问题,需在碱性介质中进行反应;另外,乙酰氯价格昂贵,在实验室合成时,一般不采用。(2)用乙酐$(CH_3CO)_2O$作酰化剂,其优点是产物的纯度高,收率好,虽然反应过程中生成的 CH_3COOH 可与苯胺成盐,但该盐不如苯胺盐酸盐稳定,在反应条件下仍可以使苯胺全部转化为乙酰苯胺。其缺点是除原料价格昂贵外,该法不适用于钝化的胺(如邻或对硝基苯胺)。(3)用醋酸作乙酰化剂,其优点是价格便宜,缺点是反应时间长。

135. 答:这一油珠是乙酰苯胺(熔点 83 ℃)熔液,未溶于水但已经熔化了乙酰苯胺,因其比重大于水而沉于杯底,可补加少量热水,使其完全溶解,且不可认为是杂质而将其抛弃。

136. 答:在正确选择溶剂的前提下,应注意以下四点:(1)溶解粗乙酰苯胺时,若煮沸时仍有油珠存在,不可认为是杂质而抛弃,此乃熔点温度 83 ℃、未溶于水、但已融化了的乙酰苯胺,因其比重大于水而沉于杯底,可补加少量的热水,直至完全溶解(注意:加水量不可过多,否则将影响结晶的产率)。(2)脱色时,加入活性炭的量不可太多,否则它会像吸附杂质一样吸附产物而影响产量。(3)热的滤液碰到冷的器壁,很快析出结晶,但其质量往往不好,所以布氏漏斗、吸滤瓶应事先预热。(4)一是静止等待结晶时,一定要使滤液慢慢冷却,以使所得结晶纯净。一般来说,溶液浓度大,冷却速度快,析出结晶细,晶体不够纯净。二是要充分冷却,用冷水或冰水冷却容器,以使晶体更好地从母液中析出。

137. 答:(1)能起到进一步分离提纯的效果。(2)其原理就是利用物质中各组分在同一溶剂中的溶解性能不同而将杂质除去。(3)测定重结晶后的熔程,一般纯物质熔程在 1～2 ℃。

138. 答:重结晶所用的装置图如下图所示。

139. 答:(1)选择溶剂;(2)溶解固体;(3)除去杂质(热过滤);(4)结晶析出(滤液冷却);(5)晶体的收集与洗涤(减压过滤);(6)晶体的干燥。

140. 答:对于任何有机反应而言,除了考虑反应是否进行外,还必须考虑后处理的难易程度。从后处理的角度来看,选择冰醋酸过量更合理,因为冰醋酸溶于水,苯胺不溶于水。当反应完成后,将反应液倒入水中,搅拌后,冰醋酸则溶入水中,便于除去。

141. 答:重结晶操作过程中热过滤是为了使产物与杂质形成不同温度下的溶解,同时又避免溶解物质在过滤过程中因冷却而结晶,从而达到有效的分离提纯。

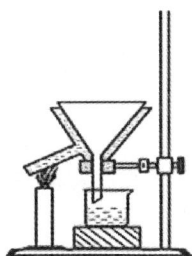

热过滤装置

布氏漏斗
橡皮塞
抽滤瓶

抽滤装置

142. 答:乙酰苯胺反应装置图如右图所示。

注意事项:(1)反应中使用的苯胺应该是新蒸过的;(2)反应物中,冰醋酸需过量;(3)温度的控制十分重要,必须保持在 100~110 ℃;(4)反应结束后,趁热将反应液倒入水中。

143. 答:在乙酰苯胺的制备过程中,除了可以用醋酸作酰化试剂外,还可以采用乙酰氯、醋酸酐。从苯胺通过酰化形成乙酰苯胺的反应原理中可以看出,反应有两个关键点:一个是羰基正碳离子的活性;另一个是离去基团的能力。在乙酰氯、醋酸酐和冰醋酸中,乙酰氯的羰基正碳离子具有较高的正电性,且有一个较好的离去基团——氯原子。从而可知,乙酰氯的酰化能力最强,醋酸

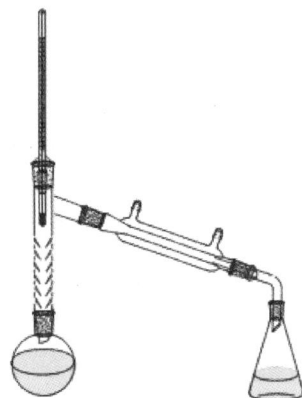

乙酰苯胺反应装置

酐与冰醋酸相比,醋酸酐羰基正碳离子具有稍高的正电性,因此,醋酸酐的酰化能力次之,排在最后的为冰醋酸。

144. 答:用重结晶的同一溶剂进行洗涤,用量应尽量少,以减少溶解损失。如重结晶的溶剂的沸点较高,在用原溶剂至少洗涤一次后,可用低沸点的溶剂洗涤,使最后的结晶产物易于干燥(要注意此溶剂必须能和第一种溶剂互溶而对晶体是不溶或微溶的)。

145. 答:由于水的沸点是 100 ℃,冰醋酸的沸点是 117.9 ℃,将反应温度维持在 100~110 ℃,可以确保水被蒸出,而冰醋酸不被蒸出,从而有利于反应向正方向进行。

由于乙酰苯胺溶于热水而在冷水中析出,趁热将反应物倒出可以避免因冷却乙酰苯胺不容易从反应瓶中倒出、沾在瓶壁不易处理的现象发生。

146. 答:有机溶剂往往不是易燃就是有一定的毒性,也有两者兼有的,操作时要熄灭邻近的一切明火,最好在通风橱内操作。常用三角烧瓶或圆底烧瓶作容器,因为它们瓶口较窄,溶剂不易挥发,又便于摇动,促使固体物质溶解。若使用的溶剂是低沸点易燃的,严禁在石棉网上直接加热,必须装上回流冷凝管,并根据其沸点的高低,选用热浴;若固体物质在溶剂中溶解速度较慢,需要较长时间,也要装上回流冷凝管,以免溶剂损失。

147. 答:重结晶时,溶剂过量,不能形成热饱和溶液,冷却时析不出结晶或结晶太少;溶剂过少,有部分待结晶的物质热溶时未溶解,热过滤时和不溶性杂质一起留在滤纸上,造成损失。考虑到热过滤时,有部分溶剂被蒸发损失掉,使部分晶体析出留在滤纸上或漏斗颈中造成结晶损失,所以适宜用量是制成热的饱和溶液后,再多加 20% 左右的溶剂。

148. 答:因为乙酰乙酸乙酯分子中亚甲基上的氢比乙醇的酸性强得多(pKa＝10.654),反应后生成的乙酰乙酸乙酯的钠盐,必须用醋酸酸化才能使乙酰乙酸乙酯游离出来。用饱和食盐水洗涤的目的是降低酯在水中的溶解度,以减少产物的损失,增加乙酰乙酸乙酯的收率。

149. 答:在一定条件下,两个构造异构体可以迅速地相互转变的现象,称为互变异构体现象。

乙酰乙酸乙酯是两种互变异构体的平衡混合物的实验证明方法:(1)用 1‰ FeCl$_3$ 溶液,能发生颜色反应,证明有羰基共轭烯醇式结构的存在。(2)用 Br$_2$/CCl$_4$ 溶液,能使溴退色证明有 C＝C 存在。(3)用 NaHSO$_3$ 溶液,有胶状沉淀生成证明有 C＝O 存在(亦可用 2,4-二硝基苯肼试验)。

150. 答:(1)提高反应物之一的用量;(2)减少生成物的量(移去水或酯);(3)催化剂浓硫酸的用量要适当(太少,反应速度慢;太多,会使副产物增多)。

151. 答:(1)当被洗涤液体的相对密度与水接近且小于水时,用饱和食盐水洗涤,有利于分层。(2)有机物与水易形成乳浊液时,用饱和食盐水洗涤,可以破坏乳浊液形成。(3)被洗涤的有机物在水中的溶解度大,用饱和食盐水洗涤可以降低有机物在水层中的溶解度,减少洗涤时的损失(盐析作用)。

152. 答:(1)反应原理:

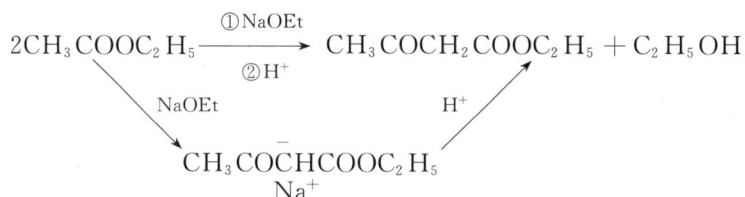

$$2CH_3COOC_2H_5 \xrightarrow[②H^+]{①NaOEt} CH_3COCH_2COOC_2H_5 + C_2H_5OH$$

NaOEt ↓　　　　　　↑ H⁺

$$CH_3CO\overset{-}{C}HCOOC_2H_5$$
Na⁺

(2) 主要反应步骤:①打钠珠;②加入原料乙酸乙酯,加热回流;③用 50％醋酸调 pH 值至 5～6;④纯化(洗涤、萃取、干燥);⑤常压蒸馏除去苯和未作用的乙酸乙酯;⑥减压蒸馏收集乙酰乙酸乙酯。

153. 答:连续用新鲜试剂提取,所用试剂少,提取率高。